高职高专“十二五”规划教材

流体流动与传热

主　编　刘敏丽

北　京
冶 金 工 业 出 版 社
2011

内 容 提 要

本书分为三个模块——流体力学、流体输送机械和传热，主要讲解流体力学与传热学的基本原理与计算方法，相关典型操作设备的构造、工作原理、性能、操作调节方法、计算、选用等工程实践知识。本书在编写过程中，力求体现高职教育特点，本着“理论必需、够用为度，强化应用能力培养”的编写原则，引入很多工程实例。为便于读者加深理解和学用结合，各单元根据需要配有思考题或习题。

本书可作为职业院校的教材，也可作为职业教育的培训教材，同时也可供工程技术人员参考。

图书在版编目(CIP)数据

流体流动与传热/刘敏丽主编．—北京：冶金工业出版社，2011.3

高职高专“十二五”规划教材

ISBN 978-7-5024-5487-6

Ⅰ.①流…　Ⅱ.①刘…　Ⅲ.①流体流动—高等职业教育—教材　②传热学—高等职业教育—教材　Ⅳ.①O351.2　②TK124

中国版本图书馆CIP数据核字(2011)第031238号

出 版 人　曹胜利

地　　址　北京北河沿大街嵩祝院北巷39号，邮编100009

电　　话　(010)64027926　电子信箱　yjcbs@cnmip.com.cn

责任编辑　陈慰萍　美术编辑　李　新　版式设计　葛新霞

责任校对　石　静　责任印制　张祺鑫

ISBN 978-7-5024-5487-6

北京百善印刷厂印刷；冶金工业出版社发行；各地新华书店经销

2011年3月第1版，2011年3月第1次印刷

787mm×1092mm　1/16；15印张；358千字；225页

30.00元

冶金工业出版社发行部　电话：(010)64044283　传真：(010)64027893

冶金书店　地址：北京东四西大街46号(100010)　电话：(010)65289081(兼传真)

(本书如有印装质量问题，本社发行部负责退换)

前　言

本书是在近几年高职高专流体力学与传热学相关内容的教材建设成果的基础上，充分汲取编者多年在课程内容改革、探索培养技术应用性专门人才方面取得的成功经验，从高职高专的人才培养目标出发，本着理论必需、够用为度，强化应用技能培养的编写原则编写而成的。

本书主要介绍流体力学与传热学基本原理及相关典型操作设备的构造、工作原理、性能、操作调节、计算、设备选用等。书中简化了理论公式的推导，并以大量的生活事例、自然现象和工程实际问题为实例，在强调基础理论知识的同时，注重后续专业课程的知识及技能的培养，体现了职业教育的性质、任务和培养目标；符合职业教育的课程教学基本要求和有关岗位资格和技术等级要求；具有思想性、科学性、适合国情的先进性和教学适应性；符合职业教育的特点和规律，具有明显的职业教育特色；符合国家有关部门颁发的技术质量标准。

本书可作为高职高专冶金、材料成型、化工等相关专业的教材，也可作为现场岗位培训和岗前培训教材，同时也可供相关专业技术人员参考。

本书由内蒙古机电职业技术学院刘敏丽任主编，任俊英、吴晓娜任副主编。其中绪论、模块1由刘敏丽编写，模块2、附录由吴晓娜编写，模块3由任俊英编写。山西工程职业技术学院张庭祥、包头钢铁公司高级工程师李国华担任本书的主审，提出了许多宝贵意见，在此表示感谢。

由于编者水平有限，书中不足之处，恳请广大读者批评指正。

编　者

2010年11月

目　录

模块2　流体输送机械

模块 3　传　　热

绪 论

流体力学与传热学是两门独立的学科，但其间有着一定的联系，并且都是材料类专业的重要基础理论，因此现按课程综合化要求，合并成一门课程开设。

0.1 本课程的性质

在一定条件下，自然界中各种物质分别以固体、液体和气体状态存在，液体和气体统称为流体。关于固体的基本力学问题，已在理论力学和材料力学课程进行了讨论；而有关流体的基本力学问题，则是流体力学所研究的。

流体力学是采用理论分析与实验相结合的方法，研究流体的平衡和运动规律以及这些规律在实际中应用的一门学科。它是从宏观角度来对流体运动现象进行观察，分析流体运动过程中力（动量、动能）与运动（位移、速度）之间的制约关系。

流体包括液体和气体，因此流体力学也就包括液体力学和气体力学。在研究中，液体通常是以水为代表，故液体力学一般也称为水力学。本书的内容将侧重于水力学的基本知识，从分析研究液体着手，所建立的有关液体的一些基本规律，对于平衡的或运动速度低于声速的气体也是适用的。

流体输送机械是用来输送流体并提高其压能和动能的设备。本书着重介绍离心泵的构造、原理、性能及选型。

传热学是研究热量传递的一门学科。在自然界中，普遍存在着温度差，只要有温差存在，热量就会自发地从高温传向低温，因此热的传递是一个很普遍的自然现象。传热学就是研究热传递和热平衡的基本规律，并运用这些规律去分析解决工程技术中的实际问题。

0.2 本课程课论在生产中的应用

流体力学是一门基础性很强、应用性很广的学科。20 世纪 60 年代以前，它主要围绕航空、航天、大气、海洋、航运、水利等方面，研究流体运动中的动量传递问题，即局限于研究流体的运动规律，研究流体与固体、液体或大气界面之间的相互作用力问题。20 世纪 60 年代以后，能量、环境保护、化工和石油等领域中的流体力学问题，逐渐受到重视。例如：研究大气和海洋运动可以作好天气与海情预报，以便为农业、渔业、航空、航海、国防和人民生活服务；研究各种空间飞行物体，如飞机、人造卫星、导弹、炮弹，以及各种水上或水下运动物体，如船舶、潜艇、鱼雷等的运动，可以了解它们与空气和水的动力性能，以便获得阻力小、稳定性高的最佳物体外形；研究河流、渠道和各种管路系统内的流动，可以掌握它们的运行规律，特别是它们与各种壁面之间的作用力，以便获得耗能低、安全性高的工程设计；研究核反应堆、动力设备中的冷却系统如热交换器、水暖系统以及各种化工设备总的流动系统，不仅可以了解它们的运动规律，而且可以掌握它们在壁面的传热、传质规律等。此外，油田气田的开发、地下水的利用以及机械的润滑等，均与流体力学密切相关。特别是近几十年来，流体力学与相邻学科相结合,发展了许多新的交叉分支学科,大大充实了流体力学的研究内容,扩大了它的研究和应用领域。

从对传热过程的要求来看,工程中的传热问题可以分为两种类型:一是增强传热,即提高换热设备的传热能力,或在满足传热量的前提下使设备的尺寸尽量缩小;二是削弱传热,即减少热损失或保持设备内适宜的工作温度。学习传热的目的就在于分析和认识传热规律,能动地控制热量传递,有效地解决工程技术中增强或削弱传热的问题,实现能源的合理使用,提高设备的生产能力。

0.3 本课程的任务和教学方法

"流体流动与传热"课程是材料类及相关专业学生必修的一门技术基础课。其任务是了解流体的性质,掌握流体平衡和运动规律,学习流动阻力和能力损失、热传递的基本理论,掌握相应的计算方法,熟悉相关设备结构、工作原理、操作调控方法、主要性能和有关技术问题,并掌握一定的运算能力、选型及设计能力,为学习专业课和解决工程实际问题奠定一定的基础。

本课程理论性较强,应以课堂教学为主,重点要放在基本概念、基本理论和基本计算方法上,力求达到概念正确、掌握牢固。有些内容可采用分析与讨论相结合的方式进行教学,以促进对学生思维、分析和解决问题能力的培养。

要重视实验和直观教学,这样既有利于学生理解和验证一些比较抽象的概念,也有助于培养学生的实践能力。

本书每单元后附有思考题和习题,以便学生明确和加深所学知识,掌握方法,培养分析能力,解决实际问题。

模块 1

流体力学

流体力学包括流体静力学与流体动力学两部分，分别研究、解决流体处于静止及流动时的有关工程实际问题。其中，流体静力学研究静止流体中压强分布规律及对固体接触面的作用力等问题；流体动力学研究运动流体中各种运动参数变化的规律、流体与固体接触面的相互作用力等问题。

单元1　流体及基本性质

学习目标

(1) 掌握流体的概念，流体的物理性质，流体物性参数的定义、特性、数据确定方法。

(2) 理解流体的水力要素。

(3) 了解作用在流体上的力。

在论述流体的力学规律之前，必须首先对流体建立明确的概念，并对决定流体平衡和运动规律的内部原因——流体的力学性质进行分析和探讨。

1.1　流体的概念

1.1.1　流体的概述

自然界中常见的物质有三种状态，即固态、液态和气态，处在这三种状态下的物质分别称为固体、液体和气体。从它们的外部特征上看：固体有一定的形状，而气体和液体不能像固体那样保持一定的形状，任何微小的外力都可以促使气体和液体产生很大的变形。

通常说能流动的物质为流体，液体和气体易流动，我们把液体和气体称为流体。但这样说是不严格的，严格地说应该用力学的语言来叙述：在任何微小剪切力的持续作用下能够连续不断变形的物质，称为流体。

固体的分子排列紧密，分子间的引力和斥力都较大，分子被束缚在平衡位置附近，只能做微小的振动而不能相对移动。因此分子间的距离和相对位置都较难改变，可以抵抗压力、拉力和切力三种力，在所受作用力不大时，可以保持自身体积和形状固定不变。

流体和气体与固体相比，分子排列松散，分子间引力较小，分子运动强烈，除可在平衡位置附近做振动外,还可离开平衡位置做无规则的相对移动,使分子间距离和相对位置发生较大改变,不能抵抗拉力和切力,因而不易保持一定的形状,表现出较大的流动性,所以液体和气体统称为流体。这就是流体同固体在力学性质上存在显著区别的根本原因。

液体和气体具有的共同特性是流动性,但它们还存在以下不同特性:

液体分子间的距离比固体分子(或离子)间的距离大,但比气体分子之间的距离小,分子之间的引力尚能使液体保持一定的体积。故在重力作用下有边界(自由)液面,有比较固定的体积,而在受到压缩时因分子之间的斥力较大,故有一定抗力,因而在实用意义上具有不可压缩的特性。

然而,气体由于其分子之间的距离很大,引力很弱,因此,既不能保持一定的形状,也不能保持一定的体积,总是完全地充满所占容器的空间,没有自由面,表现出较大的膨胀性。同时由于气体分子之间的斥力很弱,因而很容易被压缩,被认为是可压缩流体。

因此,只要所研究的问题不涉及压缩性时,所建立的流体力学规律,对气体和液体均是适用的;否则,气体和液体应分别处理。

1.1.2 流体作为连续介质的概念

流体由分子组成,而分子之间是存在空隙的。流体的分子总是不断地做杂乱无章的热运动。如果要考虑这种微观物质的不连续性(空隙),并从每一个分子的运动出发去掌握整个流体平衡与运动的规律,是很困难甚至是不可能的。1753 年,欧拉(Euler)建议采用连续介质这一概念来对流体的运动进行研究。即把真正的流体看成是一种假想的、由无限多流体质点所组成的稠密而无间隙的连续介质,而且这种连续介质仍然具有流体的一切基本力学性质。

将流体看成是一种连续介质是可行的。因为流体力学所研究的并不是个别分子的微观运动,而是研究由大量分子组成的宏观流体的机械运动。宏观流体总是具有一定体积的。即使是微小的流体质点,虽然其体积相对于流动空间来说小到可以忽略不计,但它相对于分子距和分子的平均自由行程的尺寸来说,却是足够大的,其内仍含有大量的分子。例如,在标准状况下,每立方毫米的空气中包含 2.7×10^{16} 个分子,空气分子的平均自由行程约为 7×10^{-6} cm,可见分子距和分子的平均自由行程都是极其微小的,它们与机械运动的距离相比是微不足道的。所以在对流体进行宏观研究时,完全可以把流体看成是既没有空隙也没有分子运动的连续介质。

必须注意,所谓流体的连续性,不仅是指物质的连续不间断性,也是指一些物理参数的连续不突变性。即反映宏观流体的密度、流速、压力等物理量也必定是空间坐标的连续函数。这样,在流体力学的研究中,就可以应用连续函数来描述和解决各类问题。

在实际工程问题中,通常运用连续介质模型进行数学物理分析以后所得的结果,与通过实验实测的数据进行比较,结果证明这种模型是可靠的。

流体介质连续概念包括两个内容:

(1) 流体是由连续排列的流体质点所组成的,即流场内的每一点都被确定的流体质点所占据,流场中毫无间隙。因此,流体中的任一物理参数(如速度、压力、密度等)都可以表示成空间坐标(x,y,z)和时间(t)相对应的函数形式,例如压力 $p=p(x,y,z,t)$。

(2) 在充满连续介质的空间里,所有物理量的函数,如压力 $p=p(x,y,z,t)$,必然是连续函数,而且是连续可微函数。在某些特殊情况下,允许在流场中的某些点、线、面上存在不连续。

由此可见,有了连续性的假定,就可以使流体力学摆脱研究分子运动的复杂性,只考虑外力作用下的宏观机械运动。同时,因为流体是连续的,表征流体特性的各个物理量,如温度、密度、流速、压力和切应力等在一般情况下也是连续的,这样就可以利用连续函数这一有利的数学工具,分析和研究流体各个物理量的变化规律。

应当指出,上述对流体连续性的基本假设是有一定范围的,若超过这个范围,假设将不再成立。例如,在高真空的真空泵中,温度为293 K的空气,当压力为1.33336×10^{-5} Pa时,其分子距约为4.5 mm,这个数值与真空泵的尺寸就可以比拟了,此时就不能再将气体看成是连续介质了。

本书所研究的流体均是指上述所说的连续介质。它是由无穷多个连续分布的微小流体团所组成。这种微小的流体团被称为流体质点,有时也称流体微团。

1.2　流体的物理性质

在研究流体的力学规律之前,必须首先了解流体的基本物理性质,因为流体的平衡与机械运动规律固然与流体外部因素有关,但更主要的是内部因素。鉴于实际流动现象的复杂性,在研究每一个具体物理过程时,往往不是一开始就把所有的内在因素全部考虑进去,而是抓住影响问题本质的最基本因素,忽略一些次要因素,先建立研究的模型,然后再考虑次要因素,对研究结果逐步修正。流体力学正是遵循这样一种普遍的研究规律来解决每一个具体问题而不断发展的。

1.2.1　密度和比体积

1.2.1.1　密度

按照牛顿定律,流体总是力图保持它原来的运动状态不变,这个性质就是所谓的惯性。当流体受外力作用而改变运动状态时,流体必然产生反抗改变的惯性力。惯性的大小是用质量来度量的,质量越大,惯性就越大。为了便于比较不同流体惯性的大小,通常用密度来表明流体质量的密集程度。

单位体积流体内所具有的质量称为密度,用希腊字母ρ表示。

$$\rho=\frac{m}{V}\tag{1-1}$$

式中　ρ——流体的密度,kg/m^3;

m——流体的质量,kg;

V——流体的体积,m^3。

对于均质流体,各点密度相同,其密度计算公式见式(1-1)。对于非均质流体,密度随点而异。若取包含某点在内的体积和质量,则该点密度需要用极限方式表示,即

$$\rho=\lim_{\Delta V\to 0}\frac{\Delta m}{\Delta V}=\frac{dm}{dV}$$

式中　ΔV——包含该点的微小流体体积;

Δm——ΔV内的流体质量。

1.2.1.2　比体积

单位质量的流体所占有的体积称为比体积，用 v 表示，单位为 m^3/kg，计算公式为：

$$v = \frac{V}{m} \tag{1-2}$$

可以看出流体的密度与比体积之间互为倒数关系，即

$$\rho = \frac{1}{v} \tag{1-3}$$

例如：在常温下，水的密度 $\rho = 1000\ kg/m^3$，其比体积 $v = 1/1000 = 0.001\ m^3/kg$。

1.2.1.3　影响流体密度的因素

A　流体种类

密度是流体的一种天然属性，它随流体种类的不同而不同。表1-1给出了几种常见流体的密度值。

表1-1　常见流体的密度

流体名称	温度 t/℃	密度 ρ/$kg \cdot m^{-3}$	流体名称	温度 t/℃	密度 ρ/$kg \cdot m^{-3}$
汽油	15~20	700~750	氨		0.771
苯	60	873	氮		1.251
甘油	0	1260	空气		1.293
煤油	15	769	氧		1.429
蒸馏水	4	1000	氯		3.217
重油	15	900~950	氢	0	0.0899
酒精	15~18	790	甲烷		0.717
水银	0	13600	一氧化碳		1.250
海水	15	1020~1030	二氧化碳		1.976
乙醚	0	740	乙烯		1.206
甲醇	4	810	二氧化硫		2.925

流体种类不同，其密度差别很大。水的密度（4℃）是空气密度（0℃）的773倍。由此可见，液体的密度比气体的密度大得多，因此当液体与气体共同存在于同一容器或管道之中时，气体的质量往往可以忽略不计。

B　温度和压力

流体的密度随压力和温度的变化而变化。这是因为温度和压力变化，流体的体积就要发生变化。一般情况下，液体的密度随压力和温度的改变变化很小，而气体的密度随压力和温度的改变变化较大。表1-2列出了不同温度下水的密度值。

表1-2　不同温度下水的密度（0.1 MPa）

温度 t/℃	密度 ρ/$kg \cdot m^{-3}$	温度 t/℃	密度 ρ/$kg \cdot m^{-3}$	温度 t/℃	密度 ρ/$kg \cdot m^{-3}$
0	999.9	30	995.7	70	977.8
4	1000.0	40	992.2	80	971.8
10	999.7	50	990.1	90	965.3
20	998.2	60	983.2	100	958.4

表1–3列出了不同温度下空气和汞的密度。

表1–3　不同温度下空气和汞的密度(0.1 MPa)

流体名称 \ 温度 t/℃	0	10	20	40	60	80	100
空气/kg·m^{-3}	1.29	1.24	1.20	1.12	1.06	0.99	0.94
汞/kg·m^{-3}	13600	13570	13550	13500	13450	13400	13350

当压力和温度变化较小时,液体的密度值变化很小,故通常在压力和温度变化较小时,液体的密度取某一定值。如水的密度,通常是取纯净水在101.3 kPa(1 atm)下、4℃时的密度值,即$\rho=1000\,kg/m^3$作为计算值。但当压力和温度变化较大时,液体则要取不同的密度值。气体的密度随压力和温度的变化而变化,其变化关系可以用热力学中的理想气体的状态方程来表示,即

$$\rho_2=\rho_1\frac{p_2 T_1}{p_1 T_2} \tag{1-4}$$

当气体的温度不变时,有:

$$\frac{\rho_1}{\rho_1}=\frac{p_1}{p_2} \tag{1-5}$$

当气体的压力不变时,有:

$$\frac{\rho_1}{\rho_2}=\frac{T_2}{T_1} \tag{1-6}$$

式中　ρ_1,p_1,T_1——气体状态变化前的密度、绝对压力、热力学温度;

ρ_2,p_2,T_2——气体状态变化后的密度、绝对压力、热力学温度。

热力学温度T(K)与摄氏温度t(℃)的关系是:

$$T=273.15+t\approx273+t$$

【例1–1】　求在101.3 kPa下、4℃时,1 L水的质量。

解:101.3 kPa下、4℃时水的密度$\rho=1000\ kg/m^3$,水的体积$V=1\,L=0.001\,m^3$,则水的质量为:

$$m=\rho V=1000\times0.001=1\,kg$$

【例1–2】　某风机厂的产品标明,通风机的性能曲线是在环境温度为20℃、大气压力为101.3 kPa的条件下实验得到的,这时空气的密度为1.2 kg/m^3,当风机在温度为40℃、大气压力为93.3 kPa的条件下工作时,风机入口空气的密度是多少?

解:
$$\rho_2=\rho_1\frac{p_2}{p_1}\frac{T_1}{T_2}=1.2\times\frac{93.3}{101.3}\times\frac{273+20}{273+40}=1.035\,kg/m^3$$

1.2.2　压缩性和膨胀性

流体的体积随流体所承受的压力大小和温度不同而改变。流体的体积随压力增大而缩小的性质为压缩性。流体的体积随温度升高而增大的性质称为膨胀性。液体和气体的这两个性质在变化规律上有很大的不同,下面分别加以讨论。

1.2.2.1　液体的压缩性与膨胀性

A　液体的压缩性

液体压缩性的大小用压缩系数 β 或弹性系数 E_0 来表示。压缩系数表示温度不变时，单位压力变化所引起的液体体积的相对变化量，即

$$\beta = -\frac{1}{\Delta p}\frac{\Delta V}{V_1} \tag{1-7}$$

$$\Delta p = p_2 - p_1$$

$$\Delta V = V_2 - V_1$$

式中　β——液体的压缩系数，m^2/N；

Δp——液体压力变化量，为变化后的压力与变化前的压力的差值，Pa；

ΔV——液体体积变化量，为变化后的体积与变化前的体积的差值，m^3。

压力增加，体积减小；反之，压力降低，体积增大，即 Δp 与 ΔV 的符号相反，因此，为了保持 β 为正值，在式(1-7)中加了一个负号。

压缩系数 β 的倒数就是弹性系数 E_0，即

$$E_0 = \frac{1}{\beta} \tag{1-8}$$

表 1-4 列出了 0℃ 的水在不同压力下的压缩系数 β 的值。

表 1-4　0℃的水的压缩系数 β

$p(\times 10^5)$ /Pa	4.904	9.807	19.614	39.228	78.456
$\beta(\times 10^{-9})$ /$m^2 \cdot N^{-1}$	0.539	0.537	0.531	0.523	0.515

从表 1-4 中可以看出，水的压缩系数很小，约为 0.5×10^{-9} m^2/N。实验显示，当压力增加时，液体的压缩性有所减小，如压力达到 500 MPa 时，水的压缩系数减小到 $\beta = 0.4\times 10^{-9}$ m^2/N。液体的压缩系数很小，说明液体不易被压缩；反过来说，液体的弹性系数数值却很大，水的弹性系数 $E_0 = 1/\beta \approx 2.0\times 10^9$ m^2/N。这就是说，当液体的压力变化很大时，其体积变化很小，所以，在一般情况下，不考虑由于压力变化引起的液体体积的变化。

B　液体的膨胀性

液体膨胀性的大小用膨胀系数 α 来表示。膨胀系数表示压力不变时，单位温度变化所引起的液体体积的相对变化量，即

$$\alpha = \frac{1}{\Delta T}\frac{\Delta V}{V_1} \tag{1-9}$$

$$\Delta T = T_2 - T_1$$

$$\Delta V = V_2 - V_1$$

式中　α——液体的温度膨胀系数，K^{-1}；

ΔT——温度变化量，为液体变化后的温度与变化前的温度之差，K；

$\frac{\Delta V}{V_1}$——液体体积的相对变化量。

同压缩系数一样，液体的膨胀系数也是很小的，在工程实际应用中，除了少数问题外，在温度变化不是很大时，可以不考虑液体的膨胀性。从实验得知，在温度和压力不高时，液体

的膨胀系数较小,但随着压力和温度的增加,其值很快变大。它不仅随温度变化,而且随压力的变化而变化。总的来说,随着温度和压力的增大,水的膨胀系数较压缩系数增长要快得多。

【例 1–3】 如果一容器中水的体积 $V=40\,\mathrm{L}$,保持其压力不变,温度由 4℃升高到 90℃,问水的体积膨胀了多少?

解:从表 1–2 查出,4℃时水的密度 $\rho_1=1000\,\mathrm{kg/m^3}$,90℃时水的密度 $\rho_2=965.3\,\mathrm{kg/m^3}$。水的质量 $m=\rho_1 V_1=0.04\times1000=40\,\mathrm{kg}$。由公式 $\rho=\dfrac{m}{V}$得:

$$V_2=\frac{m}{\rho_2}=\frac{40}{965.3}=0.0414\,\mathrm{m^3}$$

水的体积变化值 $\Delta V=V_2-V_1=0.0414-0.04=0.0014\,\mathrm{m^3}=1.4\,\mathrm{L}$

体积相对增加值 $\dfrac{\Delta V}{V_1}=\dfrac{1.4}{40}\times100\%=3.5\%$

1.2.2.2　气体的压缩性与膨胀性

温度和压力的改变,对气体的体积影响很大。由完全气体(气体分子不占体积,分子间无作用力)的状态方程式 $\dfrac{p_1V_1}{T_1}=\dfrac{p_2V_2}{T_2}$可知,当温度不变时,体积与压力成反比。压力增大一倍,体积减小为原来的一半。当压力不变时,温度每升高 1℃,体积就比 0℃时膨胀 1/273。因为压力与温度变化时气体的体积要发生较大的变化,所以气体的密度不能视为常数,但是当压力与温度变化很小时,气体的密度仍然可以看作常数。

1.2.2.3　可压缩流体和不可压缩流体

由上述可知,压缩性和膨胀性是流体的基本属性,任何流体都是可以压缩的,只是可压缩的程度不同而已。

当压力与温度变化时,体积变化不大,密度可以看作是常数的流体,称为不可压缩流体。当压力与温度变化时,体积要发生较大的变化,密度不能视为常数的流体称为可压缩流体。

液体的压缩系数和膨胀系数较小,密度可视为常数,因此通常将液体视为不可压缩流体。管路中流动的气体,在一定的条件下,也可以视为不可压缩的。空气和烟风系统在压力低、流速小(流速在 60 m/s 以内)的情况下,可以忽略密度变化的影响,而将其视为不可压缩流体来对待。对温度和压力有较大变化的汽水系统、燃烧系统等,从整个系统来说,密度变化较大,但对于各管段而言,则采取在不同段管路中取不同的密度。因此,对每一管段仍可按不可压缩流体对待,所不同的是各管段的密度不同而已。

1.2.3　黏性

黏性(亦称黏滞性)是流体的主要物理性质,它是引起运动流体产生能量损失的根本原因。自然界中的流体都具有黏性。黏性的存在,使得对流体运动的研究变得十分复杂。

1.2.3.1　黏性的定义

在日常生活中,可以观察到水比油流得快;河里流动的水,靠岸边的水流得缓慢,越到中心流得越快；这些都是因为流体有黏性，致使流层间发生摩擦，流动速度由管轴中心线向管壁逐渐减小。

现在，以流体在两块平板间的流动为例加以说明，如图1-1(a)所示。平板 A 固定不动，平板 B 以速度 u 做等速直线运动。若两平板的尺寸足够大，平板边缘效应可以忽略不计。紧贴两块平板的流体，由于流体与固体分子的附着力的作用，总是黏附在平板上，流速分别为0和 u。在与流速相垂直的 y 方向上，假定各点的流速分布如图1-1(a)所示。整个流动可以看成是许多不同流速的流层组成的，类似一本书，由许多很薄的书页构成一样，但每一层流体与其相邻的一层流体存在着相对运动。

在无数的流层中取相距 dy 的相邻两个 a、b 流层来看，如图1-1(b)所示。假定两个流层的速度分别为 u 及 $u+du$，即两层流体以速度差 du 做相对滑动。由于流体分子之间的相互吸引而形成的内聚力的作用，速度较快的流层 b 对速度较慢的流层 a 产生一个拖力 T。根据作用力与反作用力相等的原理，速度慢的流层 a 对流速快的流层 b 也有一个反作用力 T'，其方向与 T 相反，是阻碍流层 b 运动的力，因而是阻力。阻力 T' 与拖力 T 是大小相等，方向相反的一对力，分别作用在两层流体上，作用的结果是阻碍或拖动流层间的相对运动，这种情况类似于固体的摩擦。因为它发生在流体的内部，故称为流体的内摩擦。内摩擦中出现的一对力称为内摩擦力和黏性力。当流体流动时，在流体层与层之间产生内摩擦力的特性，称为流体的黏性。

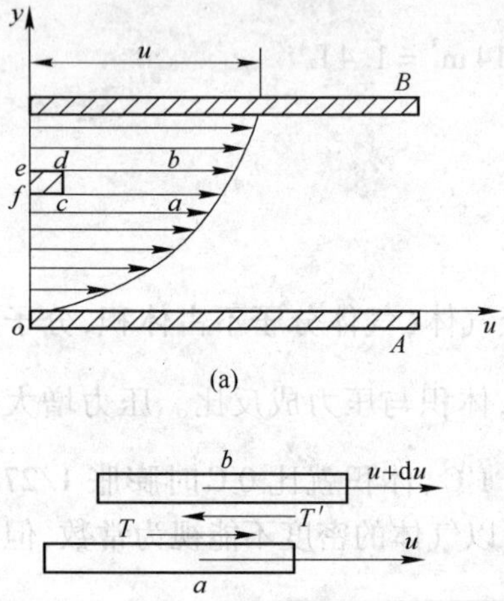

图1-1　速度分布图

流体在流动过程中，为了克服内摩擦力，机械能不断转换成热能而散失，结果造成了流体的能量损失，因此流体的黏性是流体流动时造成能量损失的根本原因。

1.2.3.2　牛顿内摩擦定律

通过大量的实验研究，英国科学家牛顿在1686年提出了确定流体内摩擦力的大小与影响因素的牛顿内摩擦力定律，用公式表示为：

$$T=\mu A\frac{du}{dy} \tag{1-10}$$

式中　T——流体的摩擦力，N；

A——流层间的接触面积，m^2；

μ——表征流体种类及温度影响的一个比例常数，称为流体的动力黏度（又称为黏度），Pa·s；

$\frac{du}{dy}$——流体的速度梯度，表示与流速相垂直的 y 方向上速度的变化率，s^{-1}。

式(1-10)表明：内摩擦力的大小与两流层的速度变化量 du 成正比，与流层间的距离 dy 成反比，与流层间的接触面积 A 成正比，与流体的种类、温度有关，与流体受到的压力无关。

若式(1-10)两端除以面积 A,则

$$\tau=\mu\frac{du}{dy} \tag{1-11}$$

式中　τ——切应力,即单位面积上的内摩擦力,Pa。

1.2.3.3　*流体的黏度*

流体的黏度有动力黏度和运动黏度两种。

A　*动力黏度*

流体动力黏度的物理意义及单位可由式(1-11)得到,即

$$\mu=\frac{\tau}{\frac{du}{dy}} \tag{1-12}$$

当$\frac{du}{dy}=1$时,$\mu=\tau$。即流体速度梯度为1单位时,流体相互接触面上的切应力等于动力黏度的数值。μ 值大,表明内摩擦力的作用强,黏性对流动的影响大。

过去实验室中动力黏度一般常用P(泊)作单位,它与国际单位的换算关系是1P=0.1Pa·s。

B　*运动黏度*

在流体力学中将流体动力黏度 μ 与密度 ρ 的比值称为运动黏度,用希腊字母 ν 表示,单位 m^2/s,即

$$\nu=\frac{\mu}{\rho} \tag{1-13}$$

【例1-4】　在一个标准大气压下,求空气在280℃时的密度、动力黏度和运动黏度。

解:
$$\rho_2=\rho_1\frac{T_1}{T_2}=1.293\times\frac{273}{273+280}=0.638\,km/m^3$$

用线性内插法求动力黏度和运动黏度。从表1-6查得:

(1) 300℃时,空气 $\mu=0.0298\times10^{-3}$ Pa·s,$\nu=49.9\times10^{-6}m^2/s$;

(2) 250℃时,空气 $\mu=0.0280\times10^{-3}$ Pa·s,$\nu=42.8\times10^{-6}m^2/s$。

故在280℃时,有:

$$\mu=\left[0.0280+\frac{0.0298-0.0280}{300-250}\times(280-250)\right]\times10^{-3}=0.02908\times10^{-3}\ Pa\cdot s$$

$$\nu=\left[42.8+\frac{49.9-42.8}{300-250}\times(280-250)\right]\times10^{-6}=47.06\times10^{-6}\ m^2/s$$

【例1-5】　一平板距另一固定平板 $\delta=0.5$ mm,两板水平放置,其间充满流体,上板在单位面积上为 $\tau=2$ Pa 的力作用下,以 $u=0.25$ m/s 的速度移动,求该流体的动力黏度。

解:由牛顿内摩擦定律有:$\tau=\mu\frac{du}{dy}$。由于两平板间隙很小,速度分布可认为是线性分布,可用增量来表示微分。所以:

$$\mu=\tau\frac{du}{dy}=\tau\frac{u-0}{\delta}=2\times\frac{0.5\times10^{-3}}{0.25}=0.004\,Pa\cdot s$$

1.2.3.4 黏性的影响因素

黏性也是流体的自然属性，流体动力黏度的大小由实验测得。与密度一样，影响黏性的因素有流体种类、压力和温度。但一般忽略压力对黏性的影响，这是因为普通的压力对流体的黏性几乎没有什么影响，水的压力增加到10 MPa时，黏性增大至约为一个标准大气压的2倍。

（1）流体的种类。流体的种类不同，黏性也不同。表1-5和表1-6给出了水和空气在不同温度时的动力黏度。从表中可以看出，在20℃，水的动力黏度$\mu=1.002\times10^{-3}$ Pa·s，而空气的动力黏度$\mu=1.83\times10^{-5}$ Pa·s，水的黏度大约是空气的55倍。

表1-5 不同温度时水的黏度

温度 t/℃	动力黏度 $\mu(\times10^{-3})$/Pa·s	运动黏度 $\nu(\times10^{-6})$/m²·s⁻¹	温度 t/℃	动力黏度 $\mu(\times10^{-3})$/Pa·s	运动黏度 $\nu(\times10^{-6})$/$m^2\cdot s^{-1}$
0	1.781	1.785	40	0.653	0.658
5	1.518	1.519	50	0.547	0.553
10	1.307	1.306	60	0.466	0.474
15	1.139	1.139	70	0.404	0.413
20	1.002	1.003	80	0.354	0.364
25	0.890	0.893	90	0.315	0.326
30	0.798	0.800	100	0.282	0.294

表1-6 不同温度时空气的黏度

温度 t/℃	动力黏度 $\mu(\times10^{-3})$/Pa·s	运动黏度 $\nu(\times10^{-6})$/$m^2\cdot s^{-1}$	温度 t/℃	动力黏度 $\mu(\times10^{-3})$/Pa·s	运动黏度 $\nu(\times10^{-6})$/$m^2\cdot s^{-1}$
0	0.0172	13.7	90	0.0216	22.9
10	0.0178	14.7	100	0.0218	23.6
20	0.0183	15.7	120	0.0228	26.2
30	0.0187	16.6	140	0.0236	28.5
40	0.0192	17.6	160	0.0242	30.6
50	0.0196	18.6	180	0.0251	33.2
60	0.0201	19.6	200	0.0259	35.8
70	0.0204	20.5	250	0.0280	42.8
80	0.0210	21.7	300	0.0298	49.9

（2）流体的温度。温度是影响流体黏性的另一重要因素。从表1-5和表1-6可发现，温度对液体和气体黏度的影响不一样。温度升高时，液体的黏度减小，而气体的黏度则加大。

温度对液体和气体黏度的影响之所以不同，是因为引起黏性的主要因素不同。液体的黏性主要是由分子间的吸引力造成的，当温度升高时，液体分子间的距离拉大，分子间的吸引力减小，使液体的黏度降低；气体的黏性主要是由气体内部运动质点的动量交换而产生的，温度增加，分子的碰撞增多，不同流层的质点动量交换加剧，从而导致黏度升高。

1.2.3.5　黏度的测量

黏度可用专门的仪器——黏度计来测量。下面介绍我国一般采用的恩格勒黏度计测定流体黏度的方法。

恩氏黏度计如图1-2所示，它是由两个同心安装的黄铜容器和支架组成的。容器1的球形底部中心有一小管嘴，管嘴的孔口用具有锥形顶部的针杆塞住。在容器1和2之间充以水，并用电热器加热，以保持被测定液体所需要的温度。

用这种黏度计测定液体黏度时，先测出一定温度下200 cm^3液体从管嘴流出的时间 t，然后再测出20℃下同体积的水流出的时间 t_0。t 与 t_0 的比值，称为恩格勒黏度，并以°E 表示，即

$$°E=\frac{t}{t_0} \tag{1-14}$$

在测出液体的恩格勒黏度°E 以后，可用经验公式(1-15)算出液体的黏度，即

$$\nu=0.0731°E-0.0631/°E \tag{1-15}$$

式中　ν——流体的运动黏度，$10^{-4}\ m^2/s$。

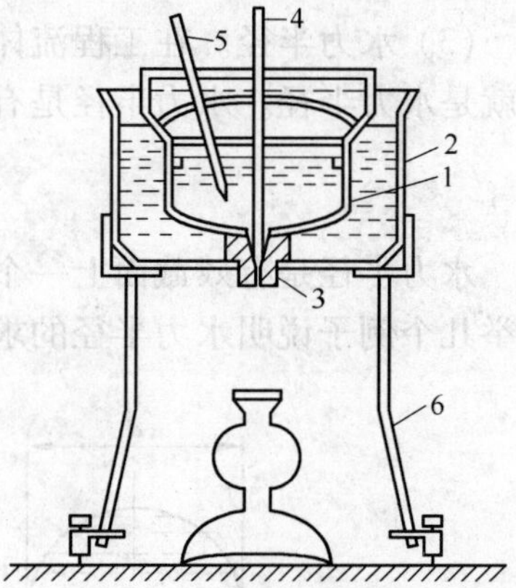

图1-2　恩格勒黏度计

1，2—黄铜容器；3—管嘴；4—针杆；5—温度计；6—支架

1.2.3.6　理想流体与实际流体

自然界中存在的具有黏性的流体都是实际流体。黏性的存在使得流体的流动变得十分复杂。为了建立基本方程式，必须简化理论分析的复杂性，才能得到反映运动规律的方程式，然后再对基本结论进行修正和补充，使实际问题得体解决。为此，引进了理想流体的概念。理想流体就是假想的没有黏性的流体。虽然理想流体并不存在，但正是因为用了理想流体的概念，才找到了流体运动的基本规律。理想流体的假设是流体力学中最重要的假设之一。另外，在很多流体流动中，黏性的影响很小，可以忽略不计，运用理想流体的概念仍然可以得到符合实际的结果。

流体力学中提到的理想液体和理想气体概念均指没有黏性的流体和气体，这和热力学里定义的理想气体的概念不同，所以热力学中的理想气体（气体分子不占体积、分子间无作用力的气体）称为完全气体。

无论是理想气体、不可压缩流体还是连续性的假定，都是一种力学模型。在分析与研究流体平衡与运动规律时，抓住影响问题最主要的因素，忽略次要因素，建立起相应的力学模型，就可以得到流体平衡与运动的数学方程式，找出各个基本物理量的变化关系，这是工程流体力学最常用的一种研究方法。

1.3　流体的水力要素

所谓水力要素是指液流横断面上的几何特征。在研究液流时应区分以下水力要素：有

效截面、湿周及水力半径。

（1）有效截面。液流中与所有流线相垂直的截面称为有效截面（过流截面）。当液流流线互相平行时，有效截面是一个平面，如图1-3中的a；如果流线不平行，有效截面将是一个曲面，如图1-3中的b。有效截面的面积用A来表示。

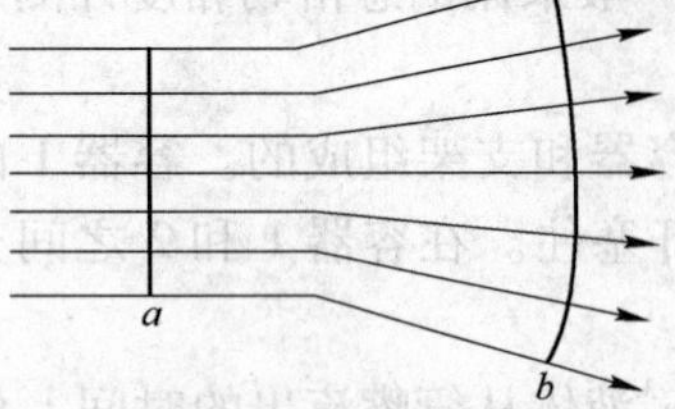

图1-3　有效截面

（2）湿周。有效截面上液体与固体壁接触线的长度称为湿周。湿周用希腊字母χ表示。由湿周的定义可以看出，圆管中半管水流（见图1-4b），湿周$\chi=\frac{1}{2}\pi d$，而在完全被液流充满的圆管中（见图1-4a），湿周$\chi=\pi d$。湿周不包括液体自由表面的长度。由于流体受到的沿程阻力主要集中在靠近固体壁面处速度梯度较大的流层内，因此湿周是个重要的水力要素。

（3）水力半径。在工程流体力学中，由有效截面A和湿周χ组成了一个新的水力要素，这就是水力半径。水力半径是有效截面面积和该断面湿周的比值，用R表示，即

$$R=\frac{A}{\chi} \tag{1-16}$$

水力半径是有效截面上一个重要的水力要素，在阻力计算的许多公式中都要用到它，下面举几个例子说明水力半径的求法。

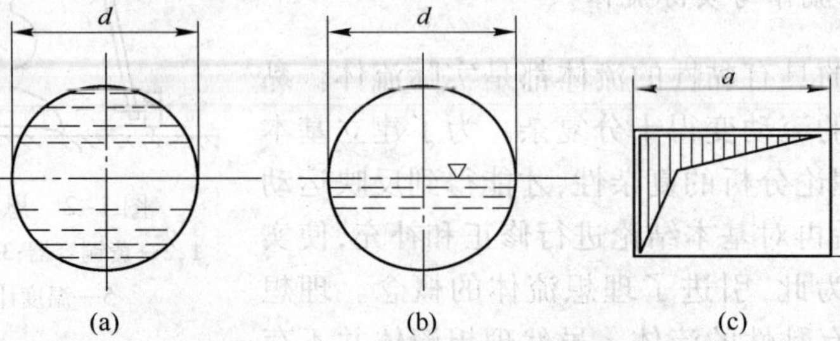

图1-4　湿周与水力半径

圆管中满管水流，如图1-4(a)所示，则

$$R=\frac{A}{\chi}=\frac{\frac{\pi d^2}{4}}{\pi d}=\frac{d}{4}=\frac{r}{2}$$

即$d=4R$。由此可见，水力半径不同于几何半径。在非圆形的有效截面中，水力半径的4倍在工程上称为当量直径，用d_e表示，即

$$d_e=4R \tag{1-17}$$

矩形烟风道，如图1-4(c)所示，其水力半径为：

$$R=\frac{A}{\chi}=\frac{ab}{2(a+b)} \tag{1-18}$$

圆管中半管水流，如图1-4(b)所示，其水力半径为：

$$R = \frac{A}{\chi} = \frac{\frac{\pi d^2}{8}}{\frac{\pi d}{2}} = \frac{d}{4} = \frac{r}{2} \tag{1-19}$$

【例1-6】 图1-5(a)所示矩形 $a_1 = 4\,\text{m}, b = 0.25\,\text{m}$；图1-5(b)所示正方形边长 $a_2 = 1\,\text{m}$；图1-5(c)所示圆形半径 $d = 1.13\,\text{m}$，计算它们的有效截面面积、湿周、水力半径和当量直径。

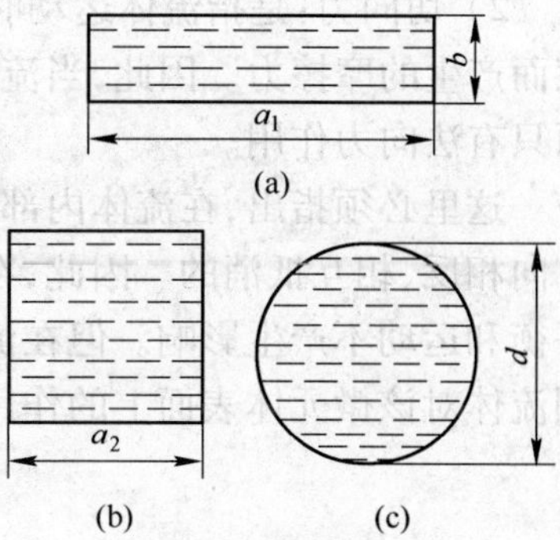

图1-5　例1-6图

解：有效截面面积：$A_a = a_1 b = 4 \times 0.25 = 1\,\text{m}^2$

$$A_b = a_2^2 = 1^2 = 1\,\text{m}^2$$

$$A_c = \frac{\pi}{4}d^2 = \frac{3.14}{4} \times 1.13^2 = 1\,\text{m}^2$$

湿周：

$$\chi_a = 2(a_1 + b) = 2 \times (4 + 0.25) = 8.5\,\text{m}$$

$$\chi_b = 4a_2 = 4 \times 1 = 4\,\text{m}$$

$$\chi_c = \pi d = 3.14 \times 1.13 = 3.55\,\text{m}$$

水力半径：

$$R_a = \frac{A_a}{\chi_a} = \frac{a_1 b}{2(a_1 + b)} = \frac{4 \times 0.25}{2 \times (4 + 0.25)} = 0.12\,\text{m}$$

$$R_b = \frac{A_b}{\chi_b} = \frac{a_2^2}{4a_2} = \frac{a_2}{4} = \frac{1}{4} = 0.25\,\text{m}$$

$$R_c = \frac{A_c}{\chi_c} = \frac{\frac{\pi d^2}{4}}{\pi d} = \frac{d}{4} = \frac{r}{2} = 0.2825\,\text{m}$$

当量直径：

$$d_{ea} = 4R_a = 4 \times 0.12 = 0.48\,\text{m}$$

$$d_{eb} = 4R_b = 4 \times 0.25 = 1\,\text{m}$$

$$d_{ec} = 4R_c = 4 \times 0.2825 = 1.13\,\text{m}$$

由例1-6可以看出，三个有效截面形状虽然不同，但有效截面面积相等，而湿周不等。由计算结果可以看出，圆形断面的湿周最小，矩形断面的湿周最大。在有效截面面积相等的条件下，湿周越小，流体与管壁的接触线长度越小，所引起的流动阻力损失也就越小。圆形断面的湿周最小，因此工程上大多采用圆管来输送流体。

1.4　作用在流体上的力

流体力学既然是研究流体平衡和运动规律的科学，那么就必须了解流体受到哪些力的作用。因为平衡指的是所受诸力的平衡，而运动是在力的作用下产生的。

作用于流体上的力，就其产生原因的不同可分为两类：质量力和表面力。

(1)质量力。质量力亦称为体积力，是作用于流体每一质点(或微元体积)上的力，其大小与质点质量成正比。质量力包括重力和惯性力。

(2) 表面力。表面力即作用在所研究的那部分流体表面上的力，通常是指所研究流体以外的刚体或流体通过接触面作用在所研究流体上的力。因此表面力不仅指作用于流体外表面上的力——外力，也包括作用在流体内部任一表面上的力——内力，它与流体表面积的大小成正比。表面力包括与表面垂直的法向力和与表面相切的切向力。

1）法向力：既包括各种外力（如大气压力、壁面反力或活塞压力）对流体的作用，也包括一部分流体对另一部分流体的作用，如一部分流体重力对另一部分流体的作用。无论流体处于静止还是运动状态，法向力始终存在，并且根据流体性质只能是压力。

2）切向力：是指流体运动时，与刚体表面（如壁面）发生外摩擦或流体质点间发生内摩擦而产生的摩擦力。因此，当流体处于静止（或相对静止）或是理想流体时，切向力不存在而只有法向力作用。

这里必须指出，在流体内部任一对接触表面上，彼此间相互作用的表面力是大小相等、方向相反、相互抵消的。因此，在对一个系统进行宏观研究时，表面力可视为内力，对流体的平衡和运动不产生影响。但在流体力学中，常从流体内部取一微元体进行分析研究，这时周围流体对该微元体表面上的作用力，就是外力。明确这一点是十分重要的。

思考题

1-1 何谓流体？流体与固体的最大区别是什么？与固体和气体相比较，液体的主要特征是什么？

1-2 流体的主要物理性质有哪些？

1-3 什么是流体的密度、比体积？两者有何联系？影响密度的因素有哪些？

1-4 什么是流体的黏性？流体的动力黏度与运动黏度在意义上有哪些不同？影响流体黏性的因素有哪些？温度升高，气体和液体的黏性如何变化，为什么？

1-5 试比较流体的内摩擦定律与固体的摩擦定律的差异，有何本质区别？在什么情况下没有内摩擦力？

1-6 试述以下流体力学模型的区别：

（1）可压缩流体与不可压缩流体；

（2）理性流体与实际流体。

1-7 在液柱式测压计中，气体柱的压力可以忽略不计，为什么？

1-8 “液体就是不可压缩流体，气体就是可压缩流体”，这句话对吗？为什么？

1-9 什么是连续介质？为什么要提出连续性的假设？

1-10 什么是有效截面的水力要素？它包括哪几个物理量？各自表示了什么意思？相互的关系如何？

1-11 判断下列说法是否正确：

（1）湿周不包括自由液面长度。

（2）水力半径等于几何半径。

习题

1-1 已知水的比体积为0.001117456 m^3/kg，求水的密度。

1-2 氧气瓶容积为50 L，密封在里面的氧气重40 N，求氧气的密度。

1-3 已知烟气在温度为0℃、压力为101.3 kPa时的密度为1.3 kg/m^3，若压力不变，求烟气在锅炉内燃烧到800℃时的密度。

1-4 温度 $t_1 = 20$℃的空气，经过空气预热器后，温度升高到 $t_2 = 250$℃，问空气的密度改变了多少？

1-5 有一根长度 $L = 50$ m，直径 $d = 300$ mm 的输水管道要进行水压试验。在压力 $p_1 = 9.8 \times 10^4$ Pa 下灌满了水。问使压力升高到 $p_2 = 490 \times 10^4$ Pa 时，需向管道里补充多少水？已知水的压缩系数 $\beta = 0.5 \times$

$10^{-9}\ m^2/N$。

1-6　试计算要使水的体积减小1/100,需要施加多大的压力?

1-7　原油的密度为890 kg/m³,动力黏度$\mu = 0.025\ Pa\cdot s$,求原油的运动黏度。

1-8　求空气在150℃时的密度。已知它的动力黏度$\mu = 23.9\times 10^{-6}\ Pa\cdot s$,求运动黏度$\nu$。

1-9　已知常温常压下水的动力黏度$\mu = 0.599\times 10^{-3}\ Pa\cdot s$,求出它的运动黏度。

1-10　一个直径为200 mm,长为900 mm的柱塞,同心地装在内径为200.6 mm的缸套内,柱塞与缸套间充满了油。已知油的运动黏度$\nu = 5.6\ cm^2/s$,油的密度$\rho = 918\ kg/m^3$。问要使柱塞以0.3 m/s的速度移动,要多大的推力?

1-11　若固体表面上液体水平流动的速度按二次抛物线分布,如图1-6所示。液面上的流速为8 m/s,液面距底面的深度为4 m,液体的动力黏度为0.001 Pa·s。问2 m深处的切应力为多少?

1-12　一块平板浮在油面上。平板下底面距固体表面的高度$h = 0.3\ m$,如图1-7所示,平板以$u = 3\ m/s$的速度运动,若油的动力黏度为0.02 Pa·s,求此平板每单位面积上所受到的阻力。

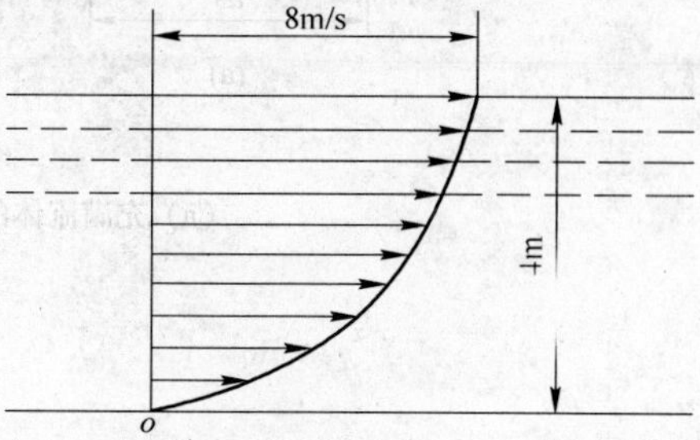

图1-6

1-13　如图1-8所示,转轴直径$d = 0.36\ m$,滑动轴承轴瓦长度$L = 1\ m$,轴与轴承间隙$\Delta = 0.2\ mm$,其中充满动力黏度$\mu = 0.72\ Pa\cdot s$的油,若轴的转速$n = 200\ r/min$,求克服油的黏性阻力所需要的功率。

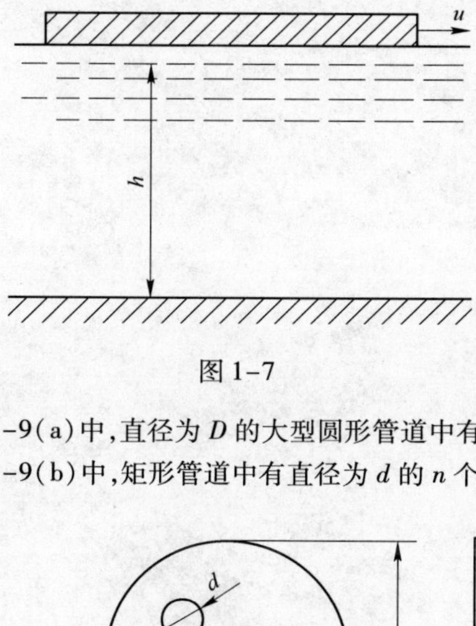

图1-7

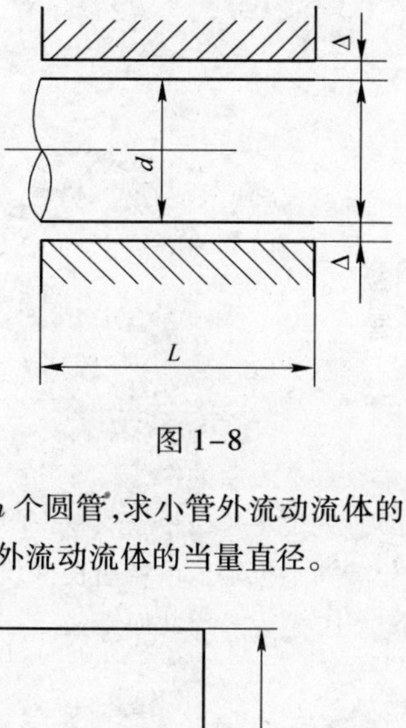

图1-8

1-14　图1-9(a)中,直径为D的大型圆形管道中有直径为d的n个圆管,求小管外流动流体的当量直径;图1-9(b)中,矩形管道中有直径为d的n个小管,求小管外流动流体的当量直径。

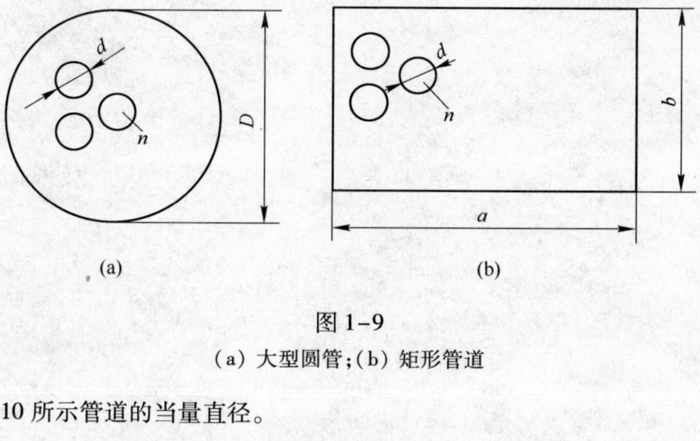

图1-9

(a) 大型圆管;(b) 矩形管道

1-15　计算如图1-10所示管道的当量直径。

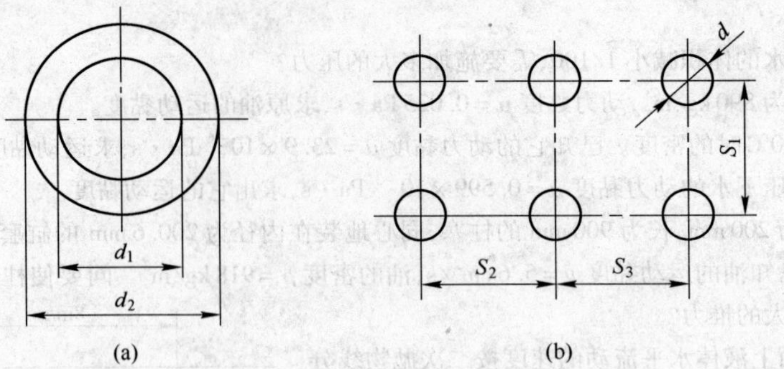

图 1-10

（a）充满流体的环形管道；（b）充满流体的管束

单元2　流体静力学

学习目标

(1) 掌握流体静压力概念和表示方式、静力学基本方程式及其应用。

(2) 理解等压面及选择原则。

流体之间没有相对运动,就称为平衡状态。当重力场中的流体处于静止状态,流体除了重力(即地心引力)作用外,还会受到压力的作用,流体处于静止状态实际上是由于这些作用于流体的力达到平衡的结果,相应的平衡关系方程式称为流体静力学基本方程式。流体静力学是探讨如何应用流体静力学基本方程式来解决工程实际问题的。

由于流体处于平衡状态时没有内摩擦力,因此黏性显示不出来,所以本单元的一切结论,不论是对理想流体还是对实际流体都同样适用。

2.1　静压力的概念和表示方式

本单元所讨论的流体在静止和平衡状态下的基本规律,主要是指静止流体压力的分布规律,因此研究的主要参数是压力(压强)。

2.1.1　静压力的概念

人们在实践中知道,游泳时水淹过胸部会感到胸部受压;用手堵住水龙头,打开阀门后手感到有压力;盛水容器如果有孔,水就会从孔处泄流。这些现象说明,流体处于静止状态时,在流体内部存在压力,流体对固体壁也有压力作用。

如图2-1所示,在静止流体内部取一控制体为研究对象,用平面将其分为Ⅰ、Ⅱ两部分。若将Ⅰ部分移去,为保持Ⅱ部分平衡,必须在截面A上外加一个大小和方向与移去的Ⅰ部分对Ⅱ部分作用等效的力F。人们把单位面积上所受到的流体作用力,称为平均静压力,用符号$\bar{p}$表示,即

$$\bar{p}=\frac{F}{A} \tag{2-1}$$

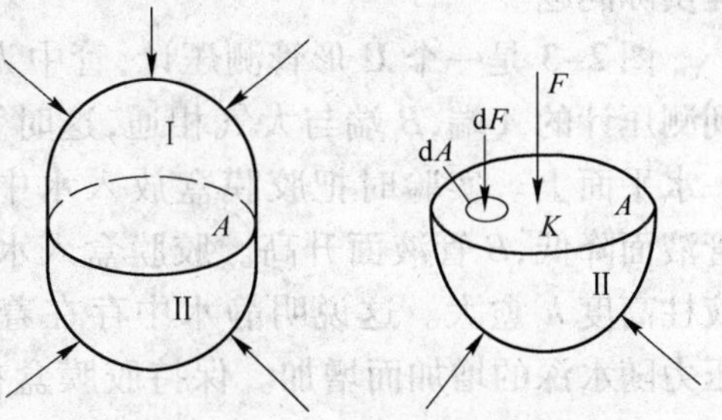

图2-1　静止流体中的分离体

式中　$\bar{p}$——平均静压力,Pa;

F——某面积上的总压力,N;

A——控制体截面积,m^2。

平均静压力并不表示面积A上某点的真实静压力。若要求出面积A上K点的静压力,则应包括K点取一微小面积dA,其上的总压力为dF。当dA趋近于零时(即dA缩小到K点),平均静压力dF/dA就趋近于某一极限值,该极限值称为K点的静压力,也称静压强,用p表示,即

$$p = \lim_{dA \to 0} \frac{dF}{dA} \tag{2-2}$$

流体总压力 F 的单位是 N,静压力 p 的单位是 Pa(帕斯卡),即 1 Pa = 1 N/m^2。因此,F 和 p 是两个不同的概念,虽然它们都具有流体对受压面作用的性质,但流体总压力 F 是作用在某一面积上的力,静压力 p 是作用在受压面上某点的力。

2.1.2　静压力的特性

如图 2-2 所示,液体在一管路流动。

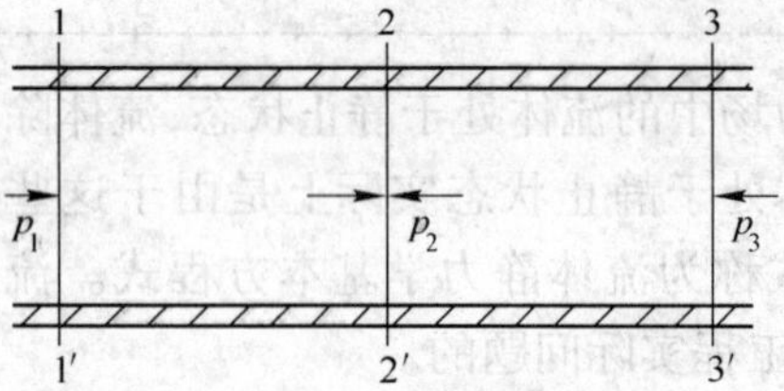

图 2-2　流体静压力的特性

(1)取截面 1—1′至 2—2′间的流体柱来研究,由于截面 1—1′上的流体存在有压强 p_1,此压强相对于截面 1—1′至 2—2′间的流体柱而言,具有推进作用,方向指向截面 1—1′至 2—2′间的流体柱内部,截面 1—1′至 2—2′间的流体柱将在 p_1 的推动下沿管轴方向向前运动;而截面 2—2′上的流体存在的压强 p_2 相对于截面 1—1′至 2—2′间的流体运动而言,则起阻碍作用,方向也是指向截面 1—1′至 2—2′间的流体柱的内部。

(2)取截面 2—2′至 3—3′间的流体柱来研究,此时截面 2—2′上的压强 p_2 对截面 2—2′至 3—3′间的流体柱而言具有推进作用,方向指向截面 2—2′至 3—3′间的流体柱的内部。由此可以获得流体静压强的重要特性之一:流体静压强的方向总是和作用面相垂直,并指向所研究的那部分流体的内部。

由于系统为稳定流动系统,在指定截面上的压强应为常数。对截面 2—2′上的压强 p_2 而言,在对截面 1—1′至 2—2′间和对截面 2—2′至 3—3′间的流体柱作用时,虽作用方向相反但数值相等。据此则可获得流体静压强的重要特性之二:流体系统中任意一点的压强在各个方向上相等。

了解流体静压强的特性很有必要,它可以帮助人们对流体系统进行受力分析,以解决工程实际问题。

图 2-3 是一个 U 形管测压计,管中为有色液体,用胶管把一个扎有胶薄膜的小圆盒接到测压计的 A 端,B 端与大气相通,这时管中液面在同一水平面上。实验时把胶膜盒放入水中,可以看到 A 管液面降低,B 管液面升高。胶膜盒入水愈深,测压管液柱高度 h 愈大。这说明静水中存在着压力,而且静压力随水深的增加而增加。保持胶膜盒在水中的位置不变,使胶膜盒向各个方向转动,可以看到 h 保持不变。

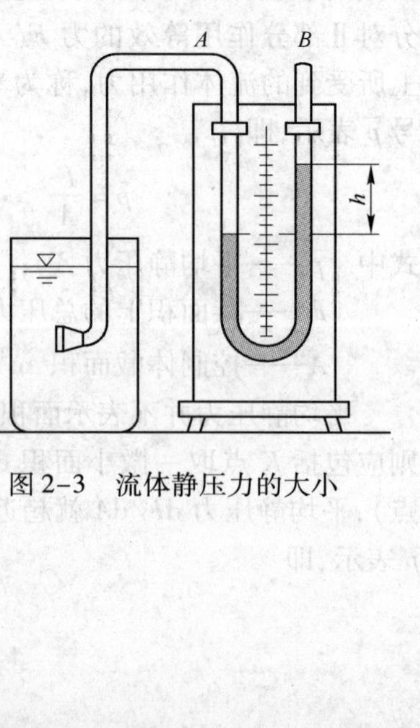

图 2-3　流体静压力的大小

应该说明,虽然同一点的静压力在各个方向上相等,但不同点上的静压力是不相等的,静压力的大小随空间位置不同而变化。也就是说,流体静压力是空间坐标点的连续函数,即

$$p = p(x, y, z)$$

因此,工程上在测量流体某点的静压力时不必选择方向,只需确定该点的位置即可。这具有实际的应用意义。

2.1.3　压力的表示方法

流体中任意一点压力(或压强)的大小,按其度量基准(即零点)的不同,有下列三种表示方法:

(1) 绝对压力。以绝对真空(完全真空)为基准点计算的压力值称为绝对压力,以字母 p 表示。

(2) 相对压力。以当地大气压力为基准点计算的压力值称为相对压力,以字母 p_g 表示。绝对压力 p 减去当地大气压力 p_a,便可得到相对压力值,即

$$p_g = p - p_a \tag{2-3}$$

由式(2-3)知道,绝对压力等于相对压力加上大气压力,即

$$p = p_g + p_a \tag{2-4}$$

在多数实际工程问题中,因流体所受的大气压力是互相平衡的,所以,真正起作用的是相对压力,故一般多采用相对压力来表示静压力。譬如,一般压力表上指示的零压就是大气压力,压力表的读数反映了流体的压力与周围空气的压力差,故压力表上的刻度是相对压力,因此,相对压力在工程上又习惯称为表压力或计示压力。

(3) 真空压力。如果流体在某点的绝对压力小于大气压力,称该处具有真空。真空的大小可以用真空压力或真空度来表示。

真空压力是指大气压力与绝对压力的差值,也称真空值。换句话说,真空值就是被测试流体的绝对压力低于大气压力的部分,用字母 p_v 表示,即

$$p_v = p_a - p \tag{2-5}$$

比较式(2-3)与式(2-5),可以看出,相对压力与真空值有如下关系:

$$p_v = -p_g \tag{2-6}$$

式(2-6)表明真空值就是相对压力的负值,因此,真空值也称为负压。

真空度是指真空值与当地大气压比值的百分数,通常用 H_v 表示,即

$$H_v = \frac{p_a - p}{p_a} \times 100\% = \frac{p_v}{p_a} \times 100\% \tag{2-7}$$

绝对压力 $p = 0$ 时的真空值称为绝对真空,此时的真空值最大。理论上,最大真空值等于当地大气压力,但在实际上绝对真空是不存在的。当有液体存在时,随着真空值的增加,绝对压力相应降低,当其减小到液体的饱和蒸气压力时,液体就会沸腾而产生蒸气,使真空区域内保持与其温度相对应的饱和蒸气压力。

为了区别以上几种压力的表示方法,可将它们之间的关系表示在图2-4中。由图中可以看出:

(1) 从绝对压力为零算起的压力为绝对压力,从大气压力为零算起的压力是相对压力,绝对压力与相对压力的基准相差一个大气压 p_a。

(2) 点1的绝对压力 p_1 大于大气压力 p_a,相对压力 p_g 为正值,称点1处于正压。

(3) 点2的绝对压力 p_2 小于大气压 p_a,其相对压力 p_{2g} 为负值,即点2处于负压。这时的相对压力 p_{2g} 的绝对值就是点2的真空值 p_{2v}。

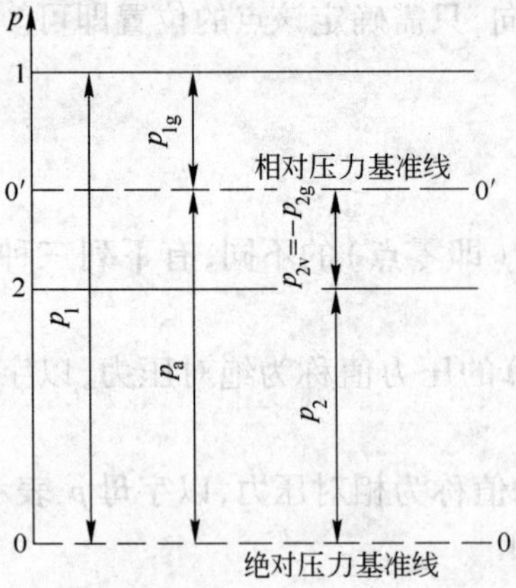

图 2-4　绝对压力、相对压力及真空值之间的关系

应当指出，当大气压随海拔高度即气象因素发生变化时，若绝对压力保持不变，则相对压力和真空值将随大气压力的变化而变化。

大致来说，在工程技术问题中，属于流体的物性和状态的有关公式、计算、资料数据等多采用绝对压力，如完全气体状态方程、饱和蒸气压力等的压力值。

属于流体工程的强度、测试等有关压力值多采用计示压力，例如，计算受压容器强度、管道附件公称压力、高压加热器水侧压力、泵与风机进出口压力等。

低于大气压的容器的压力多采用真空值或真空度，例如水泵或风机进口等。

以上区分都不是绝对的，遇到有关压力参数时，应具体分析。

2.1.4　压力的单位

常用的压力单位有以下三种：

(1) 用单位面积上所承受的力表示。国际单位帕斯卡（简称帕，符号 Pa），$1\text{Pa}=1\text{N/m}^2$，常用的还有 kPa 和 MPa。

(2) 用液柱高度表示。工程上常用一个标准大气压下，4℃的水柱或 0℃的水银柱高度表示，单位是毫米水柱或毫米汞柱，符号分别是 mmH_2O 或 mmHg。这种表示方法既形象又准确，在绝对压力小于 0.2 MPa 的范围内被广泛应用在工程技术上。特别是测量压力时使用这种表示方法十分方便。

(3) 用大气压表示。这种单位有两种：一种是标准大气压（又称物理大气压），符号为 atm，它是指 0℃时在纬度 45°处海平面上大气的平均绝对压力值；另一种是工程大气压，符号是 at，它指的是每平方厘米的面积上受到 1 kgf 的压力值。

各种压力计量单位间的换算关系可以参考表 2-1。

表 2-1　压力单位换算表

帕斯卡 Pa	巴 bar	标准大气压 atm	工程大气压 at	毫米汞柱 mmHg	毫米水柱 mmH_2O
1	1×10^{-5}	9.869×10^{-6}	1.02×10^{-5}	7.5×10^{-3}	0.102
1×10^{5}	1	0.9869	1.02	7.5×10^{2}	1.02×10^{4}
1.013×10^{5}	1.013	1	1.033	760	1.033×10^{4}
9.806×10^{4}	0.9806	0.96787	1	735.559	1×10^{4}
133.322	1.33322×10^{-7}	1.316×10^{-3}	1.36×10^{-3}	1	13.595
9.806	9.806×10^{-5}	9.678×10^{-5}	1×10^{-4}	7.35559×10^{-4}	1

【例 2-1】　将 1 atm 换算为以 mmHg 及 mH_2O 为单位的数据。

解：由 $1\ \text{atm}=1.0133\times10^5\ \text{Pa}$，可分别求得：

$$1\ \text{atm}=\frac{1.0133\times10^5}{1000\times9.807}=10.33\ \text{mH}_2\text{O}$$

$$1\ \text{atm} = \frac{1.0133 \times 10^5}{13600 \times 9.807} \approx 0.76\ \text{mHg} = 760\ \text{mmHg}$$

【例2-2】　由某压力表测出的读数为5at，试换算成以MPa表示的绝对压强。

解：因为压力表测的为表压值，根据附录1查得1at = 98.07kPa；因题目未给出当地大气压强，故当地大气压强可按101.3kPa计算。因为$p = p_g + p_a$，所以有：

$$p = 5 \times 98.07 \times 10^3 + 101.3 \times 10^3 = 591650\ \text{Pa} = 0.5917\ \text{MPa}$$

2.2　流体静力学基本方程

2.2.1　流体静力学基本方程的推导

如图2-5所示，容器内盛有密度为ρ的静止液体，液面上方受外界大气压力p_a的作用。现取任意一垂直液柱，设该流体柱的底面积为A，上、下底面与容器液面间的垂直距离分别为Z_1和Z_2，作用在上下底面上并指向此两底面的总压力分别为P_1和P_2。这时，作用在液体上的质量力只有重力$G = mg$。在重力场中，该液体柱在垂直方向上受到的作用力有：

作用在液柱上底面的总压力　$P_1 = p_1 A$　　（方向向下）

作用在液柱下底面的总压力　$P_2 = p_2 A$　　（方向向上）

液柱受到的重力　$G = A(Z_2 - Z_1)\rho g$　　（方向向下）

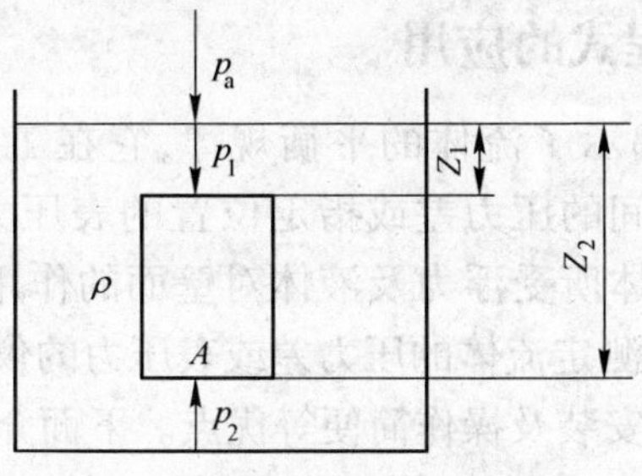

图2-5　静力学基本方程的推导

由于液柱处于静止状态，故在垂直方向上的三个作用力的合力为零，则有：

$$p_1 A + A(Z_2 - Z_1)\rho g = p_2 A$$

移项化简可得：　$p_2 = p_1 + (Z_2 - Z_1)\rho g$

即

$$p_2 = p_1 + \rho g \Delta Z \tag{2-8}$$

$$p_1 = p_2 - \rho g \Delta Z \tag{2-9}$$

当流体为气体时，因气体的密度很小，故$(Z_2 - Z_1)\rho g \approx 0$，则有$p_1 = p_2$，即在静止气相系统中，压力可认为处处相同。

式(2-8)和式(2-9)均为流体静力学基本方程。两式表明：深度较大点的静压力，等于深度较小点的静压力再加上两点的位置高度差、液体密度、重力加速度三者的乘积；反之，深度较小点的静压力，等于深度较大点的静压力再减去两点的位置高度差、液体密度、重力加速度三者的乘积。熟记这个关系，对计算静止液体中不同位置之间的静压力是很方便的。

2.2.2　流体静力学基本方程式的讨论

(1) 由式(2-8)得：　$p_2 + Z_2 \rho g = p_1 + Z_1 \rho g$

$$\frac{p_2}{\rho g}+Z_2=\frac{p_1}{\rho g}+Z_1 \tag{2-10}$$

1）物理意义：Z 表示单位重量流体具有的位能；$\frac{p}{\rho g}$表示单位重流体具有的压强势能。

2）几何意义：Z 表示单位重量流体具有的位置水头；$\frac{p}{\rho g}$表示单位重量流体具有的压强水头。

（2）在流体中，压强相等的各点所组成的面称为等压面。流体中任意一点只能有一个等压面通过。在等压面上，$dp=0$。等压面有一个重要性质，就是等压面与质量力互相垂直。因为在等压面上各处的压强都一样，即 $dp=0$。

（3）在静止的同种流体内部，等压面处在同一水平面。

通过对式(2-9)、式(2-10)进行分析，不难得到下述结论：

（1）在静止的同种流体内部，同一水平面上的流体的静压力相等。

（2）在静止的同种流体内部，压力相等的面（称为等压面）应同处在一个水平面。

（3）在静止、连通着的同种流体内部，同一水平面上的静压力相等（此结论又称连通器原理）。

（4）在静止、连通着的同种流体内部，压力相等的面应处在一个水平面。

显然，结论(3)、(4)为结论(1)、(2)的拓展。

2.3　流体静力学基本方程式的应用

流体静力学基本方程式揭示了流体的平衡规律，它在工程实际中得到了广泛的应用。例如，它可用于流体内部两点间的压力差或指定位置的表压力的测量、贮罐内液位的测量、液封高度的计算、流体内的物体所受浮力及液体对壁面的作用力的计算等。

运用流体静力学基本原理测定流体的压力差或表压力的仪器统称为液柱压差计。液柱压差计具有结构简单、成本低廉、安装及操作简便等优点。下面介绍几种常见的液柱式测压计。

2.3.1　压力差或表压力的测定

2.3.1.1　测压管

简单的测压管就是一根玻璃管，一端连在要测量压力处的容器壁上，另一端开口与大气相通。根据管内液面上升的高度，便可得出容器中液体某点的静压力数值，如图 2-6 所示。

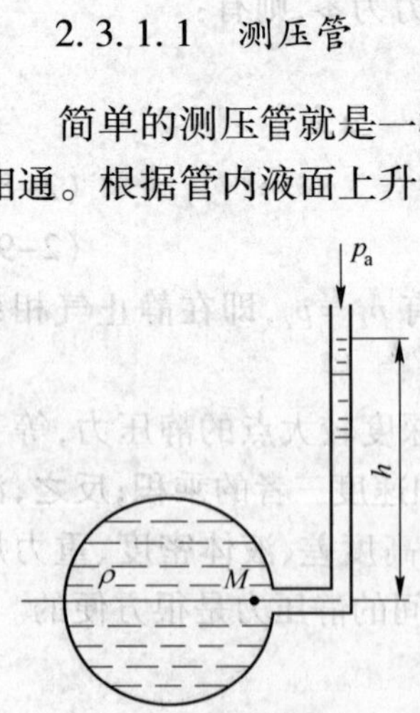

图 2-6　测压管

其测量原理为在压强作用下，液体在玻璃管中上升 h 高度，设被测液体的密度为 ρ，大气压强为 p_a，可得 M 点的绝对压强为：

$$p=p_a+\rho gh$$

M 点的计示压强为（表压强）：

$$p_x=p-p_a=\rho gh$$

于是，用测得的液柱高度 h，可得到容器中液体的计示压强及绝对压强。

2.3.1.2　U 形管测压计

下面介绍用 U 形管测压计测量 $p>p_a$ 和 $p<p_a$ 两种情况的测

压原理，如图 2-7 所示。

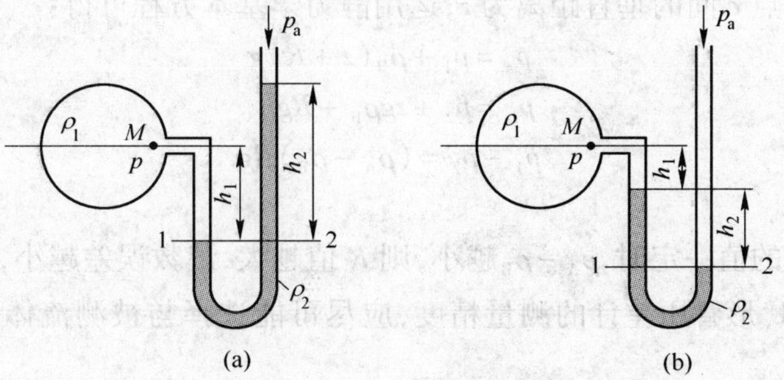

图 2-7　U 形管测压计

(a) $p>p_a$；(b) $p<p_a$

(1) 被测容器中的流体压强高于大气压强，即 $p>p_a$，如图 2-7(a) 所示。

因为

$$p_1=p+\rho_1gh_1$$

$$p_2=p_a+\rho_2gh_2$$

所以

$$p+\rho_1gh_1=p_a+\rho_2gh_2$$

M 点的绝对压强为：$p=p_a+\rho_2gh_2-\rho_1gh_1$

M 点的计示压强为：$p_g=p-p_a=\rho_2gh_2-\rho_1gh_1$

(2) 被测容器中的流体压强低于大气压强，即 $p<p_a$，如图 2-7(b) 所示。

因为

$$p_1=p+\rho_1gh_1+\rho_2gh_2$$

$$p_2=p_a$$

所以

$$p_1=p+\rho_1gh_1+\rho_2gh_2=p_2=p_a$$

M 点的绝对压强为：$p=p_a-\rho_1gh_1-\rho_2gh_2$

M 点的相对压强为：$p=-\rho_1gh_1-\rho_2gh_2$

2.3.1.3　U 形管压差计

U 形管压差计由 U 形玻璃管、指示剂、读数标尺、U 形管两端口和被测系统的测压点间的连接管构成。

如图 2-8 所示，在 U 形玻璃管内装有密度为 ρ_A 的指示剂 A（指示剂装入量通常约为 U 形管总长的一半），中间配有读数标尺，U 形管口和被测系统的测压点间用连接管连接，指示剂液面上方充满被测流体 B，1、2 点取在同一水平面上。

对指示剂的选用要求是：指示剂 A 与被测流体 B 不发生化学反应，互不相溶，且 $\rho_A>\rho_B$。常用的指示剂有水、四氯化碳、水银等。

A　测量基本原理

若 $p_1>p_2$，则 U 形管中指示液面将出现图 2-8 所示的高差 R，其大小随压力差 p_1-p_2 值的增减而变化。当系统稳定时，p_1-p_2 为定值、R 为定值。根据静力学基本原理可知，$a-b$ 水平面为等压面（静止、连通着的同种流体内部的同一水平面），故有：

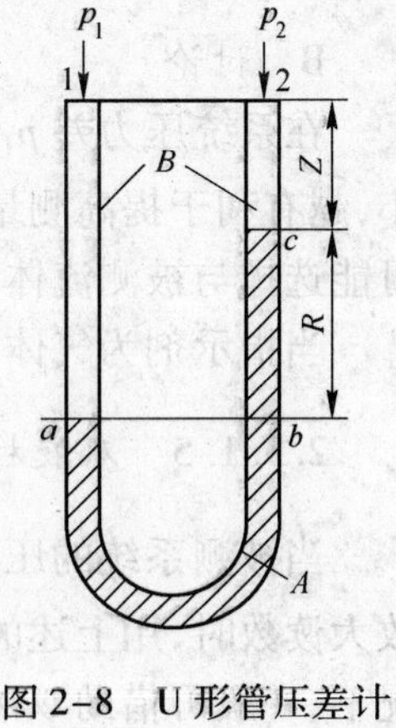

图 2-8　U 形管压差计

$$p_a = p_b$$

设测量点 2 与点 c 间的垂直距离为 z，运用静力学基本方程可得：

$$p_a = p_1 + \rho_B(z+R)g$$

$$p_b = p_2 + zg\rho_B + Rg\rho_A$$

所以

$$p_1 - p_2 = (\rho_A - \rho_B)Rg \tag{2-11}$$

B　讨论

（1）当 $p_1 - p_2$ 的值一定时，$\rho_A - \rho_B$ 越小，则 R 值越大，读数误差越小，有利于提高测量精度。所以，为提高 U 形管压差计的测量精度，应尽可能选择与被测流体的密度相差较小的指示剂。

（2）当被测流体为气体时，由于气体的密度很小，则 $\rho_A >> \rho_B$，式(2-11)可简化为：

$$p_1 - p_2 = (\rho_A - \rho_B)Rg \approx \rho_A Rg \tag{2-12}$$

此外，当测量点 2 与大气相通时，即 p_2 为大气压力，此时式(2-12)左端的压差则可测量点 1 处的表压力；当测量点 1 与大气相通时，即 p_1 为大气压力，此时式(2-12)左端的压差值则可测量点 2 处的真空度。所以 U 形管压差计也可用于指定位置的表压力的测量。

2.3.1.4　倒 U 形管压差计

当被测流体为液体时，可选用比被测液体密度小的流体作指示剂，采用如图 2-9 所示的倒 U 形管压差计进行测量。尤其是当低压系统中被测液体为强酸、强碱或强氧化剂时，选用惰性气体（指与系统流体不发生作用的气体）作指示剂、用倒 U 形管压差计测量系统压力差的方法是其他测量装置无法与之相媲美的。

测量前，先打开压差计上端的旋塞，将两管与待测液体 B 连通，在 $p_1 = p_2$ 条件下放入 B 约为管总高的一半，并使左、右管内 B 的液面达水平；然后通过顶部旋塞充入指示剂 A，并使 A 充满 U 形管的上部（因为 $\rho_A < \rho_B$），关上旋塞，检查 A、B 分界面是否达到水平。

倒 U 形管压差计对指示剂的选用要求是：A 与 B 不发生化学反应，互不相溶，且 $\rho_A < \rho_B$。

A　测量的基本原理

若 $p_1 > p_2$，则倒 U 形管中指示液面出现如图 2-9 所示的位差 R。类似地，运用静力学基本方程可得：

$$p_1 - p_2 = (\rho_B - \rho_A)gR \tag{2-13}$$

B　讨论

在系统压力差 $p_1 - p_2$ 的值一定时，$\rho_B - \rho_A$ 越小，则 R 值越大，读数误差越小，越有利于提高测量精度。所以，为提高倒 U 形管压差计的测量精度，应尽可能选择与被测流体的密度相差不大的指示剂。

当指示剂为气体时，式(2-13)可简化为 $p_1 - p_2 \approx \rho_B gR$。

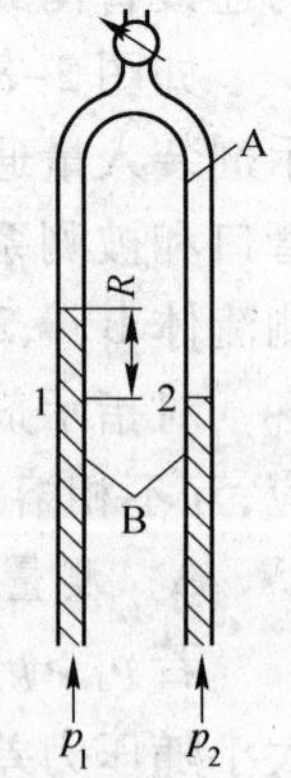

图 2-9　倒 U 形管压差计

2.3.1.5　双液柱微差计

当被测系统的压力差 $p_1 - p_2$ 的值很小且又无法通过减小 $\rho_B - \rho_A$ 的值来放大读数时，用上述的两种压差计测得的读数必然很小而不够精确。在此情况下，一般可借助双液柱微差计进行测量。

如图2–10所示，双液柱微差计的构造是在U形管压差计的顶部增加了两个扩大室（俗称“水库”），U形管下部装入指示剂A，上部装入指示剂C至扩大室的中间位置，扩大室上部至测量点1、2间充满被测流体B。

双液柱微差计对指示剂的选择要求是：指示剂A与C互不相溶、无化学反应；指示剂C与被测流体B互不相溶、无化学反应；且它们的密度关系为$\rho_A>\rho_C>\rho_B$。

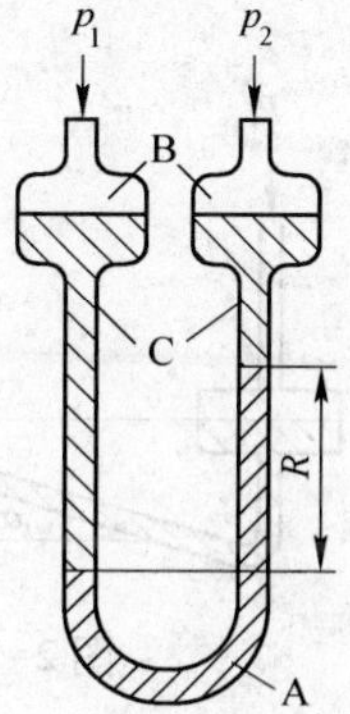

图2–10　双液柱微差计

用双液柱微差计测量的基本原理是：由于扩大室的截面积远比U形管的截面积大，故当测量微压差p_1-p_2时，R的变化对两扩大室内指示剂C的液面高度的影响极小，并可忽略（即可视为等高）。若取A的低端液面为等压面，运用静力学基本方程可得：

$$p_1-p_2=(\rho_A-\rho_C)gR \tag{2–14}$$

显然，当压差p_1-p_2值很小时，为获得较大的读数R，应当选择密度接近的指示剂A和指示剂C。由于指示剂A与系统流体B不接触，故选用指示剂A时较普通U形管压差计的限制要少一些。

【例2–3】　用U形管压差计测量某空气管路中两点的压差值，当指示剂为水时，读数$R=10\,\text{mm}$。现改用双液柱微差计来测量，选用的指示剂为40%的乙醇水溶液和煤油，其密度分别为920 kg/m³和850 kg/m³，问读数的放大倍数是多少？此时读数R'应为多少？

解：已知水的密度$\rho_B=1000\ \text{kg/m}^3$，40%的乙醇水溶液的密度$\rho_A=920\ \text{kg/m}^3$，煤油的密度$\rho_C=850\ \text{kg/m}^3$，$R=10\,\text{mm}$。

由式（2–12）及式（2–14）可得：

$$\frac{R'}{R}=\frac{\rho_B}{\rho_A-\rho_C}=\frac{1000}{920-850}=14.3$$

即放大倍数为14.3。

$$R'=R\frac{\rho_B}{\rho_A-\rho_C}=10\times14.3=143\,\text{mm}$$

2.3.1.6　单管压差计

单管压差计（又称杯形管压差计）是U形管压差计的一种变形。它是为了减小读数误差，而将U形管压差计的一侧玻璃管用一杯形的扩大室替代并装入指示剂A，如图2–11所示，使用时将扩大室与较高压力端相连接。

由于扩大室的截面积较玻璃管的截面积要大得多，故当压力计两端与测压口连通时，扩大室端所连接的为较高压力流体，指示剂在玻璃管中上升高度R对扩大室内液面的高度影响极小并可忽略。所以，在读取读数R时只需观察一次，读数误差比U形管的减小一半。

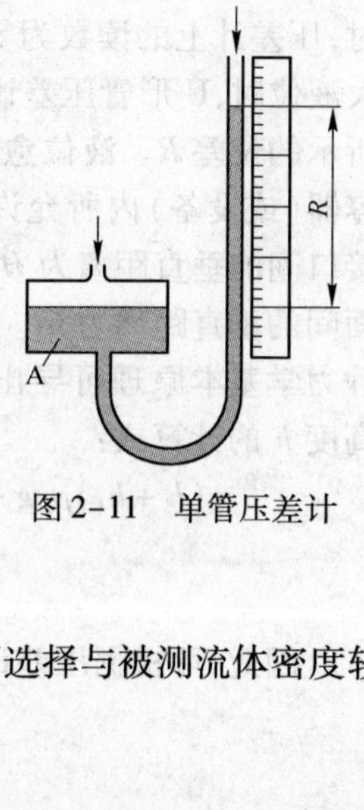

图2–11　单管压差计

2.3.1.7　斜管压差计

当所测压力差微小时，为提高单管压差计的测量精度，一方面可选择与被测流体密度较为接近的指示剂，另一方面可将单管压差计的玻璃管制成与扩大室底部形成一定的倾斜角 α，即斜管，如图 2-12 所示。

玻璃管斜放后，可使读数由 R 放大为 R'。两者的关系为：

$$R' = \frac{R}{\sin\alpha} \tag{2-15}$$

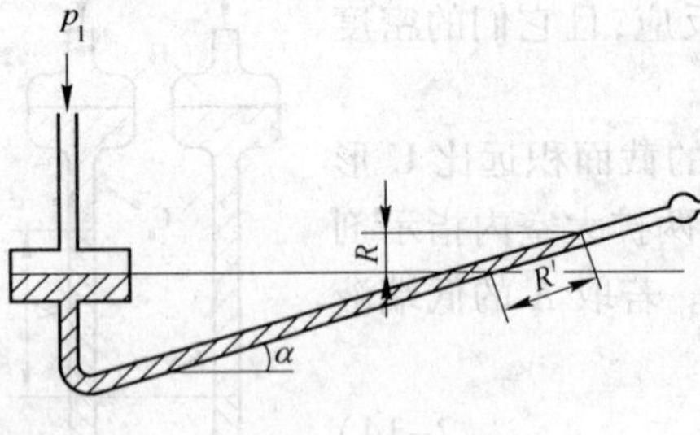

图 2-12　斜管压差计

上述各种液柱压差计具有结构简单、成本低廉、使用方便、测压准确（与弹簧管测压表相比较）等优点。但由于玻璃管的强度差、易破碎，只适用于低压工作环境，测量范围狭小（测量范围一般在 100 ~ 1500 mm 液柱，允许测量的压力差通常不高于 0.2 MPa）。所以，并不完全替代其他类型的测压装置。

2.3.2　液位测量

在生产过程中，往往需要了解容器内的液体储存量或对设备内的液位进行控制，因此，常需进行液位测量。测量液位的装置统称液位计。在生产实践中常见液位计的种类较多，但大多数液位计的作用原理是遵循静力学基本原理的。

最原始的液位计是在容器底部及液面上方器壁处各开一小孔，两孔间用玻璃管相连。由静力学基本原理，静止、连通着的同种流体内部，压力相等的面应共处于一个水平面。因此玻璃管内所示的液面高度即为容器内的液面高度。此种液位测量装置称为玻璃管液位计。其构造虽然简单，但易于破损，且不便于远程测量。

下面介绍两种利用液柱压差计来测量的方法。

图 2-13 所示为用 U 形管压差计近距离测量液位的装置。在容器（或设备）1 的外面设一平衡器 2，内装液体与容器（或设备）中的液体相同，液面高度维持在容器（或设备）中液面允许到达的最大高度处，然后用一个装有指示剂的 U 形管压差计 3 连通容器与平衡器 2。

显然，当容器内的液面达到所允许的最大液面高度时，压差计上的读数为零。当设备内的液位低于允许的最大液位时，U 形管压差计中指示剂的液面会出现如图 2-13 所示的位差 R。液位愈低，压差计上的读数则愈大。若设容器（或设备）内所允许的最大液面高度至压差计与设备接口间的垂直距离为 H、设备接口至压差计左端指示剂液面间的垂直距离为 h_1。取指示剂的低位面为等压面，根据静力学基本原理可导出容器内的液面相对于接口中心的高度 h 的计算式：

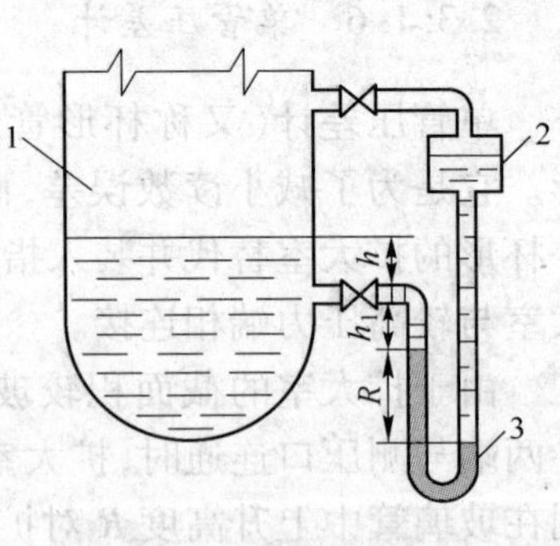

图 2-13　压差法测量液位

1—容器；2—平衡器；3—U 形管压差计

$$(h + h_1)\rho_B g + R\rho_A g = (H + h_1 + R)\rho_B g$$

$$h = H - R\frac{\rho_A - \rho_B}{\rho_B}$$

因此，可根据压差计上的读数 R 换算出容器（或设备）内的液面高度。

若容器或设备的位置离操作室较远时，可采用如图2-14所示的远程测量装置来测量其液位。自管口通入的压缩空气（或惰性气体）用调节阀1调节其流量，管内压缩气体的流速控制得很小，只要在鼓泡观察口2内看出有气泡缓慢退出即可。因此，气体通过吹管4的流动阻力可以忽略不计（即在吹气管内气体的压力可视为相等），管内任一截面上的压力用U形管压差计3来测量。

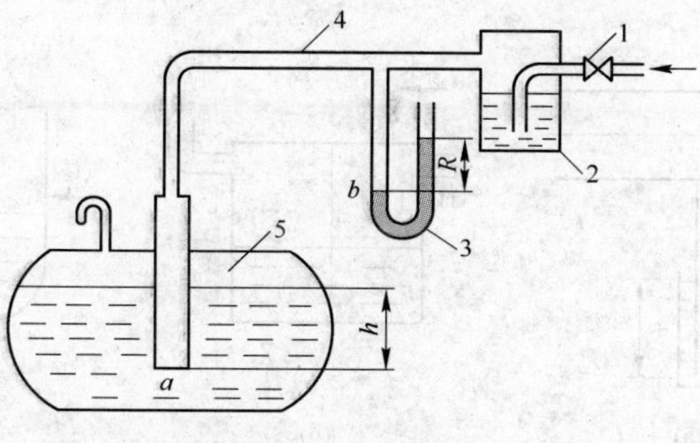

图2-14　液位远程测量

1—调节阀；2—鼓泡观察器；3—U形管压差计；4—吹气管；5—贮罐

由于吹气管内气体的压力可视为相等，所以，吹气管底部 a 的压力应等于 b 处的压力，由静力学基本原理有：

$$p_a' + h\rho_B g = p_a + R\rho_A g$$

式中　p_a'——容器（或设备）内的液面上方的压力；

h——容器（或设备）内的液面相对于吹气管出口的高度。

当（容器）或设备与大气相通时，$p_a' = p_a$。整理可得：$h = R\dfrac{\rho_A}{\rho_B}$

故可由压差计读数的大小确定贮罐5内液面的高度。

2.3.3　液封高度的计算

2.3.3.1　液封类型

对常压气相生产系统，往往需采用称为液封的附属装置。液封根据作用不同，大体分为安全液封、切断液封和溢流液封三类。

（1）安全液封：如图2-15（a）所示，从气体主管上引出一根垂直支管，插到充满液体（通常为水，又称水封）的液封槽内，插入口以上的液面高度 h 应足以保证在正常操作压力 $p_表$ 下气体不会由支管溢出，即有

$$h \geqslant \frac{p_表}{\rho_L g} \tag{2-16}$$

当由于某种不正常原因，系统内气体的压力突然升高时，气体可由此处冲破液封池并泄压，以保证设备的安全。此外，这种水封还有排除气体管中凝液的作用。

（2）切断液封：有些常压可燃气体贮罐前后安装切断液封以代替笨重易漏的截止阀，如图2-15（b）所示。正常操作时，液封中不充液，气体可以顺利绕过隔板出入贮罐；需要切断时（如检修），往液封内注入一定的液体，使隔板浸入液体中的深度大于液封两侧用液柱高

度表示的最大压差值。

(3) 溢流液封：在很多用水或其他液体洗涤气体的设备内，通常维持在一定压力条件下操作，水不断流入的同时必须不断排出。为防止气体随水一起泄出设备，可采用溢流液封装置，如图 2-15 (c) 所示。这类装置的形式很多，都可运用静力学方程进行设计估算。

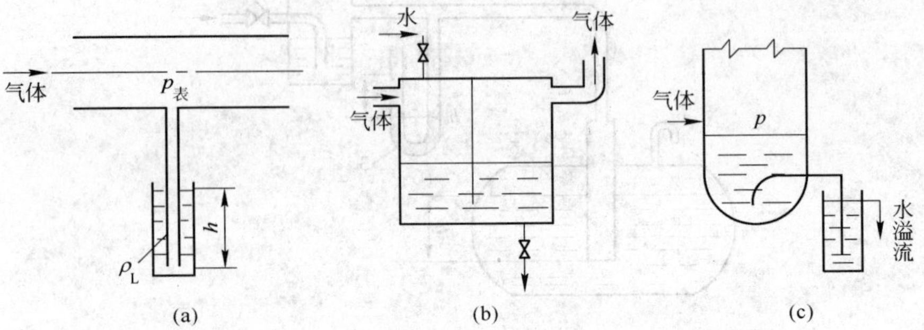

图 2-15　液封装置示意图
(a) 安全液封；(b) 切断液封；(c) 溢流液封

2.3.3.2　液封计算示例

(1) 气柜液封计算。在城市煤气生产系统中，因煤气发生器为一般间隙生产装置，且各阶段产出的气体成分不同，故需要用气柜来混合并稳定气体的压强。气柜液封如图 2-16 所示。

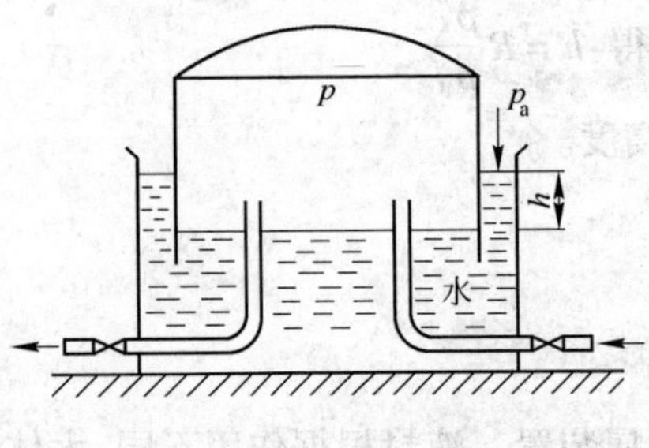

图 2-16　气柜液封

在煤气柜中，气体的压强通过钟形顶盖的升降来维持恒定。当钟形顶盖的位置一定时，气柜内的压强 p 也就一定。其值可由钟形顶盖在铅垂方向的平衡关系计算。

作用于钟形顶盖上方的大气压力　$P_上 = p_a A$ (方向向下)

钟形顶盖的重力　$G = m_Z g$ (方向向下)

作用于钟形顶盖下表面气体的压力　$P_下 = pA$ (方向向上)

当钟形顶盖在一定位置平衡时，有：

$$p_a A + m_Z g = pA$$

整理可得：

$$p = \frac{p_a A + m_Z g}{A} \tag{2-17}$$

由式(2-17)可知，当气柜的钟形顶盖所处的位置一定时，气柜内的气体压强一定。当输入气体量小于输出气体量时，柜内的气体贮存量减少，压强 p 下降，将导致钟形顶盖下降。而随钟形顶盖的下降柜内气体的压强增加，直至符合式(2-17)的压强关系为止。反之，钟形顶盖上升。因此，煤气柜中的气体压强(等于输出气体的压强)是恒定的。

为确保钟形顶盖的自由升降同时不会发生煤气泄漏，需采用水封装置。其水封高度的计算应符合式(2-16)的计算关系。

【例 2-4】　已知某气柜钟形顶盖质量为 150 t，面积为 50 m^2，试求该气柜出口气体的压强及水封高度。

解：取当地大气压强 $p_a = 101.3$ Pa，因为出口气体的压强等于柜中气体的压强，故出口气体的压强可由式(2-17)计算。

$$p = \frac{p_a A + m_Z g}{A} = \frac{1.013 \times 10^5 \times 50 + 150 \times 10^3 \times 9.807}{50} = 1.308 \times 10^5 \text{ Pa}$$

按式(2-16)计算水封高度：

$$h \geqslant \frac{p_{表}}{\rho_L g} = \frac{(1.308 - 1.013) \times 10^5}{1000 \times 9.807} = 3 \text{ m}$$

即水封高度不得低于 3 m。

(2) 安全液封计算。安全液封的作用原理是当系统内气体压强突然升高时，气体冲破液封而泄出并泄压，以达到示警和保障设备的安全。例 2-5 所介绍的乙炔发生炉中气体压强的监控装置就是根据此原理而设计的。

【例 2-5】　如图 2-17 所示。为了控制乙炔发生炉内的气体压力（表压）不超过 80 mmHg，在炉外装有安全液封装置，其作用是当炉内压力超过规定值时，气体从液封管排出。试求此炉的安全水封管应插入槽内水面以下的深度。

解：安全操作时，炉内的最高表压力为 80 mmHg。此时水封管内充满气体，水封槽水面的高度保持 h。而当炉内压力超过规定值时，气体将由液封管排除。所以应按炉内允许的最高压力计算液封管插入槽内水面下的深度。

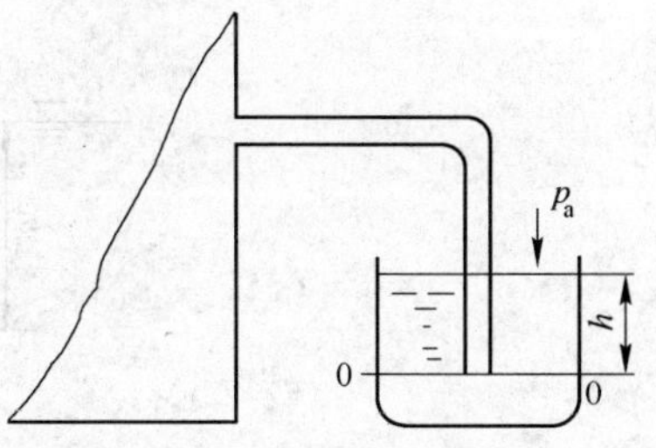

图 2-17　乙炔发生炉的安全液封

过液封管口做基准水平面 0—0，按静力学基本原理或直接由式(2-16)有：

$$h = \frac{p_{表}}{\rho_L g} = \frac{80 \times 133.3}{1000 \times 9.807}$$

解得　$$h = 1.09 \text{ m}$$

为安全起见，实际安装时管子插入深度应略小于 1.09 m。

上两例中的封液都是静止的，称为静液封。在实际生产过程中往往涉及的是动液封，也即封液处于流动状态。对动液封高度的确定通常仍按静液封确定，然后根据流动情况再作适当的校正。

在应用流体静力学基本方程求解问题时，应注意以下几点：

(1) 正确选择等压面。所选择的等压面必须是在连续、相对静止的同种流体内部的同一水平面上。

(2) 基准面位置的选择。基准面的选择以简化计算过程为原则，可以任意选取。若选取得当，可以简化计算过程，而不影响计算结果。

(3) 计算过程中应保持因次的一致性，即方程中各项的计量单位应统一。

2.4　静止流体对平面壁的作用力

前面讨论的是流体中任意一点的静压力及其分布规律。在工程实际中，有时不仅需要知道流体中某点静压力的大小，而且还经常会遇到需要确定流体对某一平面或曲面的总压力的问题。例如，要计算开启冷却水池的平板闸门所需要的力，就必须知道作用在闸门上的总压力。此外，为了保证各类水箱、油箱、压力管道及圆柱形轴瓦等具有足够的强度，就必须分析它们的受力情况，也需要计算各种作用面上的总压力。此处仅讨论静止流体对平面的总压力计算。

静止液体作用在平面上的总压力分为静止液体作用在斜面、水平面和垂直面上的总压力三种，斜面是最普遍的一种情况，水平面和垂直面是斜面的特殊情况。下面介绍静止液体作用在斜面上的总压力问题。

如图 2-18 所示，BC 为一块面积为 A 的任意形状的平板，倾斜放置在密度为 ρ 的静止液体中，平板与液体自由液面的夹角为 θ，液体自由表面的外压力为 p_0，平板形心位置为 c，c 点的淹没深度为 h_c，取坐标平面 xoy 与该板重合，x 轴在水平面上，将坐标平面绕 y 轴旋转 90°，即将闸门平板旋转在纸面上。

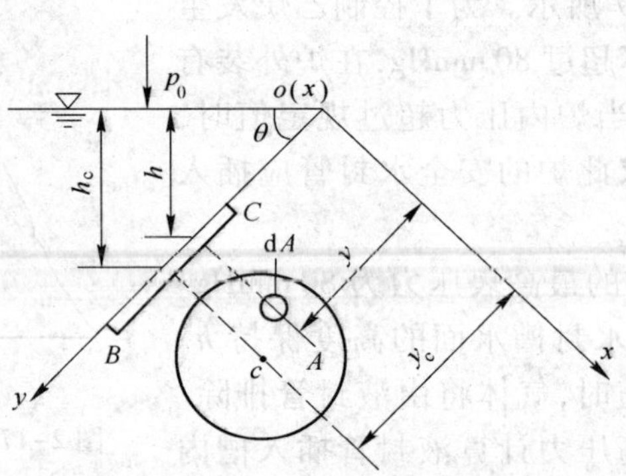

图 2-18　静止液体对平面的作用力

为了求得平面上的总压力的大小，先在平板上任取一微元面积 dA，其深度为 h，则作用于微元面积上的总压力为

$$\mathrm{d}F = p\mathrm{d}A = (p_0 + \rho gh)\mathrm{d}A$$

又

$$h = y\sin\theta$$

$$\mathrm{d}F = p\mathrm{d}A = (p_0 + \rho gy\sin\theta)\mathrm{d}A$$

沿整个面积 A 进行积分，总压力为：

$$F = \int_A \mathrm{d}F = p_0A + \rho g\sin\theta\int_A y\mathrm{d}A$$

$$\int_A y\mathrm{d}A = Ay_c$$

式中　y_c——该平板的形心点 c 到 ox 轴的距离，m；

A——平板面积，m^2。

$$F = (p_0 + \rho gy_c\sin\theta)A = (p_0 + \rho gh_c)A = p_cA \tag{2-18}$$

这就是求平面总压力值的计算公式。作用于整个平面上的总压力等于形心点处的液体静压力与平板面积的乘积。

如果作用在液体自由表面上的压力只是大气压力，仅由液体产生的作用在平面上的总压力为：

$$F = \rho g h_c A \tag{2-19}$$

因此静止液体作用在任一淹没平面上的总压力等于液体的密度、重力加速度、平面面积和形心淹深的乘积。如果保持平面形心的淹深不变，改变平面的倾斜角度，则静止液体作用在该平面的总压力值不变，即静止液体作用于淹没平面上的总压力与平面的倾斜角度无关。作用在静止液体中任一淹没平面上液体的总压力也相当于以平面面积为底、平面形心淹深为高的柱体的液重。

【例2-6】 如图2-19所示，已知水箱中水位高 $h = 10\,\text{m}$，水箱宽 $B = 1\,\text{m}$，求水箱侧壁受到的静水总压力。如果在水深8 m以下设一高2 m、宽1 m的矩形阀门，求作用在阀门上的总压力。

解：矩形平面的形心位置在对角线交点，即

$$h_c = \frac{10}{2} = 5\,\text{m}$$

水箱侧壁的面积为：

$$A = 10 \times 1 = 10\,\text{m}^2$$

水箱侧壁受到的静水总压力为：

$$F = \rho g h_c A = 1000 \times 9.807 \times 5 \times 10 = 490\,\text{kN}$$

矩形阀门上的形心位置为：

$$h'_c = 8 + \frac{2}{2} = 9\,\text{m}$$

矩形阀门的面积为：

$$A' = 2 \times 1 = 2\,\text{m}^2$$

阀门上的总压力为：

$$F' = \rho g h'_c A' = 1000 \times 9.807 \times 9 \times 2 = 176.53\,\text{kN}$$

【例2-7】 如图2-20所示，一直径 $d = 3\,\text{m}$ 的圆形闸门两面受到水的压力。左侧水深 $h_1 = 6\,\text{m}$，右侧水深 $h_2 = 4\,\text{m}$，求作用于阀门上的总压力的大小。

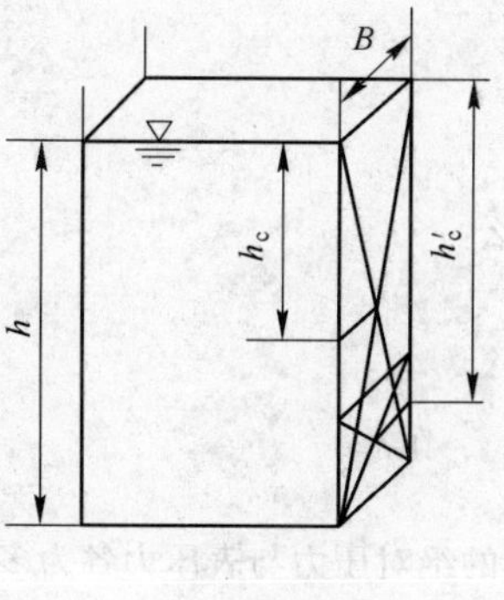

图2-19　水箱侧壁的静水压力

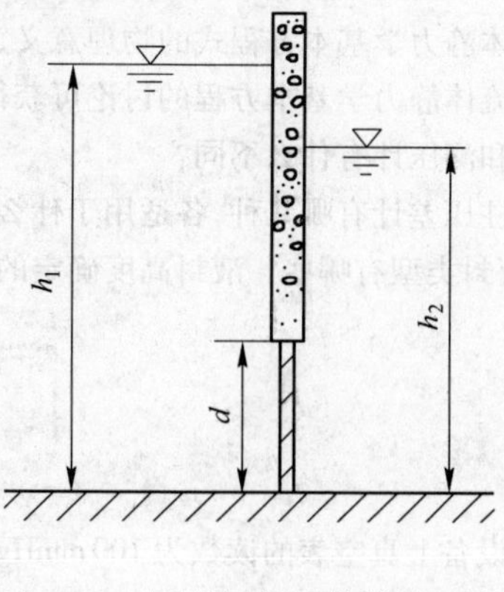

图2-20　圆形闸门受的静水压力

解:左面总压力为:

$$F_1=\rho g h_{c1}A=1000\times 9.807\times\left(6-\frac{3}{2}\right)\times\frac{\pi}{4}\times 3^2=311.9\,\text{kN}$$

右面总压力为:

$$F_2=\rho g h_{c2}A=1000\times 9.807\times\left(4-\frac{3}{2}\right)\times\frac{\pi}{4}\times 3^2=173.2\,\text{kN}$$

静水总压力为:

$$F=F_1-F_2=311.9-173.2=138.7\,\text{kN}$$

方向由左指向右。

思 考 题

2-1　流体静压力、平均静压力及总压力有什么区别?

2-2　流体静压力的特性有哪些?

2-3　绝对压力、相对压力及真空压力有何区别? 相互间的关系是怎样的?

2-4　什么是等压面? 选择等压面的条件是什么? 一封闭盛水容器在自由液面和容器底部各安装一 U 形管水银测压计,如图 2-21 所示,分析 1—2、2—3、3—4 和 4—5 是否为等压面?

2-5　试画出图 2-22 中容器侧壁面上的静压力分布图。

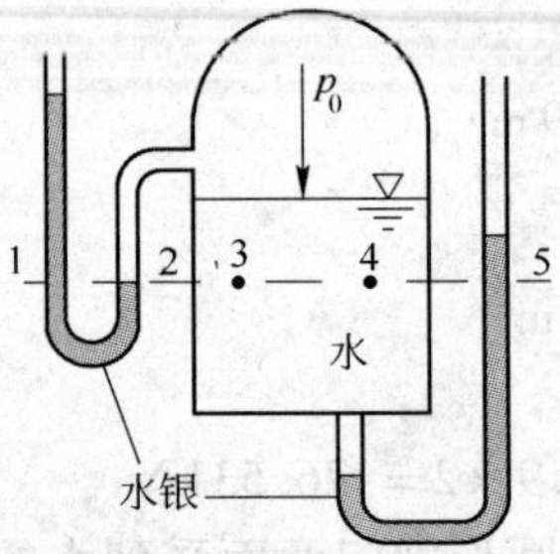

图 2-21

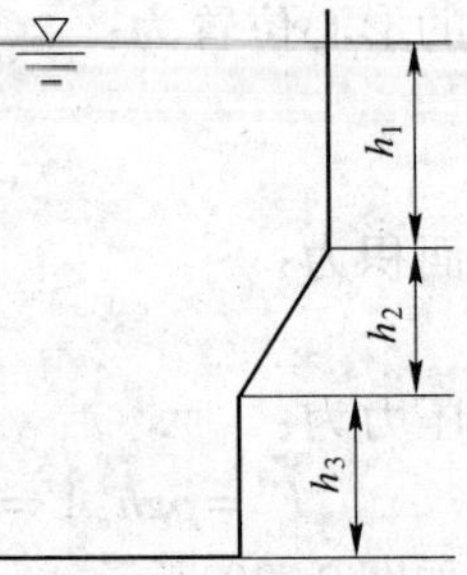

图 2-22

2-6　简述流体静力学基本方程式的物理意义、几何意义。

2-7　通过对流体静力学基本方程的讨论可获得哪些结论?

2-8　差压计和测压计有什么不同?

2-9　常见液柱压差计有哪几种,各适用于什么场合?

2-10　常见液封类型有哪些? 液封高度确定的基本原则是什么?

习　题

2-1　某生产设备上真空表的读数为 100 mmHg,试计算设备内的绝对压力与表压力各为多少 kPa。已知该地区大气压力为 760 mmHg。

2-2　某水泵进口管处真空表读数为 650 mmHg，出口管处压力表读数为 2.6at。水泵前后水的压力差为多少 at，多少 mH_2O？

2-3　在海平面下 300 m 处测得静压力为 3.21964×10^6 Pa，大气压力为 1.0133×10^6 Pa，求海水的密度。

2-4　两只桶放在地面上，桶底直径均为 0.3 m，其中一只是圆柱形，另一只是倒立的圆台形，如图 2-23 所示。两桶盛水的深度均为 0.4 m，后者水面直径为 0.6 m。试问两只桶内底面及地面上的静压力各是多少？桶底面及地面上的总压力又各是多少？

2-5　如图 2-24 所示，容器中盛装的水，计算 1、2 两点的静压力，并画出静压力的方向。

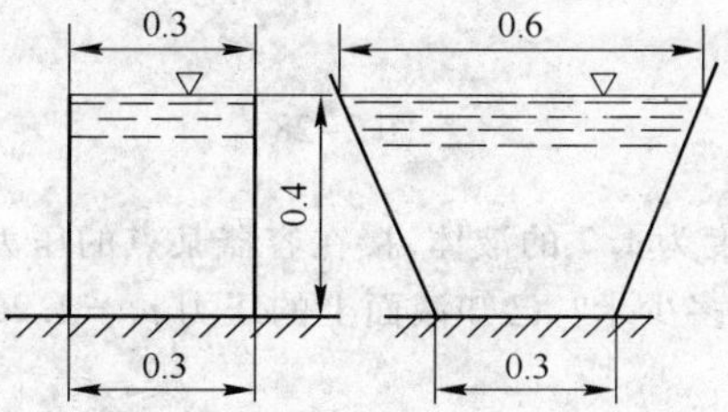

图 2-23

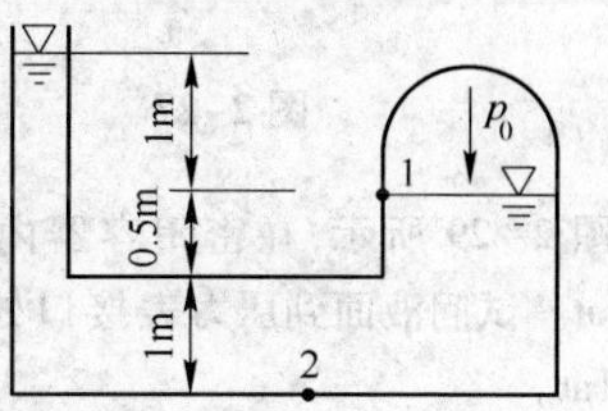

图 2-24

2-6　用 U 形管压差计测定管道两点间的压力差。管中气体的密度为 2 kg/m³，压差计中指示液为水，当压差计中指示液的读数为 600 mm 时，管道两端点间的压力差是多少？

2-7　某水管的两端设置一水银 U 形管压差计以测量管内的压差，指示液的读数最大值为 2 cm。现因读数值太小而影响测量的精确度，拟使最大读数放大 20 倍左右，试问应选择密度为多少的液体为指示液？

2-8　如图 2-25 所示的封闭水箱中，在水深 $h = 1.5$ m 的 A 点安装一压力表，压力表中心距 A 点高 $Z = 0.5$ m，压力表读数为 4.9 kPa，求水面的相对压力及真空值。

2-9　若真空计上、下水银面高差 $h = 0.3$ m，当地大气压力为 $p_a = 101.33 \times 10^3$ Pa，容器 K（见图 2-26）内的真空是多少？

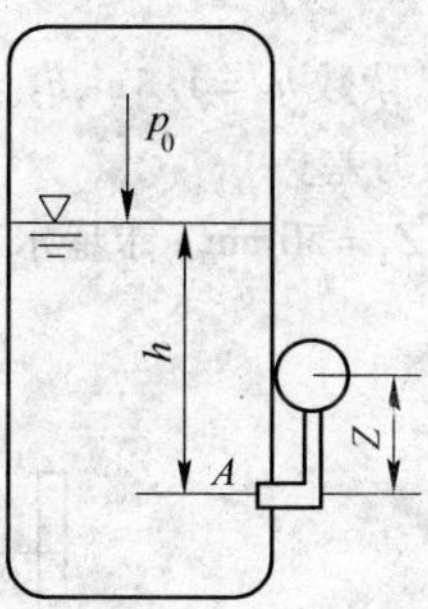

图 2-25

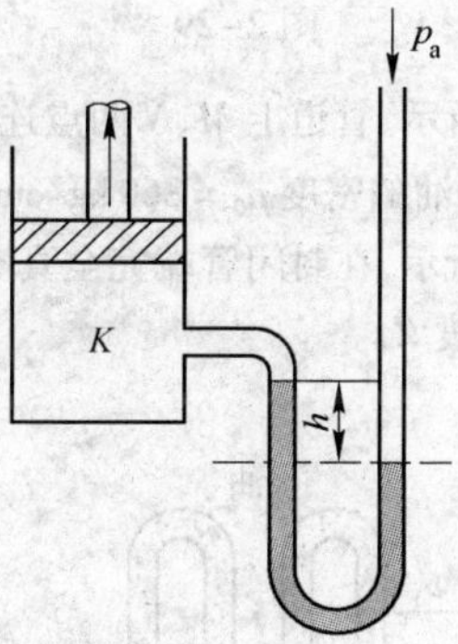

图 2-26

2-10　如图 2-27 所示，用 U 形管压差计测量某密闭容器中相对密度为 1 的液体液面上的压力，压差计内指示液为水银，其一端与大气相通。已知 $H = 4$ m，$h_1 = 1$ m，$h_2 = 1.3$ m，试求液面上方的表压为多少 kPa。

2-11　某锅炉用图 2-28 所示的串联的汞 - 水 U 形管压差计测量液面上方的蒸气压。已知汞液面与基准面垂直距离分别为 $h_1 = 2.3$ m、$h_2 = 1.2$ m、$h_3 = 2.5$ m、$h_4 = 1.4$ m，两 U 形管间的连接管内充满了水。锅炉中水面与基准面间的垂直距离 $h_5 = 3.0$ m，当地大气压力 $p_a = 745$ mmHg。试求锅炉上方水蒸气的压力为多少 Pa。

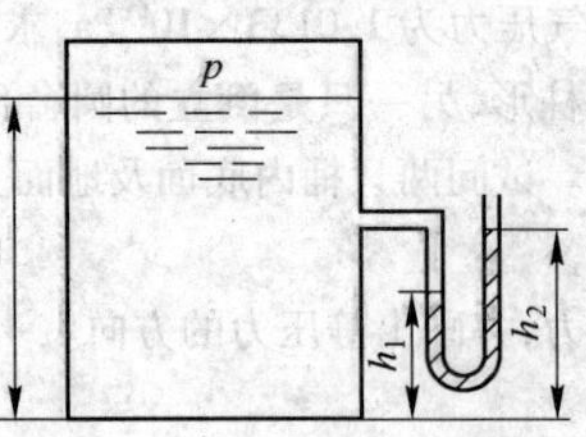

图 2-27

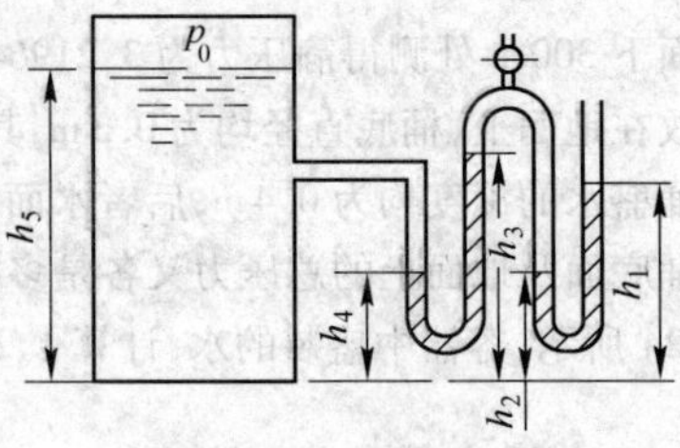

图 2-28

2-12　如图 2-29 所示，在密闭容器内盛有相对密度为 1.2 的液体，接在容器某点的压力表其读数为 0.5at。试问液面到压力表接口处的距离 H 为多少米？已知液面上的压力 $p_1 = 1.26\text{at}$，大气压力为 1at。

2-13　如图 2-30 所示，已知油的密度 $\rho_0 = 820\,\text{kg/cm}^3$，图中三段 h 的高度均为 200 mm，求容器中 k 点的相对压力。

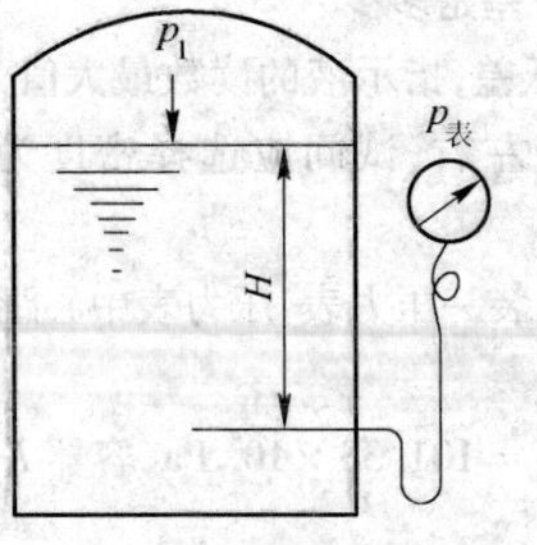

图 2-29

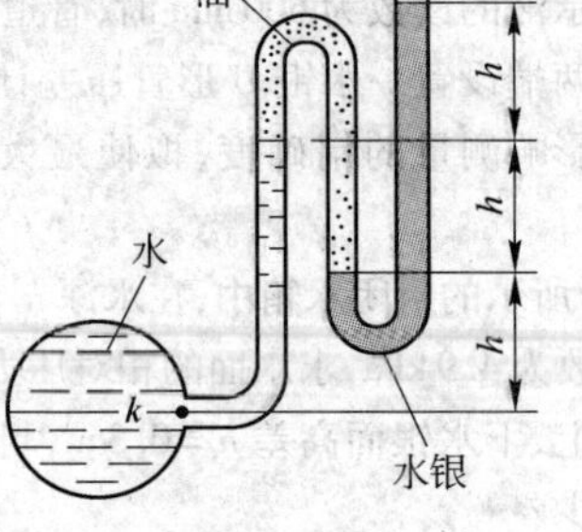

图 2-30

2-14　如图 2-31 所示，管道上 M、N 两点连着两个 U 形管压差计，读数 $h_1 = 1.8\,\text{m}$，$h_2 = 1.5\,\text{m}$，$h_3 = 1.7\,\text{m}$，$h_4 = 1.6\,\text{m}$。若油的密度 $\rho_0 = 860\,\text{kg/cm}^3$，试求 M、N 两点的压力差。

2-15　如图 2-32 所示，在封闭管端完全真空的情况下，水银柱差 $Z_2 = 50\,\text{mm}$。求盛水容器液面的绝对压力 p_1 和水面高度 Z_1。

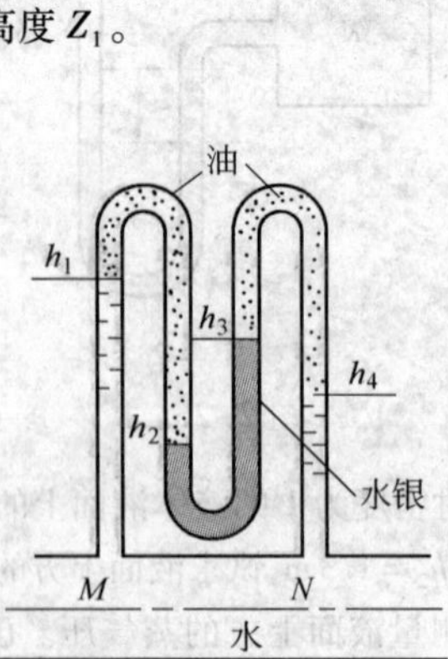

图 2-31

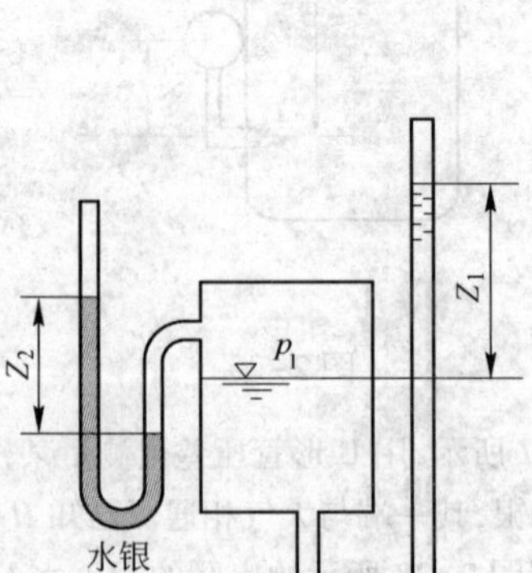

图 2-32

2-16　如图 2-33 所示,已知 $h=3\,\mathrm{m}$、$d=2\,\mathrm{m}$、$\alpha=60°$,求圆形平板闸门上水的总压力。

2-17　如图 2-34 所示,有一平板 MN,宽 1 m,倾斜角 $\alpha=45°$,左侧水深 $h_1=3\,\mathrm{m}$,右侧水深 $h_2=2\,\mathrm{m}$。求此平板上的总压力。

2-18　如图 2-35 所示,循环水入口管路上安装一矩形闸门 AB,水深 $H=13\,\mathrm{m}$,闸门高 $h=3\,\mathrm{m}$,宽 $b=2\,\mathrm{m}$(垂直纸面),问:

(1) 闸门关闭,右侧无水,作用于闸门上的总压力为多少?

(2) 闸门关闭,右侧有水,水深 $h_{水}=3\,\mathrm{m}$,作用于闸门上的总压力为多少?

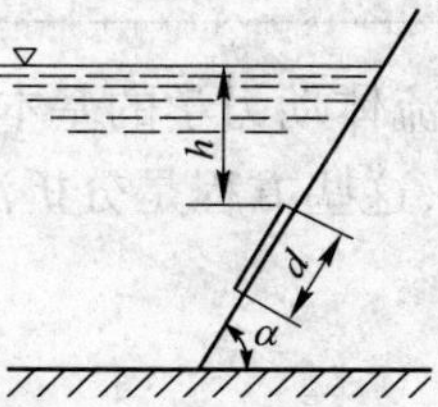

图 2-33

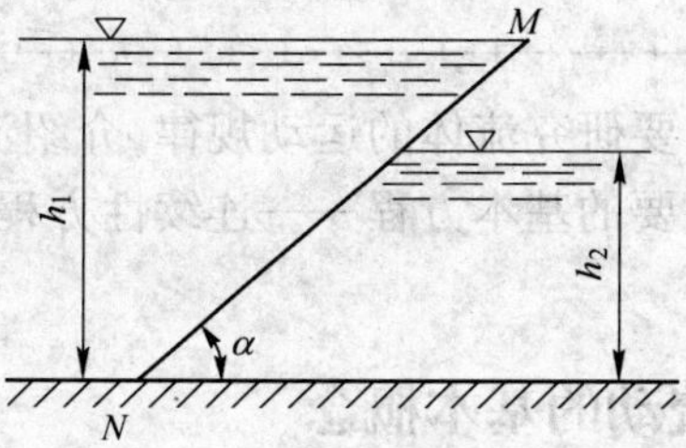

图 2-34

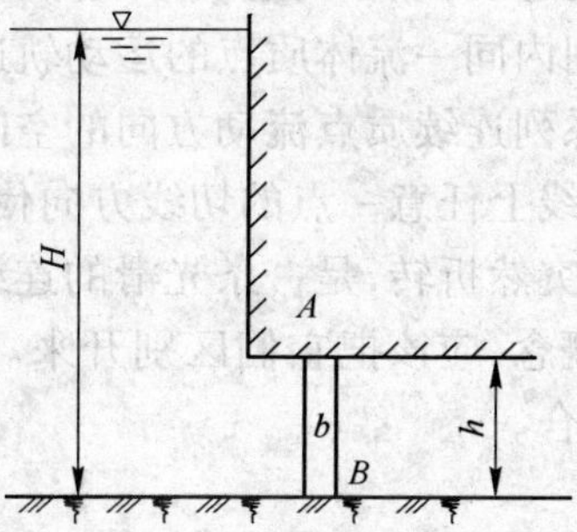

图 2-35

单元3 流体动力学

学习目标

(1) 掌握流体流动概念、流动参数的意义及表达式。

(2) 掌握连续性方程、伯努利方程等流体流动的基本规律及其应用。

本单元主要研究流体的运动规律,介绍流体运动学和流体动力学的基本知识、流体动力学中的几个重要的基本方程——连续性方程、能量方程等,这些方程是分析流体流动问题的基础。

3.1 流体流动的基本概念

3.1.1 迹线和流线

流场中每个质点均有自己的迹线,众多的迹线形成曲线簇,这组曲线簇可将流场流动规律显示出来。迹线表示一段时间内同一流体质点的运动轨迹。

流线是流场中同一时刻一系列连续质点流动方向的空间曲线。流线则表示了某一时刻多个流体质点的运动趋势,在流线上任意一点的切线方向代表了该处流体质点的速度方向。

流线不能相交和重合,不能突然折转,是一条光滑的连续曲线。

流线和迹线是两个不同的概念,应该把它们区别开来。定常流动时,流线和迹线重合;非定常流动时,流线和迹线不重合。

3.1.2 流管、流束和总流

在流场中任取一条不是流线的封闭曲线,通过曲线上各点作流线,这些流线组成一个管状表面,称之为流管。

过流管横截面上各点作流线,则得到充满流管的一束流线簇,称为流束。当流束的横截面积趋近于零时,则流束达到它的极限——流线。

在流束中与各流线相垂直的横截面称为有效截面。有效截面面积为无限小的流束和流管,称为微元流束和微元流管。在每一个微元流束的有效截面上,各点的速度可认为是相同的。

无数微元流束的总和称为总流。

3.1.3 流动的分类

(1) 按照流体性质分类,可分为理想流体的流动(切应力 $\tau=0$ 或流动损失 $h_w=0$)、实际流体(黏性流体)的流动($\tau\neq0$、$h_w\neq0$);不可压缩流体的流动(密度 $\rho=$ 常数、$d\rho=0$)、可压缩流体的流动(密度 $\rho=(x,y,z,t)$、$d\rho\neq0$)。

(2) 按照运动状态分类,可分为定常流动和非定常流动,有旋流动和无旋流动,层流流动和紊流流动，亚音速流动和超音速流动等。

（3）按照流动空间的坐标变量数分类，可分为一元流动、二元流动和三元流动。

（4）按照流动与时间的关系可分为稳定流动和非稳定流动。流动参数不随时间变化的流动称为稳定流动。稳定流动的流场中，流体质点的速度、压强和密度等流动参数仅是空间点坐标 x、y、z 的函数，与时间 t 无关。用 φ 表示任一流动参数（即 φ 可表示 u,v,w,p,ρ 等），则 $\varphi=\varphi(x,y,z)$。相反，流动参数随时间变化的流动称为非稳定流动。

（5）根据流场中同一条流线空间各点上的流速是否相同，可将流动分为均匀流和非均匀流。若相同则称为均匀流，否则称为非均匀流。由此定义可知在均匀流中，流线是彼此平行的直线，过水断面（有效截面）是平面。

3.1.4　运动要素

表示流体运动特征的基本物理量称为流体的运动要素。

（1）动压力。作用在运动液体内部单位面积上的压力称为液体的动压力。一般情况下，液体流动的横断面上动压力的分布规律，是不同于液体静压力的，只有在特殊情况下两者才相同。

（2）流速、流量、平均速度。

1）流速。液体某一质点的流速是指该质点在空间中移动的速度。速度的大小决定于质点在单位时间内所流过的路程长度。某一质点的流速用 u 来表示。

2）流量。单位时间内通过有效截面的流体体积称为体积流量，以 q_V 表示。其单位为 m^3/s、m^3/h 等。单位时间内通过有效截面的流体质量称为质量流量，以 q_m 表示，其单位为 kg/s、t/h 等。体积流量与质量流量之间的关系是：

$$q_m=q_V\rho \tag{3-1}$$

重量流量与体积流量之间的关系是：

$$q_G=q_V\rho g \tag{3-2}$$

3）平均流速。平均流速是一个假想的流速，即假定在有效截面上各点都以相同的平均流速流过，这时通过该有效截面上的体积流量仍与各点以真实流速流动时所得到的体积流量相同。

若以 v 表示平均流速，按其定义可得：

$$v=\frac{q_V}{A} \tag{3-3}$$

工程计算中所说的速度通常指的是平均速度。

3.2　流体流动的连续性方程——质量守恒定律

质量守恒是自然界万物运动所遵循的普遍规律，流体的运动也不例外。质量守恒的含义是流体系统中流体质量在运动过程中保持不变，即该系统流体质量守恒。从另一个角度来说，在某一确定的空间中，流体质量的增量等于该段时间流进和流出这一空间的所有控制面的流体质量差值。

3.2.1　稳定流动的连续性方程

如图3-1所示，在稳定流动的流体中，取过流断面1—1、2—2及它们之间的液体为研究对象。过流断面面积分别为 A_1 和 A_2，设 A_1 和 A_2 上的平均流速分别是 v_1 和 v_2，则 dt 时间内流入断面 1—1 的流体质量为 $\rho_1 A_1 v_1 \mathrm{d}t = \rho_1 q_{V1} \mathrm{d}t$，流出断面 2—2 的流体质量为 $\rho_2 A_2 v_2 \mathrm{d}t = \rho_2 q_{V2} \mathrm{d}t$。流体流动是连续的，在同一时间内流入过流断面 1—1 与流出断面 2—2 的流体质量相等。即

$$\rho_1 A_1 v_1 \mathrm{d}t = \rho_2 A_2 v_2 \mathrm{d}t$$

$$\rho_1 A_1 v_1 = \rho_2 A_2 v_2$$

$$\rho_1 q_{V1} = \rho_2 q_{V2}$$

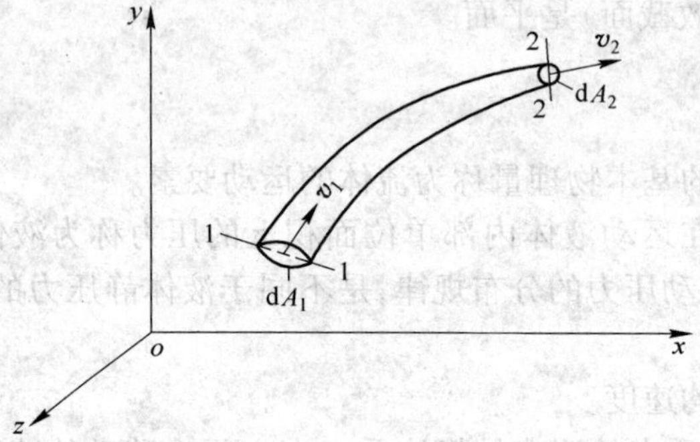

图 3-1　连续性方程的推导用图

连续稳定流动中，无论是气体还是液体，质量流量都相等。即

$$q_{m1} = q_{m2} = \rho_1 q_{V1} = \rho_2 q_{V2} = \rho_1 A_1 v_1 = \rho_2 A_2 v_2 \tag{3-4}$$

对于不可压缩流体，密度不变，即 $\rho_1 = \rho_2$，与成体积流量相等有：

$$q_{V1} = q_{V2} = A_1 v_1 = A_2 v_2 \tag{3-5}$$

还可表示为：
$$\frac{A_1}{A_2} = \frac{v_2}{v_1}$$

对于圆形管路又可以写成：

$$\frac{v_2}{v_1} = \left(\frac{d_1}{d_2}\right)^2 \tag{3-6}$$

不难看出，对于不可压缩流体的管内流动来说，在同一时间内，不同截面处的流体的体积流量是相等的。截面面积大的地方，流速较低，截面面积小的地方，流速较高。比如河流河道开阔的地方流速较慢，峡谷地带流速较快。日常生活或生产中通常捏扁软管引出的管道出口，使水流加速射出也是这个道理。

此外，在推导式(3-5)时，在整个圆管流动过程中没有流体的泄漏与渗出。因连续性方程不涉及作用力及流体摩擦损失问题，所以连续方程不仅适用于理想流体，也适用于实际流体(黏性流体)。

3.2.2　连续性方程的应用

【例 3-1】　某锅炉燃烧器下的二次风出口风量为 108 kN/h，风口断面尺寸为 305 mm × 320 mm。若热风温度为 350℃，求二次风出口的平均流速。

解:热风的密度为:

$$\rho_1=\rho_0\frac{T_0}{T_1}=1.293\times\frac{273}{273+350}=0.567\ \mathrm{kg/m^3}$$

由于 $q_G=\rho gvA$,因此平均流速为:

$$v=\frac{q_G}{\rho_1 gA}=\frac{108\times10^3}{3600\times0.567\times9.807\times0.305\times0.32}=55.28\ \mathrm{m/s}$$

【例3-2】 有一输水管道,如图3-2所示。水流从左向右流动,已知 $d_1=400\ \mathrm{mm}$,$d_2=800\ \mathrm{mm}$,进口截面的平均速度为2 m/s,求出口截面的平均流速。

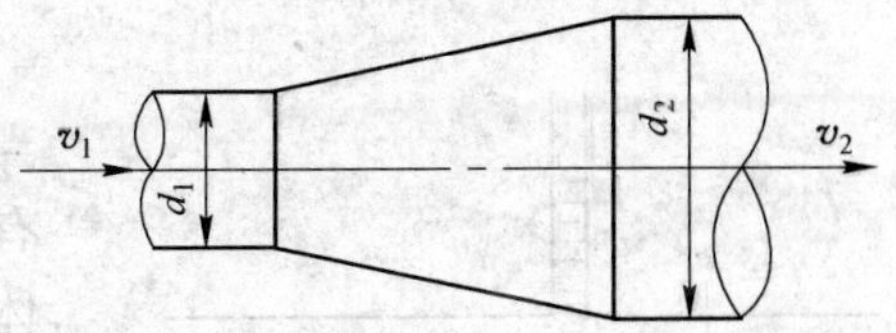

图3-2　输水管道

解:两截面的面积分别为 $A_1=\frac{\pi}{4}d_1^2$、$A_2=\frac{\pi}{4}d_2^2$,所以根据连续性方程有:$v_1\frac{\pi}{4}d_1^2=v_2\frac{\pi}{4}d_2^2$

$$v_2=v_1\left(\frac{d_1}{d_2}\right)^2=2\times\left(\frac{0.5}{1}\right)^2=0.5\ \mathrm{m/s}$$

3.3　流体流动的伯努利方程——能量守恒定律

同质量守恒一样,能量守恒是流体流动必须遵循的又一普遍规律。当系统为稳定流动系统时,根据能量守恒性,知输入系统的能量等于输出系统的能量,据此便可获得稳定流动系统的能量衡算方程,也即伯努利方程。该方程是管道水利计算的核心方程,也是流体动力学中最重要的方程之一,常应用于解决许多工程实际问题。

下面首先对流动系统中所涉及能量的类型作一介绍。

3.3.1　流动系统的能量类型

流动系统中涉及的能量有多种形式,如内能、动能、位能、静压能、功、热、能量损失。根据其属性,能量分为流体自身的能量和与环境交换的能量。

3.3.1.1　流体自身的能量类型

(1) 内能。内能指贮存在物质内部的能量,是物体内部如分子、原子、电子等所含能量的总和。它包括分子运动的动能、分子间相互吸引和排斥的能量、化学能和原子核内的能量等。其大小主要取决于流体的温度,压力的影响一般可以忽略,故能量可视为温度的函数,以 U 表示,单位为J/kg。

当流动系统不涉及温度变化时,流体的内能为常数。

(2) 位能。位能是流体因处于地球重力场内而具有的能量。其为一状态函数,故计算时必须规定一个基准水平面。流体位能的计算方法与固体位能的计算方法相同,其值等于将流体自基准水平面升高到所在高度 Z 所需做的功,即

$$位能=gZ$$

(3) 动能。动能是流体因按一定速度运动而具有的能量。类似地,流体动能的计算方法与固体动能的计算方法相同,其大小等于将流体由初速度为零加速到现有速度 u 所需做

的功，按固体物理学定律有：

$$动能 = \frac{u^2}{2}$$

（4）静压能。静压能是流体因存在有一定的静压强而具有的能量，又称压强能、流动功。例如，在有液体流动的水平管道壁面开孔连接一根垂直玻璃管，液体就会在玻璃管内升起一定的高度，如图3-3所示。该流体柱的高度便是运动着的流体在该截面处静压强大小的表现，也是流体静压能的表现。

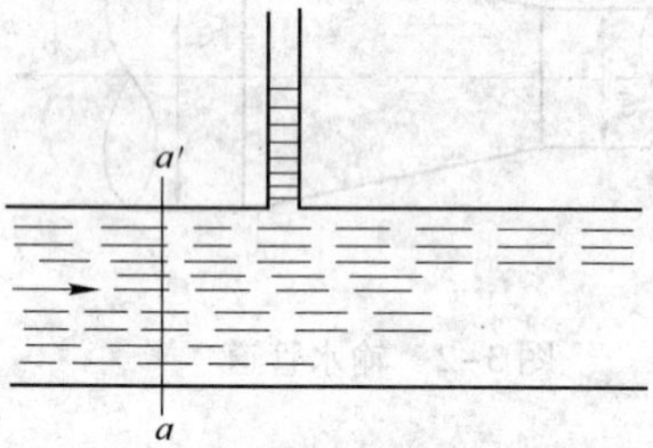

图3-3　静压能的示意图

若在图3-3所示的流动系统中取一截面 $a—a'$，当流体通过截面 $a—a'$ 时，由于截面 $a—a'$ 处流体具有一定的压强 p，这就需要对欲通过截面 $a—a'$ 的流体做相应的功，以克服这个压强。于是流体在通过截面 $a—a'$ 时，携带与此功相当的能量进入系统，此相当的能量称为静压能。

现设欲通过截面 $a—a'$ 的液体的质量为1 kg、管道截面积为 A，则将液体压进截面 $a—a'$ 内所需的力为 $F = pA$。而1 kg液体进入截面 $a—a'$ 后占据的管长为 $l = 1/A\rho$。故将1 kg液体压入截面 $a—a'$ 所需做的功（也即液体为克服截面 $a—a'$ 的压强需携带的能量——静压能）为 $Fl = p/\rho$。所以，流体静压能的计算关系为：

$$静压能 = p/\rho$$

流体的位能、动能、静压能统称为流体的机械能，三者之和称为流体的总机械能。

3.3.1.2　与环境交换的能量类型

（1）外加能量。外加能量又称外功、净功，是流体从流动系统中串接的做功设备（如泵、压缩机等）获得的能量或要求做功设备提供的能量，以“W_e”表示，单位为J/kg。

（2）热量。指流体通过系统中串接的传热设备等（如换热器）与环境交换的热量，以“Q”表示，单位为J/kg。对不涉及热量传递的流动系统，$Q = 0$。

（3）损失能量。损失能量是指流体在系统中流动时，因克服系统阻力所损耗的能量，以 $\sum h_f$ 表示。单位为J/kg。在流动系统中的能量损失是通过变为热量的方式向环境散失的，故为永久损失。

上述各类能量的计算均是以1 kg流体为基准。在实际生产过程中，人们还习惯以1 N流体为基准。以1 N流体为基准的各类能量俗称为“某压头”，如动压头、静压头、位压头、损失压头、外加压头等。因1 kg流体等于 g N流体，故以1 N流体为基准的各类能量计算关系可由1 kg流体为基准的各类能量计算关系除以 g 来获得。

3.3.2　伯努利方程的推导

如图3-4所示的稳定流动系统中，流体由截面1—1′进入，经由泵获得能量，通过换热器与环境交换热量，最后从截面2—2′离开。若取截面1—1′至截面2—2′进行研究，则由截面1—1′、2—2′及其两截面范围内的管道、设备壁面所围成的区域形成一个系统。根据稳定流动系统的能量守恒性，输入系统的能量则应等于输出系统的能量。

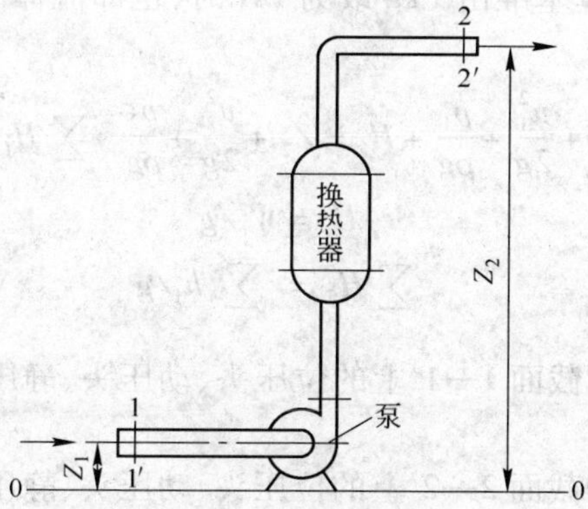

图3-4　伯努利方程的推导

输入系统的能量包括由截面1—1′进入系统时带入的自身能量，以及由系统中的做功设备泵提供的能量，通过换热器与环境交换的热量（规定以吸热为正，放热为负）。输出系统的能量包括流体由截面2—2′离开系统时带出的自身能量，以及流体在系统中流动时因克服阻力向环境散失的能量。

若在图3-4所示的稳定流动系统中，选取截面0—0′为基准水平面。设截面1—1′、2—2′与截面0—0′间的垂直距离分别为Z_1、Z_2，流体在截面1—1′、2—2′上的运动速度分别为u_1、u_2，流体在截面1—1′、2—2′上的压强分别为p_1、p_2，流体在截面1—1′、2—2′上的内能分别为U_1、U_2，则根据能量守恒原理有：

$$U_1 + gZ_1 + \frac{u_1^2}{2} + \frac{p_1}{\rho_1} + W_e + Q = U_2 + gZ_2 + \frac{u_2^2}{2} + \frac{p_2}{\rho_2} + \sum h_f \tag{3-7}$$

式中　$gZ_1, \frac{u_1^2}{2}, \frac{p_1}{\rho_1}$——流体在截面1—1′上的位能、动能、静压能，J/kg；

$gZ_2, \frac{u_2^2}{2}, \frac{p_2}{\rho_2}$——流体在截面2—2′上的位能、动能、静压能，J/kg。

式(3-7)为稳定流动系统的能量衡算方程，称为伯努利方程，是研究流体流动过程中的基本公式。

3.3.3　伯努利方程的讨论

(1) 当流动系统不涉及与环境间的热量交换及温度变化时，$Q=0$，$U_1=U_2$。故式(3-7)可简化为：

$$gZ_1 + \frac{u_1^2}{2} + \frac{p_1}{\rho_1} + W_e = gZ_2 + \frac{u_2^2}{2} + \frac{p_2}{\rho_2} + \sum h_f \tag{3-8}$$

(2) 在满足上述简化条件的基础上，若系统中的流体为不可压缩流体，则有$\rho_1=\rho_2=\rho$。故式(3-8)可进一步简化为：

$$gZ_1 + \frac{u_1^2}{2} + \frac{p_1}{\rho} + W_e = gZ_2 + \frac{u_2^2}{2} + \frac{p_2}{\rho} + \sum h_f \tag{3-9}$$

式(3-9)即为不涉及热量交换、温度变化稳定的、不可压缩流动系统的能量衡算方程

式。当式(3-9)中的能量衡算基准由 1 kg 改为 1 N 时,也即流体的能量用压头形式来表示,则可变化为

$$Z_1+\frac{u_1^2}{2g}+\frac{p_1}{\rho g}+H_e=Z_2+\frac{u_2^2}{2g}+\frac{p_2}{\rho g}+\sum H_f \tag{3-10}$$

$$H_e=W_e/g$$

$$\sum H_f=\sum h_f/g$$

式中 $Z_1,\frac{u_1^2}{2g},\frac{p_1}{\rho g}$——流体在截面 1—1′上的位压头、动压头、静压头,J/N 或 m(流体柱);

$Z_2,\frac{u_2^2}{2g},\frac{p_2}{\rho g}$——流体在截面 2—2′上的位压头、动压头、静压头,J/N 或 m(流体柱);

H_e——外加压头,指 1 N 流体从系统所串接的做功设备获得的能量或要求做功设备提供的能量,J/N 或 m(流体柱);

$\sum H_f$——损失压头(又称压头损失),指 1 N 流体因克服流动阻力所损耗的能量,J/N 或 m(流体柱)。

(3) 无流动阻力的流体称为理想流体。对理想流体而言,在满足上述简化条件的基础上,式(3-10)可简化为:

$$gZ_1+\frac{u_1^2}{2}+\frac{p_1}{\rho}=gZ_2+\frac{u_2^2}{2}+\frac{p_2}{\rho}$$

或

$$gZ+\frac{u^2}{2}+\frac{p}{\rho}=\text{常数} \tag{3-11}$$

(4) 对理想流体在满足上述简化条件的基础上,若流体静止或管道直径不变,式(3-11)可改写为:

$$gZ_1+\frac{p_1}{\rho}=gZ_2+\frac{p_2}{\rho}$$

整理可得

$$p_2=p_1+(Z_2-Z_1)\rho g$$

由此可见,伯努利方程除表达流体的流动规律外,还表达了流体处于静止状态下的规律。流体静止只是流体流动状态的一种特殊形式。

3.3.4 伯努利方程的应用

伯努利方程与连续性方程是流体流动的基本方程,工程应用范围极为广泛。本单元主要讨论不涉及热量交换、稳定的、不可压缩流动系统的流动问题。对此类流动系统,伯努利方程的形式见式(3-9)和式(3-10)。

下面就符合上式应用条件的流动系统来探讨伯努利方程式的工程应用问题。

伯努利方程式的工程应用主要有:确定高位槽供液系统的槽面高度;确定系统中串接的做功设备的有效功率或对做功设备的做功能力要求;确定系统指定位置的压强以及系统流量的测量等。

由于伯努利方程是通过对稳定流动系统的能量衡算而得到的,所以,伯努利方程的应用过程实际上是对系统进行能量衡算的过程,是通过对稳定流动系统的能量衡算求出未知量。因此,在应用伯努利方程式求解问题之前必先确定能量衡算系统。

从伯努利方程的推导过程可知，能量衡算系统是由截面1—1′、2—2′（称为计算截面）及其两截面范围内的管道、设备壁面所围成的区域。计算截面一定，则系统一定。所以确定衡算系统的关键是选择适当的计算截面。

3.3.4.1 计算截面的选择原则

（1）计算截面必须和流体的流动方向相垂直。因为在稳定流动系统内部，只有在与流体的流动方向相垂直的截面上各物性参数均为常数。

（2）计算截面上应包含所需求解的未知量。所需求解的未知量必须在所选择的两个计算截面范围内或在某计算截面上，只有这样，需求解的未知量才会在伯努利方程中体现。例如，确定泵的有效功率的过程，应在泵的前后各选择一个计算截面，将泵包围在衡算系统中。此时在伯努利方程中出现的 W_e 即为泵必须要对1 kg 流体做的功，进而可求出泵的有效功率。又如，确定系统出口管路中的流量的过程，必须将其中一个计算截面选取在出口管路上，这样出口管路中的流速就可以用伯努利方程来直接求解。

（3）计算截面上的物性参数及系统阻力损失要已知。在伯努利方程中，一个方程只能求解一个未知量，也就是说，在式(3-9)与式(3-10)等号两边共八项中必须有七项已知或可求。例如前面提到的确定泵的有效功率的过程，在泵入口前所选择的计算截面通常取在贮槽的液面（或河面），因为贮槽液面的面积很大，故液面的下降速率很低，$u\approx0$；若取贮槽液面为基准水平面，则 $Z=0$；若贮槽与大气相通时，则贮槽液面的压力 $p=p_a$，$p_{表}=0$。所以贮槽液面上的所有物性参数值均为已知。

（4）流入系统截面选为1—1′，流出系统截面选为2—2′。在选定的两计算截面中，观察流体是通过哪个截面进入两截面及两截面范围内的管道、设备壁面所形成的衡算系统，以该截面为截面1—1′，反之，则为截面2—2′。序号千万不能搞错，因为截面1—1′、2—2′的物性参数是分别在伯努利方程的左右两边体现，左边为系统的能量输入项，而右边则为系统的能量输出项，序号搞错意味着部分输入项与输出项颠倒，此时，伯努利方程式不成立。

3.3.4.2 基准水平面的选择

前已论及，在伯努利方程中出现的位能为一状态函数，是一相对量，故需规定一基准水平面。基准水平面原则上可以选在任何位置，但为便于计算流体在截面1—1′、2—2′的位能，通常是以两计算截面中位置相对较低者的位能为零的原则来确定。也就是说，若两计算截面中的低位面为水平面时，则以低位面为基准水平面；若两计算截面中的低位面为铅垂面时，则取过低位面截面中心的水平面。从而使得低位面的 Z 值总是为零，位能为零。

3.3.4.3 应用示例

（1）确定高位槽供液系统的槽面高度。在常压生产系统中，当系统对液体的流量要求很严格或供液为批量供液时，一般不使用液体输送设备直接供液。因为输送设备的工作流量常随环境的变化而变化（如电压的波动等）。在此情况下通常是采用高位槽进行供液，如图3-5所示。

高位槽供液系统是利用存在的位差将液体的位能转化为动能从而实现供液的装置。用泵先将液体由贮槽送至高位槽至溢流（溢流的液体通过接管返回贮槽），然后控制供液流量

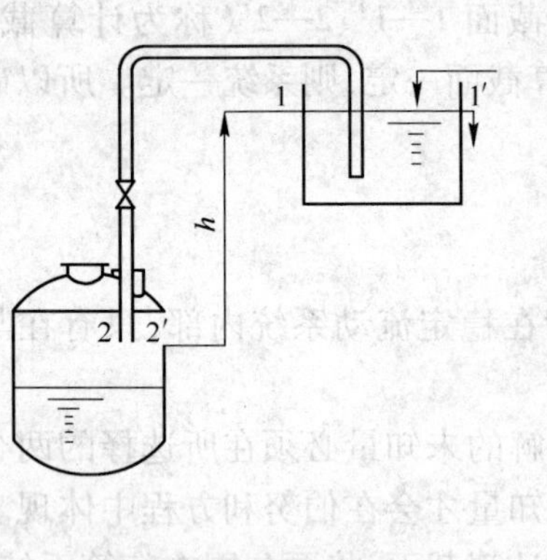

图 3-5　高位槽供液

略小于泵的工作流量对系统供液，从而使得槽面的高度恒定。很显然，当系统及流体的物性一定时，高位槽供液系统的流量恒定。

【例 3-3】　如图 3-5 所示，用一虹吸管从高位槽向反应器加料。已知高位槽和反应器均与大气相通，虹吸管采用规格为 $\phi 33.5\,\text{mm} \times 3.25\,\text{mm}$ 的有缝钢管；要求料液流量为 $2.06\,\text{m}^3/\text{h}$，设料液在虹吸管内流动时的能量损失为 20 J/kg（不包括管出口处的能量损失），试求高位槽液面应比虹吸管出口高出多少？

解：根据题意，对照计算截面及基准水平面的选择原则，选取高位槽液面为截面 1—1′、虹吸管出口内侧截面为 2—2′（因能量损失中未包含管出口处），并以截面 2—2′为基准水平面。

在两计算截面间列伯努利方程，即：

$$gZ_1 + \frac{u_1^2}{2} + \frac{p_1}{\rho} + W_e = gZ_2 + \frac{u_2^2}{2} + \frac{p_2}{\rho} + \sum h_f$$

已知 $Z_1 = h, Z_2 = 0, p_1 = p_2 = 0$（表压），$u_1 = 0, u_2 = \dfrac{q_V}{\dfrac{\pi}{4}d^2} = \dfrac{2.06}{3600 \times \dfrac{\pi}{4} \times 0.027^2} = 1\,\text{m/s}$，

$W_e = 0$，$\sum h_f = 20\,\text{J/kg}$。将这些数据带入伯努利方程可解得：

$$h = 2.09\,\text{m}$$

故为满足液体输送要求，高位槽液面应比虹吸管出口高出 2.09 m。

（2）确定输送设备的有效功率。在实际生产过程中，常需借助流体输送设备对流体做功，以克服流体在流动过程中的阻力。此外，对有些过程需要在高压条件下进行，流体则需通过输送设备来获得高压，以满足生产工艺的要求。

输送设备的有效功率是指输送设备在单位时间内对流体做的有效功，以 P_e 表示，单位为 J/s 或 W。计算关系可表述为：

$$P_e = q_m W_e = q_V \rho W_e = q_V \rho H_e g \tag{3-12}$$

确定输送设备的有效功率，实际上是确定为保证流体按工艺规定流量要求流动，系统中所串接的输送设备必须具备的做功能力。由于输送设备在工作过程中存在机械能损失，所以，输送设备从原动设备获得的机械能并没有完全传递给流体，也即存在着一个机械效率的问题。输送设备的机械效率习惯用 η 表示，其与有效功率间的关系为：

$$\eta = \frac{P_e}{P} \times 100\% \tag{3-13}$$

式中　P——输送设备的轴功率，J/s 或 W。

【例 3-4】　如图 3-6 所示，用泵将贮槽中密度为 $1200\,\text{kg/m}^3$ 的溶液送至蒸发器内，送液量为 $20\,\text{m}^3/\text{h}$，贮槽的液面维持恒定，其上方压力为大气压；蒸发器上部的蒸发室内操作压力（真空度）为 200 mmHg，蒸发器进料口高于贮槽液面 15 m。若设溶液经全部管路的能量损失为 120 J/kg，泵的机械效率为 70%，试求：（1）泵的有效功率；（2）该泵的轴功率。

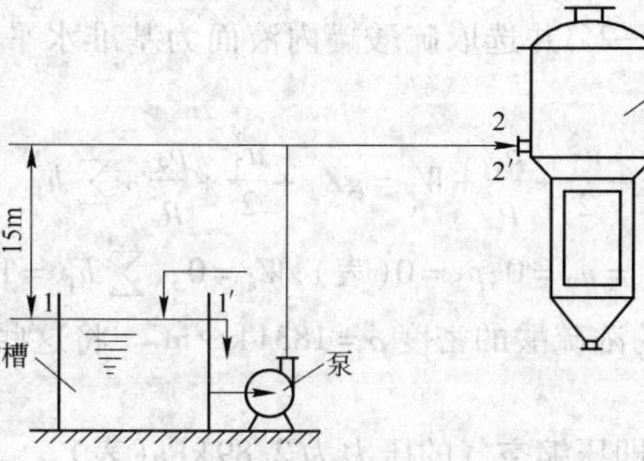

图3-6　贮槽供液

解：根据题意，对照计算截面及基准水平面的选择原则，选择贮槽液面为截面1—1′、接管出口近蒸发室侧截面为截面2—2′（因能量损失中已包含出口处），选取贮槽液面为基准水平面。在两计算截面间列伯努利方程，即

$$gZ_1+\frac{u_1^2}{2}+\frac{p_1}{\rho}+W_e=gZ_2+\frac{u_2^2}{2}+\frac{p_2}{\rho}+\sum h_f$$

已知 $Z_1=0, Z_2=15\,\mathrm{m}, u_1=u_2=0, \sum h_f=120\,\mathrm{J/kg}, p_1=0$（表），由附录1中查得1 mmHg $=133.3\,\mathrm{Pa}$，根据真空度与表压力间的关系有 p_2（表）$=-200\times133.3=-26660\,\mathrm{Pa}$。将这些数据代入伯努利方程即可解得：

$$W_e=245\,\mathrm{J/kg}$$

应用式（3-12）计算泵的有效功率：

$$P_e=q_mW_e=q_V\rho W_e=\frac{20\times1200\times245}{3600}=1633\,\mathrm{W}\approx1.63\,\mathrm{kW}$$

应用式（3-13）计算泵的轴功率：

$$P=\frac{P_e}{\eta}=\frac{1.63}{70\%}=2.33\,\mathrm{kW}$$

（3）确定送液气体的压力。在生产车间中涉及的液体输送往往是近距离、小批量的，为减少设备投资，常采用压缩气体来实施压送。尤其是当需要输送的液体为强酸、强碱或强氧化剂等时，采用压缩惰性气体进行批量供液，可避免对输送设备的腐蚀。

用压缩气体来送液的过程实际上是将流体的静压能向位能与动能转化的过程。

【例3-5】　如图3-7所示，某车间用压缩空气来压送温度为20℃、浓度为98%的浓硫酸，每批压送量为0.3 $\mathrm{m^3}$，要求在10 min内压完，贮罐液面可视为恒定。采用规格为 $\phi38\,\mathrm{mm}\times3\,\mathrm{mm}$ 的无缝钢管输送，其出口高于硫酸贮罐液面15 m并与大气相通。现设硫酸流经全部管路的能量损失为10 J/kg，试求压缩空气的表压力。

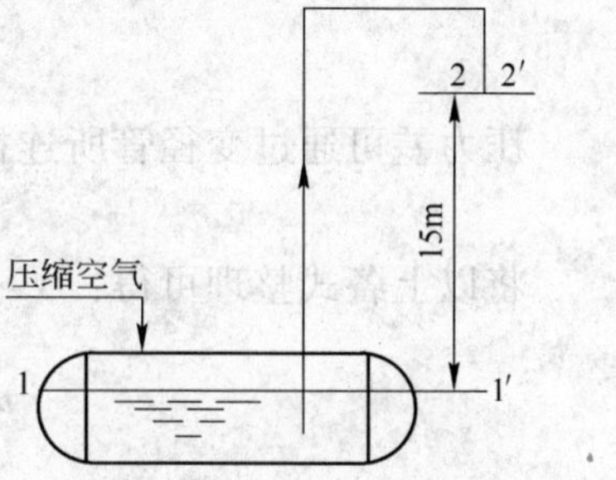

图3-7　用压缩空气送硫酸

解:根据题意,对照计算截面及基准水平面的选择原则,选取硫酸罐内液面为截面 1—1′、硫酸出口管外侧为截面 2—2′,并选取硫酸罐内液面为基准水平面。在两计算截面间列伯努利方程,即

$$gZ_1+\frac{u_1^2}{2}+\frac{p_1}{\rho}+W_e=gZ_2+\frac{u_2^2}{2}+\frac{p_2}{\rho}+\sum h_f$$

已知 $Z_1=0$,$Z_2=15\,m$;$u_1=u_2=0$;$p_2=0$(表);$W_e=0$; $\sum h_f=10\,J/kg$;查附录 2 中的附表 14 知:20℃、浓度为 98% 的浓硫酸的密度 $\rho=1831\,kg/m^3$。将这些数据代入伯努利方程解得:

$p_1=2.89\times10^3$ Pa(表),即压缩空气的压力为 2.89 kPa(表)。

(4) 流量测量。测量系统流量的装置有很多种,其中大部分是根据流体力学基本原理设计的,有关内容将在后面详细介绍。下面介绍的是根据现场条件自制流量测量装置的实例。

【例 3-6】 如图 3-8 所示的是利用一变径管来测量系统水流量的装置。因变径管很短,同时内壁光滑,故水在变径段的能量损失可忽略不计。若粗端管内径 $d_1=100$ mm,细端管内径 $d_2=50$ mm,U 形管压差计中的指示剂为水银,试求:当压差计中的指示剂的液面高差 $R=50$ mm 时,系统中的水流量为多少?

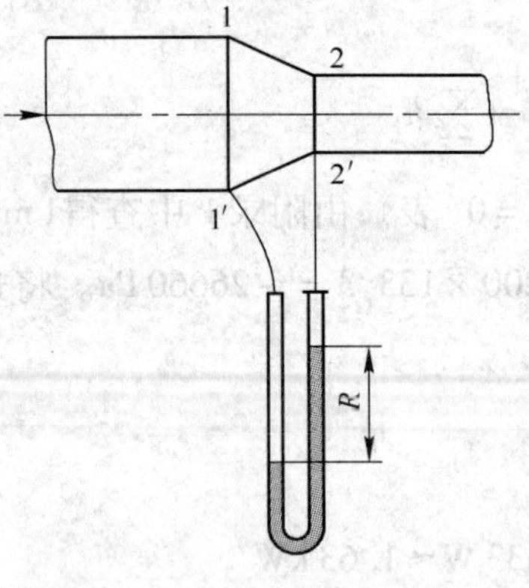

图 3-8　用变径管测量水流量

解:根据题意,选择粗端管与 U 形管压差计的接口相垂直的截面为 1—1′、细端管与 U 形管压差计的接口相垂直的截面为 2—2′,因管路水平,故有 $Z_1=Z_2$;又因为截面 1—1′、2—2′所形成的衡算系统中无做功设备,故 $W_e=0$;由题意知 $\sum h_f=0$ 据此,在截面 1—1′、2—2′间列伯努利方程式,则有:

$$\frac{u_1^2}{2}+\frac{p_1}{\rho}=\frac{u_2^2}{2}+\frac{p_2}{\rho}$$

整理可得:

$$\frac{u_2^2-u_1^2}{2}=\frac{p_1-p_2}{\rho}$$

由稳定、不可压缩流动系统的连续性方程有:

$$\frac{u_1}{u_2}=\left(\frac{d_2}{d_1}\right)^2$$

压力差可通过变径管所连接的 U 形管压差计的读数 R 确定,即

$$p_1-p_2=(\rho_A-\rho)Rg$$

将以上各式整理可得:

$$u_2=\frac{1}{\sqrt{1-\left(\frac{d_2}{d_1}\right)^4}}\sqrt{\frac{2R(\rho_A-\rho)g}{\rho}}\qquad(3\text{-}14)$$

将本题数据代入式(3-14)即可求出细管端的流速为:

$$u_2 = \frac{1}{\sqrt{1-\left(\frac{50}{100}\right)^4}}\sqrt{\frac{2\times0.05\times(13600-1000)\times9.807}{1000}} = 3.63\,\mathrm{m/s}$$

所以,在本题情况下该管路的水流量为:

$$q_V = 3600u_2A_2 = 3600\times3.63\times0.785\times0.05^2 = 25.65\,\mathrm{m^3/h}$$

伯努利方程的应用除上述实例以外还有很多方面,甚至在有些领域的应用还有待发掘。

通过对上述例题的求解过程,可以归纳出应用伯努利方程解决实际问题的步骤如下:

(1) 根据题意作计算说明图,以便分析问题。首先应根据题意画出流动系统的示意图,图中要指明流体的流动方向并标注有关数据。

(2) 选取计算截面,确定衡算系统。两计算截面均应与流体流动方向垂直且在两截面间的流体必须是连续的;所求的未知量应包含在两个截面之间或在截面之一上反映出来;计算截面上的有关物理量除待求量以外,都应该是已知的或能通过其他关系计算出来;两截面中以流入系统截面为1－1′、流出系统截面为2—2′。

(3) 选取基准水平面,确定截面参数。选取基准水平面是为了确定流体位能的大小,在伯努利方程中实际上所反映的是位能差的数值。所以,基准水平面可以任意选取,但必须与地面平行;如截面不与地面平行时,则应取过截面中心的水平面为基准水平面。为简化计算起见,通常取两个计算截面中的低位面截面中心的水平面为基准水平面,以使低位面的位能为零。

(4) 确定伯努利方程,求解问题。伯努利方程有以1 kg流体为基准和以1 N流体为基准两种形式。若题目给出的能量损失为压头形式或需求参数为压头、高差时,为方便求解问题应选择以1 N流体为基准的伯努利方程(即以压头形式表示的伯努利方程)。

在应用伯努利方程求解问题时,还需注意两个一致,即:

1) 单位必须一致。在应用伯努利方程计算之前,应将式中有关物理量换算成一致的计量单位,然后进行计算,以确保计算的正确性。

2) 压强表示方法要一致。从伯努利方程的推导过程得知,式中两截面上的压强应为绝对压强,但若将伯努利方程两边的静压能项的分子各减去一个大气压强后等式关系应保持不变,也即在伯努利方程两边的静压能可统一用表压强计算。

思 考 题

3-1　什么是运动要素?运动要素包括哪几项?

3-2　怎样区别稳定流动和非稳定流动?试举例说明。

3-3　连续性方程、伯努利方程的物理意义是什么?

3-4　伯努利方程式有哪些适用条件?

3-5　写出伯努利方程的各种形式,并说明其适用的系统类型。

3-6　试说明在伯努利方程应用过程中选择计算截面的目的及选择原则。

3-7　试说明在伯努利方程应用过程中选择基准水平面的目的及选择原则。

3-8　什么是输送设备的有效功率、轴功率、机械效率?三者间的换算关系如何?

3-9　当高位槽供液系统中的液体为理想流体时,若槽面与管出口间的高差增加1倍,则系统流量增加多少?

习　题

3-1　管子内直径为100 mm，当277 K的水流速为2 m/s时，试求水的体积流量和质量流量。

3-2　氮流过内径为150 mm的管道，温度为300 K，入口处压力为150 kPa；出口处压力为120 kPa，流速为20 m/s。求氮入口处的流速。

3-3　硫酸流经由大小管组成的串联管路。硫酸的相对密度为1.83，体积流量为150 L/min，大小管尺寸分别为ϕ76 mm×4 mm和ϕ57 mm×3.5 mm。试分别求硫酸在小管和大管中的质量流量和流速。

3-4　用离心泵把水从清水池送到水洗塔顶部。塔内的工作压力（表压）为4at，清水池的水面在地面以下3 m保持恒定，塔顶水出口高出地面12 m。水从水管进口到塔顶出口的压力损失估计为10 mH_2O。问此泵对水提供的有效压头应为多少米？

3-5　水经过内径为200 mm的管子由水塔送往用水点。已知水塔内的水面高于排出管端25 mm，且维持水塔中水位不变。设管路压头损失为24.5 mH_2O（不包含管出口处），试求由管子排出的水量为多少m^3/h？

3-6　图3-9所示为CO_2水洗塔供水系统。水洗塔内的绝对压力为2100 kPa，贮槽水面绝对压力为300 kPa。塔内水管与喷头连接处高于水面20 m，管路为ϕ57 mm×2.5 mm的钢管，送水量为15 m^3/h。塔内水管与喷头连接处的绝对压力为2250 kPa。设自贮槽至喷头连接处的能量损失为49 J/kg。试求水泵的有效功率。

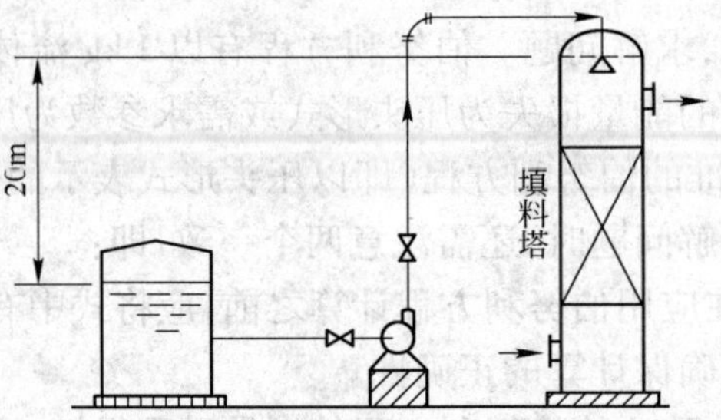

图3-9

3-7　用压缩空气将封闭贮槽中的硫酸输送到高位槽。在输送结束时，两槽的液面高差为4 m，硫酸在管中的流速为1 m/s，管路的能量损失为16 J/kg，硫酸的密度为1800 kg/m^3。求贮槽中应保持多大的压力？

3-8　甲烷在一内径由200 mm逐渐缩小到100 mm的水平变径管中流过。在变径管的粗细两端连有一U形管压差计以测量甲烷气体的流量，指示液为水。设渐缩过程的能量损失为零，甲烷的密度为0.645 kg/m^3。问当U形管两侧的指示液水面差为50 mm时，管路中甲烷气体的流量是多少？

单元4 流体阻力

学习目标

(1) 理解、掌握流体阻力的形成原因及影响因素。

(2) 掌握流体流动状态的划分、状态特征及判定方法。

(3) 掌握管流系统的能量损失计算。

前面讨论了流体运动的基本规律,知道了流体流动过程中能量的变化规律,即总的机械能沿着流动的方向不断减少。掌握系统能量的损失原因和损失计算以及分析流体在各种管道中的流动规律是本单元要解决的问题。

4.1 流体阻力的表现与形成原因

4.1.1 流体阻力的表现

造成系统能量损失的原因是因为流体在流动时存在有流体阻力,流体为克服流动过程的阻力必然消耗一定的能量。流体阻力的表现可采用如图 4-1 所示的实验装置来说明。

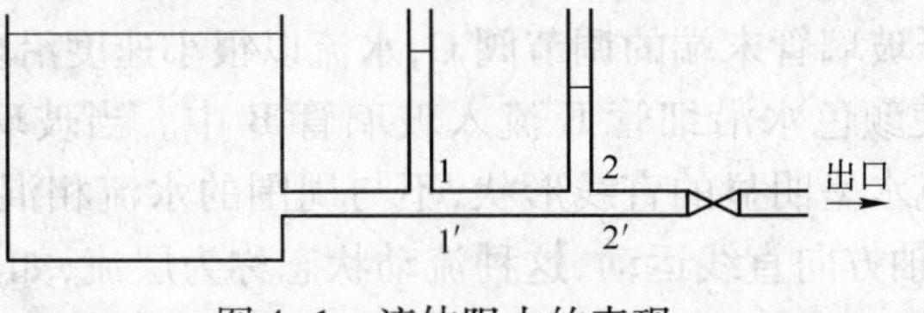

图 4-1 流体阻力的表现

在一液面维持恒定的敞口容器下部开孔,接一水平等径管路,在水平管路中相隔一定的距离开孔竖直连接两根玻璃管,水平管路的出口端装有流量调节阀以调节管路中的流量。当阀门关闭时,管路中的液体处于静止状态,两玻璃管中的液面高度与容器内液面高度均相等,符合静力学基本原理——在静止连通着的同种流体内部,压力相等的面(三液面均与大气相通),应处于同一水平面。当开启阀门并逐渐增大水平管路中的流量时,三液面会出现如图 4-1 所示的高差,且流量愈大则两玻璃管中的液柱高差愈大。

若在两玻璃管附近取与液体流动方向相垂直的截面 1—1′、2—2′,则有 $Z_1 = Z_2$, $u_1 = u_2$, $H_e = 0$。在此两截面间列以压头形式表示的伯努利方程,可得:

$$\sum H_f = \frac{p_1 - p_2}{\rho g} = h_1 - h_2 \tag{4-1}$$

式中, h_1、h_2为两玻璃管中的液面高度,其值反映液体在截面 1—1′、2—2′处表压力的大小。

式(4-1)表明,流体在由截面 1—1′至截面 2—2′的管流过程中,其静压头减小,也即每牛顿流体所携带的静压能在流动过程中有所损失,而损失的静压头则是用于抵御流体在截面 1—1′至截面 2—2′的流体阻力。当流体静止时,因 $h_1 = h_2$, $H_f = 0$,说明流体阻力只是在流体流动时存在,当流体静止时阻力消失。

4.1.2　流体阻力的形成原因

形成流体阻力的多种原因可以归纳为以下两方面：

(1) 流体在流动时流体质点间存在相互牵制作用，即内摩擦。由于内摩擦的作用，导致流体在流动时为抵御质点间的相互牵制作用而损耗能量。

(2) 流体在流动过程中往往会因流动方向或流动截面的改变而产生涡流，涡流的自旋及与流体的逆流运动过程均需消耗大量的机械能。

4.2　流体的流动状态

根据牛顿黏性定律可知，内摩擦阻力的大小随流体的黏度和流体的运动状态改变。流体的运动状态可根据其特征划分为层流与湍流两种典型的流动状态，最早由雷诺于 1883 年用实验揭示。

4.2.1　流动状态的划分

4.2.1.1　雷诺实验

英国物理学家雷诺(Reynolds)在 1883 年通过他的实验(即著名的雷诺实验)观察了大量各种不同直径玻璃管中的水流，总结出了层流与紊流两种流动状态。

雷诺实验装置如图 4-2 所示。首先将水箱 A 注满水，并利用溢水管 H 保持水箱中的水位恒定，然后微微打开玻璃管末端的调节阀 C，水流以很小速度沿玻璃管流出。再打开颜色水瓶 D 上的小阀 K，使颜色水沿细管 E 流入玻璃管 B 中。当玻璃管中水流速度保持很小时，可以看到管中颜色水呈明显的直线形状，不与周围的水流相混。这说明在低速流动中，水流质点完全沿着管轴方向直线运动，这种流动状态称为层流，如图 4-3(a)所示。

调节阀 C 逐渐开大，水流速度增大到某一数值时颜色水的直线流将开始振荡，发生弯曲，如图 4-3(b)所示。

再开大调节阀 C，当水流速度增大到一定程度时，弯曲颜色水流破裂成一种非常紊乱的状态，颜色水从细管 E 流出，经很短一段距离后便与周围的水流相混，扩散至整个玻璃管内，如图 4-3(c)所示。这说明水流质点在沿着管轴方向流动过程中，同时还互相掺混，做复杂的无规则的运动，这种流动状态称为紊流(或湍流)。

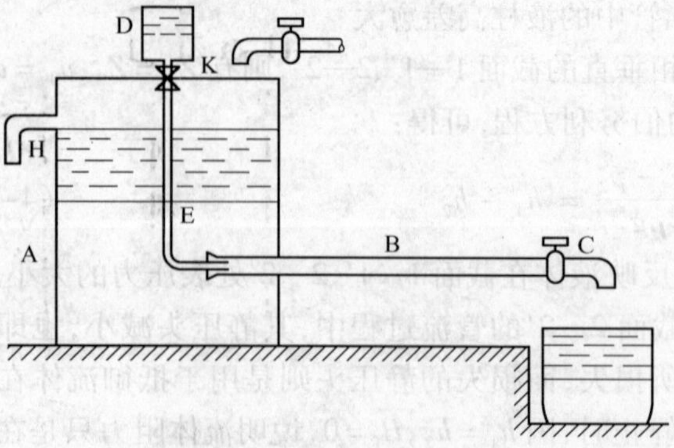

图 4-2　雷诺实验装置示意图

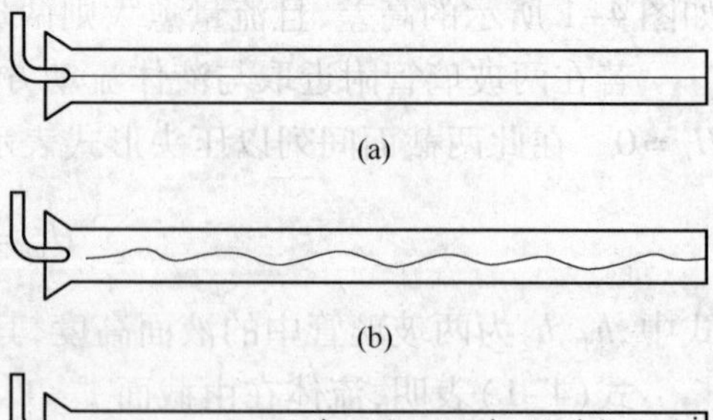

图 4-3　染色线的变化情况

4.2.1.2　流动状态

（1）层流（又称滞流）：当流体的运动速度较低时，流体质点的运动只存在沿管轴线方向的轴向运动，而无直径方向上的径向运动，流体互不掺混地分层流动。层流时，流体层间依靠分子的随机运动（包括振动、平动、转动）来传递动量、热量和质量，流体阻力仅由质点的内摩擦作用所致。自然界和工程上会遇到许多层流流动的情况，如管内的低速流动、高黏性液体的流动（如重油输送）、毛细管和多孔介质中的流体流动等均属于此类。

（2）紊流（又称湍流）：当流体的运动速度较快时，流体质点除沿管轴向做主体流动外，还存在包括径向在内的其他各方向上的随机运动，流体质点的运动轨迹是杂乱无章的，同时流体内部充满大小不一、并在不断运动变化着的旋涡。在紊流条件下，既通过分子的随机运动同时又通过流体质点的随机运动来传递动量、热量和质量，所以它们的传递速率要比层流时高得多，显然阻力损失也较层流时要大得多。工程中大多数流动为紊流。

（3）过渡流：当流体流动状态介于层流及紊流之间时，习惯称为过渡流。

4.2.2　流体流动状态的判定

综上可知，流体的流动状态是层流还是紊流，与流速、管径、流体的密度和黏度四个物理量有关。这四个物理量组成一个无因次数群，称作雷诺准数，简称雷诺数，用 Re 表示。

$$Re = \frac{du\rho}{\mu} = \frac{du}{\nu} \tag{4-2}$$

式中　Re ——雷诺数，无因次数群，是一个无量纲数。

雷诺和他以后的许多学者如席勒（Ludwig Schiller）的精密实验结果指明，对于非常光滑、均匀一致的直圆管，雷诺数 $Re<2000$，流动总是处于层流；当 $Re>4000$ 时，流动一般为紊流；而当 Re 介于 2000～4000 时，流动通常为过渡流，即流动可能是层流，也可能是紊流，受外界条件的干扰而变化（如管道形体的变化、流向的变化、外来的轻微震动等都会促成紊流的提前发生）。所以，可根据 Re 的数值所在的范围来判定流体的流动类型。

显然，对于管内流动过程而言，Re 等于 2000 和 4000 时是流体流动状态转变的临界点，称为临界雷诺数。Re 数愈大，流体湍动程度愈剧烈，流体中的旋涡和流体质点的随机运动就愈剧烈。因此，Re 数的大小也是流体流动的湍动程度的一种判别标准。

【例 4-1】　求 20℃时水在内径为 50 mm 的圆形直管内以 1 m/s 的流速流动时的 Re 值，并判断其流动状态。

解：由附录 2 中的附表 17 水的物理性质表查得：20℃时，$\rho = 998.2\ \text{kg/m}^3$，$\mu = 1.005\times10^{-3}\ \text{Pa}\cdot\text{s}$。由式（4-2）得：

$$Re = \frac{d_e u\rho}{\mu} = \frac{0.05\times1\times998.2}{1.005\times10^{-3}} = 49662 > 4000（紊流）$$

在实际生产过程中，流体的流道截面不一定是圆形截面（如矩形风道、套管换热器的环隙等）。在非圆形截面系统中，流体的流动状态判定仍参照圆直管内的流动状态判定方法，但必须将 Re 计算公式中的圆管内径 d 用流体力学当量直径 d_e 替代。

【例 4-2】　20℃的水在规格为 $\phi105\ \text{mm}\times2.5\ \text{mm}$ 及 $\phi65\ \text{mm}\times2.5\ \text{mm}$ 的套管换热器环隙中流动。已知水流速度为 1 m/s，试求环隙中的 Re 值，并判断其流动状态。

解:因套管环隙为非圆形截面,因此欲计算水在其间的 Re 值必先计算其流体力学当量直径 d_e。

$$d_e = 4 \times \frac{\frac{\pi}{4}(d_2^2 - d_1^2)}{\pi(d_2 + d_1)} = d_2 - d_1 = 100 - 65 = 35\ \text{mm} = 0.035\ \text{m}$$

查出水在 20℃时的物理参数,将已知数据代入式(4-2)得:

$$Re = \frac{d_e u \rho}{\mu} = \frac{0.035 \times 1 \times 998.2}{1.005 \times 10^{-3}} = 34763 > 4000(\text{紊流})$$

4.3　圆管中的速度分布

流体在管内做稳定流动时,管截面上各点的速度随该点与管中心距离而变化,这种变化关系称作速度分布。无论管内是层流还是紊流,在静止管壁处流体质点的流速总为零(此吸附于管壁面的静止流体薄层称为附面层),而在管中心处流速达到最大 u_{max}。

4.3.1　流体在圆管内做层流运动时的速度分布

在工程技术问题中,流体的流动状态绝大多数是紊流,但在有些小管径、小流量的管道及黏性较大的输油管道中,也会出现层流运动。而且,研究层流可为研究紊流打下基础。

由牛顿黏性定律,速度梯度应改为速度在径向上的变化率,即

$$\tau = -\mu \frac{du}{dr}$$

据此定律,即可由理论推导出圆管内做层流运动时的速度分布函数:

$$u = \frac{p_1 - p_2}{4\mu l}(r_i^2 - r^2) \tag{4-3}$$

式(4-3)表明,当管内流动处于层流状态时,点流速 u 为所在半径 r 的二次函数,其图形为一抛物线,如图 4-4 所示。根据高等数学知识可知,此时截面上的平均流速 u 应为管中心处流速 u_{max} 的 1/2,即

$$u = \frac{u_{max}}{2} \tag{4-4}$$

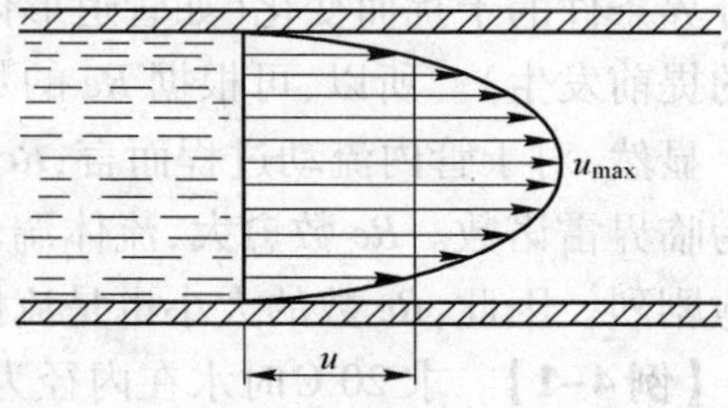

图 4-4　层流时圆管中的速度分布

由图 4-4 可知,当 $r = r_i$ 时(管壁面),$u = 0$;当 $r = 0$ 时(管中心),流速将达到最大:

$$u_{max} = \frac{p_1 - p_2}{4\mu l} r_i^2$$

所以,当管内流动处于层流状态时,管中心处的流速也可通过测定管子两端的压力降的方法加以确定。

4.3.2　流体在圆管内做紊流运动时的速度分布

紊流流动时流体质点的运动状况比层流要复杂得多,其速度分布一般通过实验测定。如图 4-5 所示,紊流时靠近管壁处的速度梯度大,管中心附近区域(称为紊流中心)的速度

分布较均匀,速度梯度可近似为零。这是因为在紊流中心质点的强烈碰撞、混合和分离,大大加强了该区域的动量传递,各点速度相差很小。且管内流体的 Re 值愈大,湍动程度愈高,曲线顶部则愈平坦。

实验测出紊流条件下管平均流速与管中心处最大流速的比值(即 u/u_{max})和 Re 及以管壁中心流速计算出的 Re_{max} 关系曲线,如图4-6所示。在一般情况下,管内流体做紊流运动时的平均流速 u 与管中心处的最大流速 u_{max} 的关系约为:

$$u = 0.82u_{max} \tag{4-5}$$

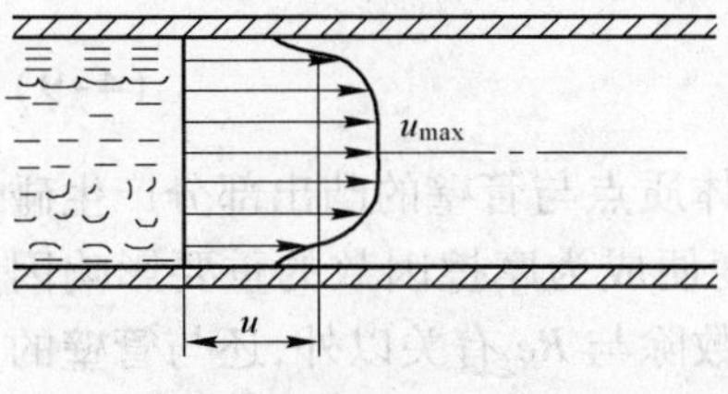

图4-5 紊流时圆管中的速度分布

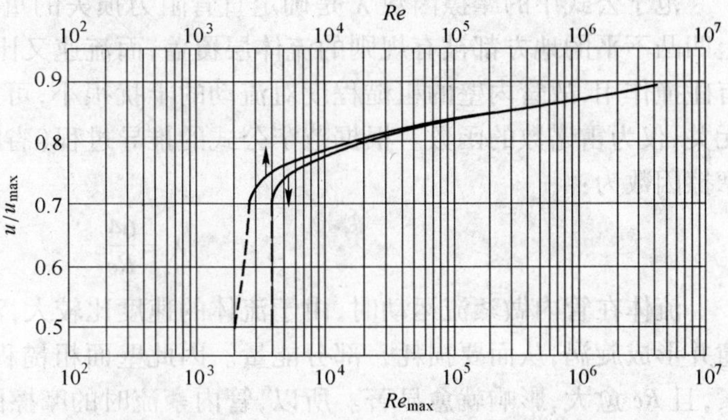

图4-6 紊流时的 u/u_{max} 与 Re 及 Re_{max} 间的关系曲线

4.4 管流系统的能量损失

实际流体在管内流动时,由于黏性的存在,总要产生能量损失。产生能量损失的原因及其影响因素很复杂,通常可包括黏性阻力造成的直管阻力损失和局部阻力造成的局部损失两部分。即流体在系统中的能量损失应等于这两部分阻力损失之和。故为确定系统的能量损失,必先从这两部分阻力损失的确定入手。

4.4.1 直管阻力损失

黏性流体在管道中流动时,流体与管壁面以及流体之间存在摩擦力,所以沿着流动路程,流体流动时总是受到摩擦力的阻滞,这种沿直管流程的摩擦阻力,也称为沿程阻力。流体流动克服沿程阻力而损失的能量,就称为沿程损失。沿程损失是发生在缓变流整个流程中的能量损失,它的大小与流过的管道长度成正比。单位重量流体的沿程损失称为沿程水头损失,以 H'_f 表示;单位体积流体的沿程损失又称为沿程压强损失,以 Δp_f 表示。

4.4.1.1 直管阻力损失计算通式

人们在大量实验的基础上总结出直管阻力损失与长度 L 成正比,与管子直径 d 成反比,与速度的平方 u^2 成正比。

$$h'_f = \lambda \frac{L}{d}\frac{u^2}{2} \tag{4-6}$$

或
$$H'_f = \lambda \frac{L}{d}\frac{u^2}{2g} \tag{4-7}$$

或
$$\Delta p_f = \rho g H'_f = \lambda \frac{L}{d}\frac{\rho u^2}{2} \tag{4-8}$$

式(4-6)~式(4-8)是计算圆形直管阻力损失的计算通式,又称为范宁公式,它既可用于层流也可用于紊流。式中的 λ 称为摩擦因数或摩擦阻力系数,λ 值随流动类型而异。

4.4.1.2　摩擦因数

范宁公式中的摩擦因数 λ 是确定直管阻力损失的重要参数。流体做层流运动时,管壁上凹凸不平的地方都被有规则的流体层覆盖,而流速又比较缓慢,流体质点对凸出部分不会有碰撞作用,故管内壁的粗糙程度对流动的干扰很小,可忽略不计,摩擦系数与管壁粗糙度无关,仅为雷诺数的函数。根据范宁公式的推导过程(省略)可得管内流体做层流运动时的摩擦因数为:

$$\lambda = \frac{64}{Re} \tag{4-9}$$

流体在管内做紊流运动时,由于流体的速度比较大,流体质点与管壁的凸出部分产生碰撞并形成旋涡,从而要损耗一部分能量。因此壁面粗糙程度便成为摩擦因数的重要影响因素,且 Re 愈大,影响就愈显著。所以,管内紊流时的摩擦因数除与 Re 有关以外,还与管壁的粗糙程度有关。由于紊流流动过程较为复杂,无法根据理论推导出摩擦因数 λ 的计算公式,故 λ 的值一般以实验方法测定。

A　管壁粗糙度对管流的影响

管壁的粗糙程度可用绝对粗糙度与相对粗糙度表示。

(1) 绝对粗糙度:指管壁凸出部分的平均高度,以 ε 表示。表4-1中列出了常用工业管道的绝对粗糙度。在选取管壁的绝对粗糙度值时,必须考虑到流体对管壁的腐蚀性,流体中的固体杂质是否会黏附在壁面上以及管子的使用情况等因素。即使是用同一材质的管子铺设的管道,由于使用时间的长短与腐蚀、结垢的程度不同,管壁的粗糙程度也会发生很大的差异。

表 4-1　常用工业管道的绝对粗糙度 ε　　mm

金属管		非金属管	
无缝的黄铜管、铜管及铝管	0.01~0.05	干净玻璃管	0.0015~0.01
新的无缝钢管或镀锌铁管	0.1~0.2	橡胶软管	0.01~0.03
新的铸铁管	0.3	陶土排水管	0.45~6.0
具有轻度腐蚀的无缝钢管	0.2~0.3	很好整平的水泥管	0.38
具有显著腐蚀的无缝钢管	0.5以上	石棉水泥管	0.03~0.8
旧的铸铁管	0.85以上		

生产过程中所敷设的管道,按其材质表面的光洁程度可分光滑管与粗糙管两类。玻璃管、铜管、铅管、塑料管等由于其材质及制作工艺的因素表面较为光滑,粗糙程度极小,故可忽略其对摩擦因数的影响,称为光滑管;而包括钢管和铸铁管等在内的其余管材称为粗糙管。

(2) 相对粗糙度:指绝对粗糙度与管内径的比值,即 ε/d。管壁的粗糙程度对流体运动的干扰作用与管径的大小有关,如绝对粗糙度相同的管道,对直径小的影响较大。所以,应采用相对粗糙度来衡量管子的粗糙度对 λ 的影响。

B 摩擦因数的确定

摩擦因数与雷诺数和相对粗糙度之间的关系(即 $\lambda - Re - \varepsilon/d$ 关系)可借助实验方法测量。

将水平直管的压力差计算公式(4-8)变形为:

$$\lambda = \frac{2d(p_1 - p_2)}{L\rho u^2} \tag{4-10}$$

在相对粗糙度 ε/d 一定的条件下,若水平直管两端的压力差用U形管压差计测量,通过控制阀门的开度以控制不同的流量,并用流量计测量。则对于不同流速 u 即可用式(4-10)计算出对应的 λ,从而可获得恒定 ε/d 条件下的 λ—u 关系,最后将此关系转换成恒定 ε/d 条件下的 $\lambda - Re$ 关系。如通过更换实验用水平管,并重复上述实验,即可得不同 ε/d 条件下的 $\lambda - Re - \varepsilon/d$ 关系。

将用实验方法测得的 $\lambda - Re - \varepsilon/d$ 关系数据经整理后标绘在双对数坐标系上,所得图形称为莫迪图,如图4-7所示。

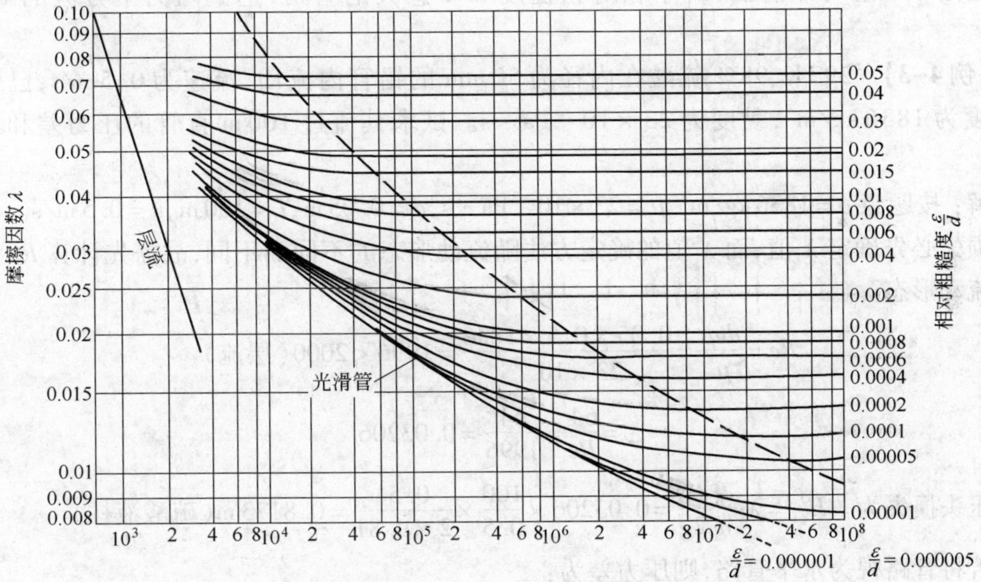

图4-7 $\lambda - Re - \varepsilon/d$ 关系曲线图

图4-7可划分为四个不同的区域。

(1) 层流区($Re < 2000$):λ 与管壁粗糙度无关,和 Re 值呈直线关系。若对其直线进行数学关联,所得经验关联式与式(4-9)吻合。

(2) 过渡区($Re = 2000 \sim 4000$):在此区域范围内,层流和紊流的 $\lambda - Re$ 曲线都适用。为安全起见,通常将紊流时的曲线延伸出去,以查找这个区域的摩擦因数,也即对过渡区摩擦因数的确定按湍流区考虑。

(3) 湍流区($Re > 4000$ 及虚线以下的区域):这个区域的摩擦因数 λ 既与 Re 有关,又与

ε/d 有关。当 ε/d 一定时，λ 随 Re 的增大而减小，当 Re 值增至某一数值后 λ 值下降缓慢；当 Re 值一定时，λ 随 ε/d 的增加而增大。

若对图 4-7 中流体在光滑管内做湍流运动时的 $\lambda-Re$ 关系曲线进行观察，可发现其近似为一直线。因此，可对此近似直线进行数学关联，从而获得相应的经验关联式。其中以伯拉修斯方程最为著名，其表达式为：

$$\lambda=\frac{0.316}{Re^{0.25}} \tag{4-11}$$

其应用范围为光滑管，$Re=5\times10^3\sim1\times10^5$。

（4）完全湍流区（图中虚线以上的区域）：在此区域内，管壁上的粗糙峰暴露于湍流主体之中，流体质点在流动中与粗糙峰碰撞并导致边界层分离而损失能量，成为产生流体阻力的主要因素。随着 Re 的增加，粗糙峰对流动的干扰增强，最后达到 λ 与 Re 的大小无关，仅与 ε/d 的值有关。此时图中 $\lambda-Re$ 曲线几乎与横坐标相平行，即当 ε/d 为常数时，λ 也为常数，与 Re 无关。例如，在 $\varepsilon/d=0.0002$ 及 $Re\geqslant10^7$ 的范围内，λ 值约保持在 0.014。在此区域，根据直管阻力损失计算通式可知，当管道的 ε/d 为常数时，流体在直管中的压头损失或能量损失仅与流速 u 的 2 次方成正比，所以这个区域又称为阻力平方区。

由图 4-7 还可以看出，对于相对粗糙度 ε/d 愈大的管道，达到阻力平方区的 Re 值愈低。

【例 4-3】 293 K、98% 硫酸在内径为 50 mm 的铅管内流动，流速为 0.5 m/s，已知硫酸密度为 1836 kg/m³，黏度为 23×10^{-3} Pa·s。试求其流过 100 m 直管的压力差和压头损失。

解：按题意 $\rho=1836\ \text{kg/m}^3$，$\mu=23\times10^{-3}\ \text{Pa·s}$，$d=0.05\ \text{m}$，$L=100\ \text{m}$，$u=0.5\ \text{m/s}$。欲求压头损失必先确定 λ 值，而 λ 值的确定方法随流动形态的不同而不同，故需先计算 Re 并判断其流动形态。

$$Re=\frac{du\rho}{\mu}=\frac{0.05\times0.5\times1836}{23\times10^{-3}}=1996<2000\text{（层流）}$$

$$\lambda=\frac{64}{Re}=\frac{64}{1996}=0.03206$$

压头损失为 $H'_f=\lambda\dfrac{L}{d}\dfrac{u^2}{2g}=0.03206\times\dfrac{100}{0.5}\times\dfrac{0.5^2}{2\times9.81}=0.8173\ \text{m}$（硫酸液柱）

若将管路视为水平管路，则压力差为：

$$p_1-p_2=\rho gH'_f=1836\times9.807\times0.8173=14716\ \text{Pa}$$

【例 4-4】 20℃的水在规格为 $\phi60\ \text{mm}\times3.5\ \text{mm}$ 的有缝钢管中以 1 m/s 的流速流动。试求水通过 100 m 长直管的压力差与压头损失。

解：按题意已知 $d=0.053\ \text{m}$，$L=100\ \text{m}$，$u=1\ \text{m/s}$；查附录 2 中的附表 17 得知：20℃的水 $\rho=998.2\ \text{kg/m}^3$，$\mu=1.005\times10^{-3}\ \text{Pa·s}$。因此有：

$$Re=\frac{du\rho}{\mu}=\frac{0.053\times1\times998.2}{1.005\times10^{-3}}=5.26\times10^4>4000\text{（紊流）}$$

因粗糙管内紊流时，λ 既与 Re 有关，又与 ε/d 有关，故需确定该管路的 ε/d。查表 4-1，取有缝钢管的绝对粗糙度 $\varepsilon=0.2\ \text{mm}$；则

$$\varepsilon/d=\frac{0.2}{53}\approx 0.004$$

在图4-7的横坐标上找到 $Re=5.26\times10^4$ 的位置后垂直向上，与右侧纵坐标 $\varepsilon/d=0.004$ 的水平线相交，其交点在左侧纵坐标上的读数即为所求的 λ 值。

$$\lambda=0.03$$

由范宁公式有：

$$H'_f=\lambda\frac{L}{d}\frac{u^2}{2g}=0.03\times\frac{100}{0.053}\times\frac{1^2}{2\times9.807}=2.886\,\mathrm{mH_2O}$$

将管路视为水平管路，则压力差为：

$$p_1-p_2=\rho gH'_f=998.2\times9.807\times2.8863=28252\,\mathrm{Pa}$$

4.4.2 局部阻力损失

当流体流经各种阀门、弯头和变截面管等局部装置，流体将发生变形，产生阻碍流体运动的力，这种力称为局部阻力，由此引起的能量损失称为局部损失。

实验证明，即使管内流体的流动处于层流状态，但在通过管件或阀门时也会因流动干扰极易转变为紊流。所以，局部阻力损失在系统阻力损失中占的比重较大，不容忽视。

4.4.2.1 局部损失产生的原因

例如，流体从小截面流向突然扩大的大截面管道。由于流体质点有惯性，流体质点的运动轨迹不可能按照管道的形状突然转弯扩大，这样在管壁拐角处流体与管壁脱离形成旋涡区，如图4-8所示。旋涡区外侧流体质点的运动方向与主流的流动方向不一致，形成回转运动，因此流体质点之间发生碰撞和摩擦，消耗流体的一部分能量。同时旋涡区本身也不是稳定的，在流体流动过程中旋涡区的流体质点将不断被主流带走，也不断有新的流体质点从主流中补充进来，即主流与旋涡之间的流体质点不断地交换，发生剧烈的碰撞和摩擦，在动量交换中，产生较大的能量损失，这些能量损失转变为热能而消失。

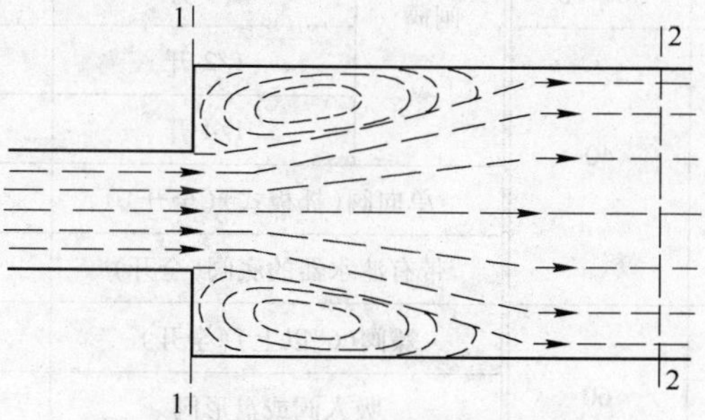

图4-8 管道突然扩大的流线分布

4.4.2.2 局部阻力的计算

局部阻力损失的计算方法通常有当量长度法和阻力系数法两种。

A　当量长度法

当量长度法是将流体通过局部障碍物时的能量计算转化为直管阻力损失的计算方法。该方法的要点在于提出了当量长度的概念。当量长度是指与某局部障碍物具有相同能量损失的直管长度，用 l_e 表示，单位为 m。

在引入当量长度概念的基础上，对流体通过某局部障碍物的压头损失或能量损失计算则转化为长度为 l_e 上的直管压头损失或能量损失计算。因此，可采用直管阻力计算公式计算。

$$H''_f = \lambda \frac{l_e}{d}\frac{u^2}{2g} \quad \text{J/N 或 m(流体柱)} \tag{4-12}$$

或

$$h''_f = \lambda \frac{l_e}{d}\frac{u^2}{2} \quad \text{J/kg} \tag{4-13}$$

必须指明，在应用式(4-12)、式(4-13)计算时，若遇到两端速度 u 不相同时，式中的 u、λ 必须采用较大侧的参数。

局部障碍物的当量长度由实验测定。表 4-2 所示的是生产中常见局部障碍物的当量长度与直径的比值，供读者在使用时查阅。某些管件与阀门的当量长度也可从共线图中查得，如图 4-9 所示。先于图左侧的垂直线上找出与所求管件或阀门相应的点，再与图右侧的标尺上定出与管内径相当的一点，而后用直线连接上述两点，此直线与图中间的标尺相交，交点在标尺上的读数就是所求的当量长度。

表 4-2　常见局部障碍物的当量长度与直径的比值

名　称		l_e/d
45°标准弯头		15
90°标准弯头		30～40
9°方形弯头		60
180°回弯头		50～75
三通管（标准），流向为	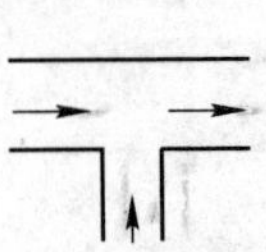	40
	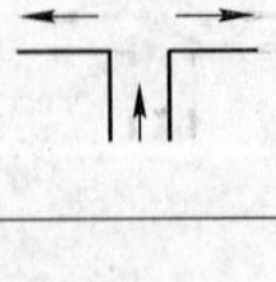	60
	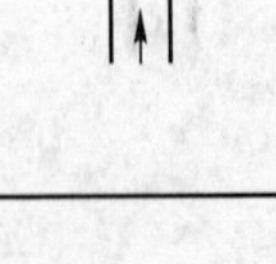	90

名　称		l_e/d
截止阀（球心阀）（标准式）（全开）		300
角阀（标准式）（全开）		145
闸阀	全开	7
	3/4 开	40
	1/2 开	200
	1/4 开	800
单向阀（摇板式）（全开）		135
带有滤水器的底阀（全开）		420
蝶阀（6°以上）（全开）		20
吸入阀或盘形阀		70
盘式流量计（水表）		400
文氏流量计		12
转子流量计		200～300
由容器入管口		20
由管口进容器		40

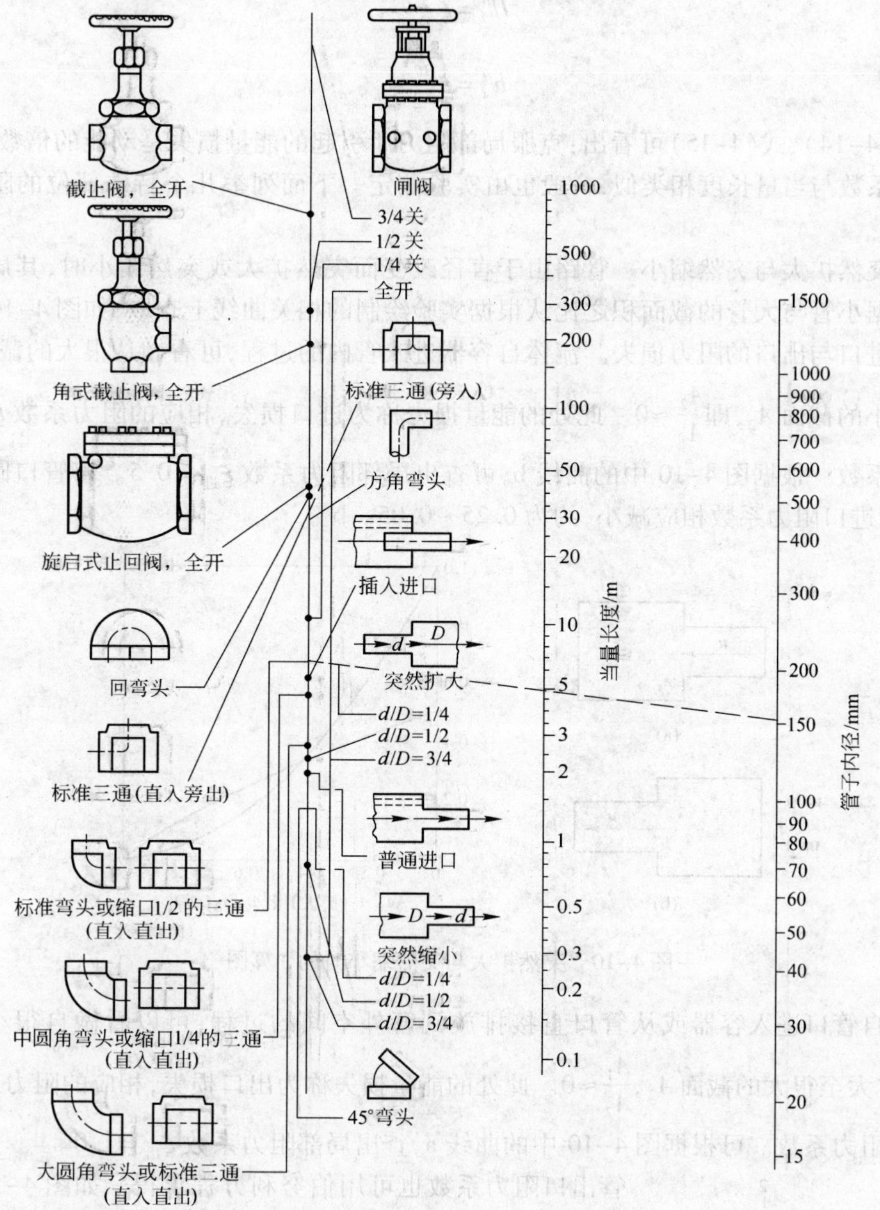

图4-9　管件与阀件的当量长度共线图

B　阻力系数法

由于流体在常见管路中的摩擦因数值多在0.02～0.03，变化不大，故可近似为常数。故对一定的局部障碍物而言，式(4-12)、式(4-13)中$\lambda \frac{l_e}{d}$的值也可视为常数。若令

$$\xi = \lambda \frac{l_e}{d}$$

式中　ξ——某局部障碍物的阻力系数，无因次量。

式(4-12)、式(4-13)可改写为：

$$H''_f = \xi \frac{u^2}{2g} \tag{4-14}$$

和

$$h''_f = \xi \frac{u^2}{2} \tag{4-15}$$

由式(4-14)、式(4-15)可看出：克服局部阻力所引起的能量损失是动能的倍数。

阻力系数与当量长度相类似，一般也由实验测定。下面列举几个特殊部位的阻力系数的求法：

(1) 突然扩大与突然缩小。管路由于直径改变而突然扩大或突然缩小时，其局部阻力系数可根据小管与大管的截面积之比从根据实验绘制的相关曲线上查取，如图 4-10 所示。

(2) 进口与出口的阻力损失。流体自容器进入管内的过程，可看做从很大的截面 A_1 突然进入很小的截面 A_2，即$\frac{A_2}{A_1} \approx 0$。此处的能量损失称为进口损失，相应的阻力系数 ξ 则称为进口阻力系数。根据图 4-10 中的曲线 b，可查出局部阻力系数 $\xi_{进} = 0.5$。若管口圆滑或呈喇叭状，则进口阻力系数相应减小，约为 0.25 ~ 0.05。

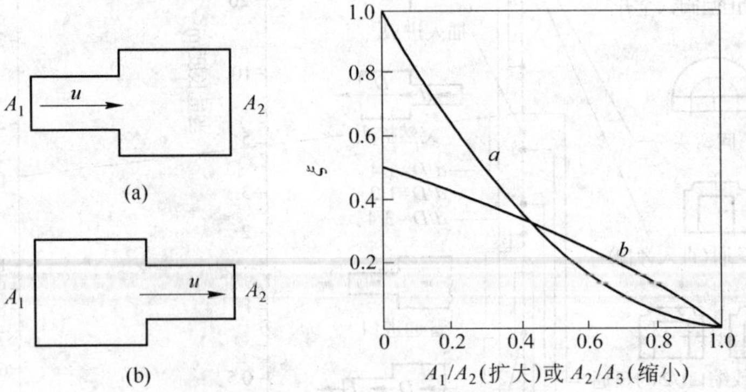

图 4-10　突然扩大与突然缩小时的 ξ 算图

流体自管口进入容器或从管口直接排放到管外空间的过程，可以看做自很小的截面 A_1，突然扩大至很大的截面 A_2，$\frac{A_1}{A_2} \approx 0$。此处的能量损失称为出口损失，相应的阻力系数 ξ 则称为出口阻力系数。可根据图 4-10 中的曲线 a，查出局部阻力系数 $\xi_{出} = 1.0$。

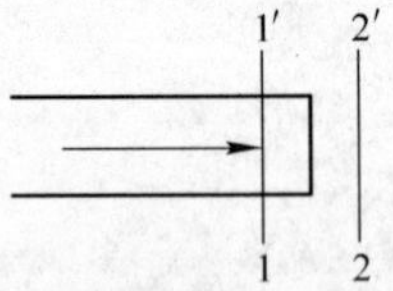

图 4-11　管出口

管出口阻力系数也可用伯努利方程求得。如图 4-11 所示，若选取管出口内侧为截面 1—1′，管出口外侧为截面 2—2′，则有 $p_1 = p_2, Z_1 = Z_2, u_1 = u, u_2 = 0$。在两截面间列伯努利方程可得：

$$\sum h_f = \frac{u^2}{2}$$

由于该衡算系统仅为管出口前后，故系统的能量损失也就是管出口处的局部阻力损失。若局部阻力损失采用阻力系数法计算，则有：

$$\sum h_f = \xi \frac{u^2}{2} = \frac{u^2}{2}$$

即 $\xi = 1$。

流体在通过其他局部障碍物时的局部阻力系数 ξ 值，可参见表 4-3。

表 4-3　常见局部障碍物的阻力系数

管件和阀件名称	ξ值									
标准弯头	45°,ξ=0.35				90°,ξ=0.75					
90°方形弯头	1.3									
180°回弯头	1.5									
活管接	0.4									
弯管 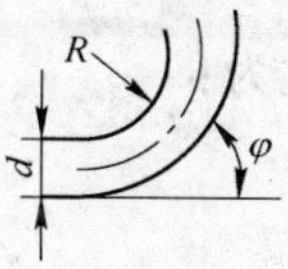	φ / R/d	30°	45°	60°	75°	90°	105°	120°		
	1.5	0.08	0.01	0.14	0.16	0.175	0.19	0.20		
	2.0	0.07	0.10	0.12	0.14	0.15	0.16	0.17		
标准三通管	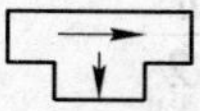 ξ=0.4	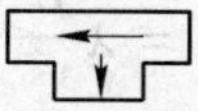 ξ=1.5 当弯头用	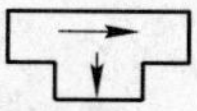 ξ=1.3 当弯头用	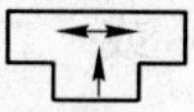 ξ=1						
闸　阀	全开	3/4 开	1/2 开	1/4 开						
	0.17	0.9	4.5	24						
标准截止阀(球心阀)	全开 ξ=6.4	1/2 开 ξ=9.5								
蝶阀 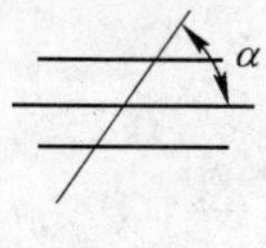	α	5°	10°	20°	30°	40°	45°	50°	60°	70°
	ξ	0.24	0.52	1.54	3.91	10.8	18.7	30.6	118	751
旋　塞	φ	5°	10°	20°	40°	60°				
	ξ	0.05	0.29	1.66	17.3	206				
角阀 90°	5									
单向阀(逆止阀)	摇板式　ξ=2	球形式　ξ=70								
底　阀	1.5									
滤水器(或滤水网)	2									
水表(盘形)	7									

4.4.3 系统的总能量损失

系统的总能量损失等于流体通过所有直管的阻力损失与局部障碍物的阻力损失之和。可根据直管阻力损失计算通式及局部阻力损失计算公式,并考虑到系统中管径的变化及局部障碍物的多样性,写出系统总阻力损失的计算式。

4.4.3.1　系统中的局部阻力损失按当量长度法计算

$$\sum H_f = \frac{1}{2g}\sum \lambda_i u_i^2 \left(\frac{L + \sum l_e}{d}\right)_i \tag{4-16}$$

或
$$\sum h_f = \frac{1}{2}\sum \lambda_i u_i^2\left(\frac{L+\sum l_e}{d}\right)_i$$

式中　$\left(\frac{L+\sum l_e}{d}\right)_i$——内径为 d_i 的管段的直管长度与管路中所有局部障碍物的当量长度之和与内径的比值；

u_i——流体在内径为 d_i 的管段中的流速，m/s；

λ_i——流体在内径为 d_i 的管段中的摩擦因数。

当系统为直径不变、无分支的单一管路系统时，则式(4-16)可简化为：

$$\sum H_f = \lambda\frac{L+\sum l_e}{d}\times\frac{u^2}{2g}$$

或
$$\sum h_f = \lambda\frac{L+\sum l_e}{d}\times\frac{u^2}{2}$$

式中　$L+\sum l_e$——管路计算总长度，即单一管路系统中全部直管长度及所有局部障碍物的当量长度之和，m。

4.4.3.2　系统中的局部损失按阻力系数法计算

$$\sum H_f = \frac{1}{2g}\sum\left[\lambda\frac{L}{d}+\sum\xi\right]_i u_i^2 \tag{4-17}$$

或
$$\sum h_f = \frac{1}{2}\sum\left[\lambda\frac{L}{d}+\sum\xi\right]_i u_i^2$$

同理，当管路系统为单一管路系统时，则式(4-17)可简化为：

$$\sum H_f = \left(\lambda\frac{L}{d}+\sum\xi\right)\frac{u^2}{2g}$$

或
$$\sum h_f = \left(\lambda\frac{L}{d}+\sum\xi\right)\frac{u^2}{2}$$

式中　$\sum\xi$——单一管路系统中所有局部障碍物的阻力系数之和。

由于单一管路是最基本的管路，其他类型的管路均可视为由单一管路组合构成。所以，掌握单一管路的计算方法至关重要。在上述公式中，局部阻力损失均是以某一方法计算的(如当量长度或阻力系数法)，在实际应用计算过程中，还可根据方便的原则采用复合计算方法计算。

【例 4-5】　如图 4-12 所示，某生产岗位拟采用一高位槽供水。已知高位槽与用水点均与大气相通，采用规格为 ϕ88.5mm×4mm 水煤气管，管路由 150m 的直管及 6 个 90°标准弯头、一个带滤水器的底阀(全开)、一个全开闸阀、一个转子流量计构成。若要求供水量为 40 m³/h，在此流动条件下的 λ 可按 0.025 计算，试求高位槽液面应比供水管出口高出多少米?

解：取高位槽液面为截面 1—1′、水管出口外侧为截面 2—2′，并取排水管出口中心作基准水平面。在两截面间列以压头形式表示的伯努利方程，即

$$Z_1+\frac{u_1^2}{2g}+\frac{p_1}{\rho g}+H_e = Z_2+\frac{u_2^2}{2g}+\frac{p_2}{\rho g}+\sum H_f$$

已知 $u_1=u_2=0$；$p_1=p_2=0$(表)；$H_e=0$。将这些数据带入伯努利方程得：

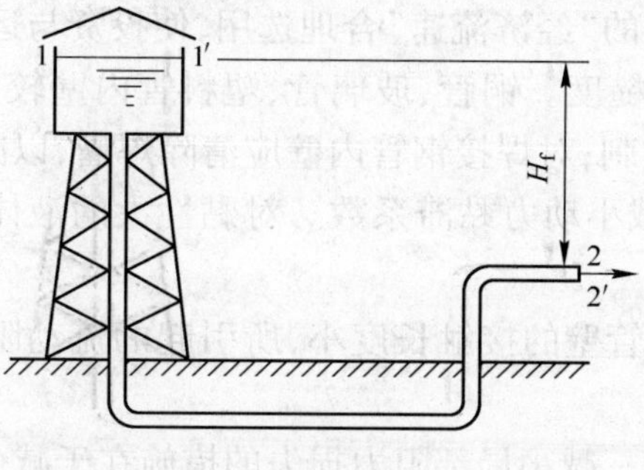

图 4-12

$$Z_1 - Z_2 = \sum H_f \quad (4-18)$$

根据题意，查表 4-2 选取：

一个带滤水器的底阀（全开）　$l_e/d = 420$

一个全开闸阀　$l_e/d = 7$

一个转子流量计　$l_e/d = 250$

6 个 90°标准弯头　$l_e/d = 35 \times 6 = 210$

管进、出口　$l_e/d = 20 + 40 = 60$

故
$$\sum \frac{l_e}{d} = 420 + 7 + 250 + 210 + 60 = 947$$

由题意知：$L = 150\,m$，$d = 88.5 - 4 \times 2 = 80.5\,mm = 0.0805\,m$，则

$$\frac{L}{d} = \frac{150}{0.0805} = 1836$$

$$\frac{L}{d} + \sum \frac{l_e}{d} = 1836 + 947 = 2783$$

$$u = \frac{4 \times 20}{3600 \times 3.14 \times 0.0805^2} = 2.184\,m/s$$

将上述数据及题目条件代入式（4-18）中，则有：

$$\sum H_f = Z_2 - Z_1 = \lambda \frac{L + \sum l_e}{d} \frac{u^2}{2g} = 0.025 \times \left(\frac{150}{0.0805} + 947\right) \frac{2.184^2}{2 \times 9.81} = 16.92\,m$$

即高位槽液面应比供水管出口高出 16.92 m。

4.4.3.2　减少阻力损失的措施

流体在流动过程中，由于流动黏性的存在而产生能量损失。需要考虑采取各种措施，减小阻力损失，降低能量消耗。

（1）从公式分析减小阻力损失的措施。

1）减小沿程阻力损失。

① 减小管长 L。沿程阻力损失的大小与管路长度成正比，管路愈长，阻力损失愈大。在满足需要和保证安全的基础上，应尽可能减小管长。

② 合理选用流速。沿程阻力损失的大小与流速成平方关系急剧增加。因此，增大管径将有效减少能量损失，减少运行费用。但更换大直径的管路将增加投资费用。设计与更新

管路时，应按有关图表给出的“经济流速”合理选用，使投资与运行费用达到最小值。

③ 减小管壁的绝对粗糙度。铜管、玻璃管、塑料管内壁较为光滑，应尽可能采用，对铸造管，内壁应清理沙子和毛刺；对焊接钢管内壁应清除焊瘤，以减小管壁的摩擦阻力损失。

④ 提高液体温度，以减小动力黏滞系数。对黏性大的液体，常使用提高温度的办法降低黏性以减少损失。

⑤ 使用圆管。流体与管壁的接触长度小，所引起的流动阻力损失也就小，应尽可能采用圆管路输送流体。

2）减小局部阻力损失。减小局部阻力损失的措施在于减少局部阻件个数，改善局部阻件形状。减少局部阻件个数是指在保证安全运行的基础上，尽可能减少不必要的局部阻件。改善局部阻件形状是指采用合适的阻件形状，以减少不必要的损失。例如：①管道进口采用圆弧光滑过渡；②改突然变径管为渐变管，尽可能采用渐扩或渐缩管路；③采用较大的转弯半径，在大直径管道上的弯头、风机水泵入口处安装导向叶片，可以有效地减少涡流损失；④减小三通阻力，应尽可能采用斜三通，减小支管与合流管之间的夹角，一般连接角度应顺流动方向小于 30°，或将支管与合流管连接处的折角改缓；⑤对于既要转弯又要扩大断面的流动，应该先扩大后转弯以减小流动损失。

（2）从运行角度考虑减小阻力损失的途径。这主要是保持各管路部件处于合理的运行状态，减小由于节流、堵塞等非正常流动而造成的阻力损失。

1）保持阀门正常开度，减小局部阻力的节流损失。

2）减少管壁以及各传热面的结垢与堵塞，减小沿程损失。

思 考 题

4-1　流体的流动形态可分为哪几类？各类流动形态质点的运动特征、形态判断方法是什么？

4-2　摩擦因数 λ 的影响因素有哪些，如何确定？

4-3　若水平管路系统的摩擦因数处于阻力平方区，当流量增加 1 倍时，则系统的压力降增加多少？

4-4　系统阻力损失是由哪两部分构成？两部分阻力损失的主要形成原因是什么？

4-5　局部阻力损失计算方法有哪两种？

4-6　什么是局部障碍物的当量长度？

习　题

4-1　283 K 的水在内径为 25 mm 的钢管中流动，流速 1 m/s。试计算其 Re 数值并判断其流动形态。

4-2　由一根内管及外管组合成的套管换热器中，已知内管为 ϕ25 mm × 1.5 mm，外管为 ϕ45 mm × 2 mm。套管环隙间通以冷却用盐水，其流量为 2500 kg/h，密度为 1150 kg/m^3，黏度为 1.2 mPa · s。试判断盐水的流动形态。

4-3　套管冷却器由 ϕ89 mm × 2.5 mm 和 ϕ57 mm × 2.5 mm 的钢管构成。空气在细管内流动，流速为 1 m/s，平均温度为 353 K，绝对压力为 2 atm。水在环隙内流动，流速为 1 m/s，平均温度为 303 K。试求：

（1）空气和水的质量流量。

(2) 空气和水的流动形态。

4-4 石油输送管的直径为 $\phi159\ mm\times4.5\ mm$ 的无缝钢管。石油的相对密度为0.86，黏度为 $3\ mPa\cdot s$。当石油流量为15.5 t/h时，试求管路总长度为1000 m的直管摩擦阻力。

4-5 水在 $\phi38\ mm\times1.5\ mm$ 的水平钢管内流过，温度是293 K，流速是2.5 m/s，管长是100 m。求直管阻力为若干 mH_2O 及压力降。

4-6 如图4-13所示，用虹吸管将池中363 K的热水引出，两容器水面间的垂直距离为2 m，管段 AB 长5 m，管段 BC 长10 m（均包括局部阻力的当量长度）。管路内径为20 mm，摩擦因数 λ 为0.02。为保证管路不发生气化现象，管路顶点的量大安装高度为多少？

4-7 在内径为100 mm的钢管内输送某溶液，流速为1.8 m/s，溶液的密度为 $1100\ kg/m^3$，黏度为 $2.1\ mPa\cdot s$。求每100 m钢管的压力降及压力损失。若管子由于腐蚀，其绝对粗糙度增至原来的10倍，求压力降增大的百分率。

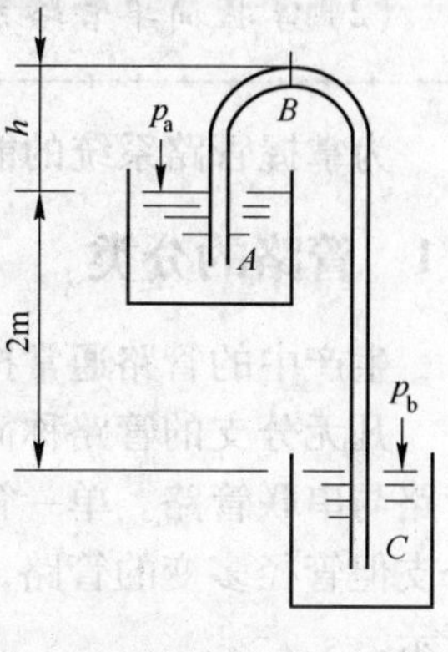

图4-13

4-8 一定量的液体在圆形直管内做滞流流动。若管长及液体物性不变，而管径减至原有的1/2，问因流动阻力而产生的能量损失为原来的若干倍？

4-9 流体在光滑圆形直管内做湍流运动。若管长及管径均不变，而流量增至原有的两倍，两种情况下的摩擦因数 λ 均可用伯拉修斯公式计算。问因流动阻力产生的能量损失为原来的若干倍？

4-10 如图4-14所示，将水温为293 K的冷却水从水池送到冷却塔，塔内压力（表压）为 $700\ mmH_2O$，喷嘴进口处的压力比塔中高0.1 atm，已知水池比地面低2 m，从水池到泵的吸入口为长10 m的 $\phi114\ mm\times4\ mm$ 钢管，在吸入管路中有一个90°弯头，一个吸滤阀。从泵的出口到塔顶喷嘴连接处是总长36 m的 $\phi114\ mm\times4\ mm$ 钢管，管路中有两个90°弯头，一个闸阀（1/2开）。喷嘴与管子连接处离地面高24m，要求流量为 $56m^3/h$。求泵的理论功率。

4-11 如图4-15所示。用泵将某溶液从反应器输送至高位槽，要求流量为20 t/h，溶液的密度为 $1073\ kg/m^3$，黏度为 $0.63\ mPa\cdot s$。反应器液面上保持200 mmHg的真空度，高位槽液面上方为大气压。管道为 $\phi76\ mm\times4\ mm$ 的钢管，总长为50 m，管路上有两个全开的闸阀、一个孔板流量计（局部阻力系数为4）、5个90°标准弯头。反应器的液面与高位槽液面间的距离为15 m。若泵的机械效率为70%，求泵的轴功率。

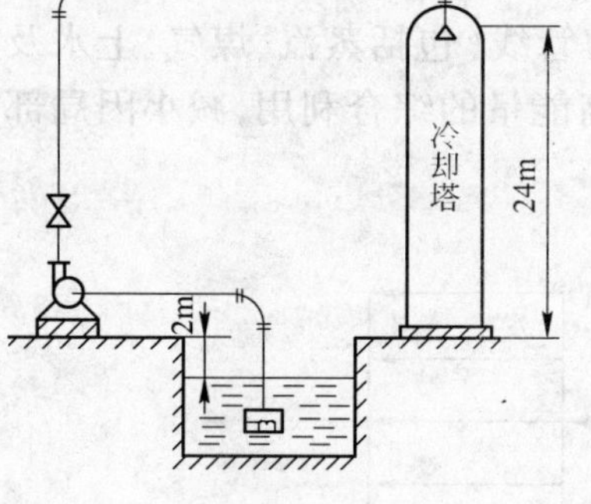

图4-14

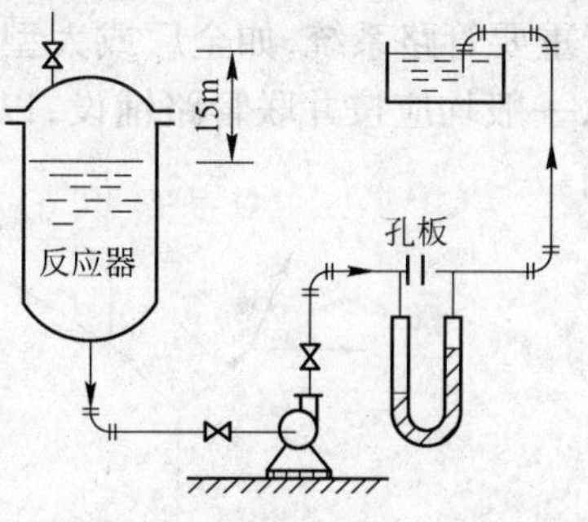

图4-15

单元5　管路基础及简单管路的计算

学习目标

(1) 了解管路的分类及管路基本构成。

(2) 掌握简单管路系统阻力损失的有关计算方法,具备配管计算的能力。

为掌握管路系统的能量损失计算,有必要了解有关管路的一些基本常识。

5.1　管路的分类

生产中的管路通常按是否分出支管来分类。

凡无分支的管路称简单管路。简单管路根据管路系统中的管径有无变化可细分为单一管路与串联管路。单一管路是指直径单一不变、无分支的管路,如图 5-1(a)所示;对于虽无分支但管径多变的管路,可视为由若干单一管路串联而成,故称为串联管路,如图 5-1(b)所示。

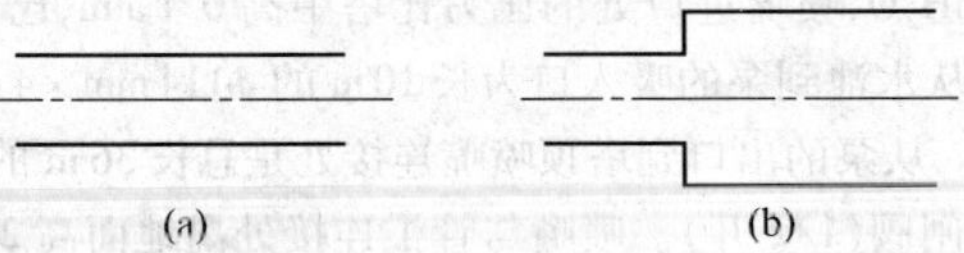

图 5-1　简单管路

(a) 单一管路(等径);(b) 串联管路(变径)

有分支的管路称为复杂管路。复杂管路实际上是由若干简单管路按一定方式连接而成的,根据其连接方式不同,可细分为分支管路和并联管路。分支管路中,分支与总管之间不闭合,形如树杈,故其管路系统又称为树状管网,如图 5-2(a)所示;并联管路(又称环状管网)中,分支与总管之间成闭合态势,如同电学上的并联电路,如图 5-2(b)所示。

对于重要管路系统,如全厂或大型车间的动力管线(包括蒸汽、煤气、上水及其他循环管道等),一般均应按并联管路铺设,以有利于提高能量的综合利用,减小因局部障碍所造成的影响。

图 5-2　复杂管路

(a) 分支管路;(b) 并联管路

5.2　管路的基本构成

管路是由直管和各种部件（如管件、阀门等）组合构成的。管子是管路的主体，由于生产系统中的物料和所处工艺条件各不相同，所以，用于连接设备和输送物料的管子除需满足强度和通过能力的要求外，还必须满足耐温（高温或低温）、耐压（高压或真空）、耐腐蚀（酸、碱等）以及导热等性能的要求。根据所输送物料的性质（如腐蚀性、易燃性、易爆炸等）和操作条件（如温度、压力等）来选择合适的管材，是生产中经常遇到的问题之一。

5.2.1　管材

管材通常按照制造管子所用的材料来进行分类。生产中使用的管材类型主要有如下几种：

（1）钢管。钢管根据其材质的不同又分为普通钢管、合金钢管、耐酸钢（不锈钢）管等；按制造方法不同可分为水煤气管（即有缝钢管）和无缝钢管两种。

1）水煤气管。水煤气管多数是用低碳钢制作的焊接管，通常用于压力较低的水管、暖气、压缩空气和真空管路中，也可以用于低压蒸汽支管和冷凝液排出管路中。水煤气管按不同的分类标准还可以分为镀锌的白铁管和不镀锌的黑铁管；带螺纹的和不带螺纹的；普通的、加厚的和薄壁的等等。

2）无缝钢管。无缝钢管是石油和化工生产中使用最多的一种管型，它的特点是质地均匀，强度高，因而管壁可以较薄。其主要用于压力及温度较高的物料输送系统中（如蒸汽、高压水和高压气体等），并可用于制造换热器、蒸发器等设备。无缝钢管的直径通常以“外径×壁厚”表示。如 $\phi 25\,\text{mm} \times 2.5\,\text{mm}$ 等等。

水煤气管的规格目前仍多以英寸表示。但无论是水煤气管或无缝钢管，其规格往往还用公称直径表示。公称直径既不代表它的外径，也不代表它的内径，而是与内径和外径相近的某个整数。如公称直径为50 mm 的水煤气管，其外径为60 mm，内径为53 mm。

（2）铸铁管。铸铁管通常用作埋于地下的给水总管、煤气管和污水管，也可以用来输送碱液和浓硫酸等腐蚀性介质。其优点是价格便宜，具有一定的耐腐蚀性能，但缺点是比较笨重、强度低，不宜在有压力的条件下输送有毒、有害、易爆炸以及像蒸汽之类的高温流体。

（3）有色金属管。有色金属管的种类很多，生产中常用的有铜管、铅管、铝管等。

紫铜管的导热性能特别好，适宜制作某些特殊性能的换热器；由于它容易弯曲成形，故亦用来作为机械设备的润滑系统或油压系统以及某些由流体控制的仪表管路等。

铅管对硫酸和10%以下的盐酸具有良好的抗腐蚀性能，适宜作为这类物料的输送管路，缺点是铅的机械强度低且笨重。在机械强度要求较高的场合下，往往采用在无缝钢管表面搪上一层铅制作的搪铅管。搪铅管广泛用于输送浓硝酸、甲酸、乙酸等腐蚀性物料。

铝的导热性能较好，故可替代昂贵的铜管来制造换热器。但铝的机械强度较低，故生产中使用的铝材大部分为铝合金材料。

（4）非金属管。非金属管包括由塑料、陶瓷、橡胶、玻璃等制成的管材，以及在金属表面搪上玻璃的管材等，其中又以塑料管最为常见。塑料的品种很多，目前最常用的有聚氯乙烯管、聚乙烯管以及在金属表面喷涂聚丙烯、聚三氟氯乙烯的管道等。塑料管具有良好的抗腐蚀性能、重量小、价格低、易加工等突出优点，缺点是强度低、耐热性差。随着性能上的不断改进,在很多方面塑料管将可以取代金属管。除塑料管外,工程上还有经常用来做临时管道的玻璃管和橡胶管,用作下水道或排放腐蚀性气体的陶瓷管等。

本书附录9中列出了常用管材的管规格,供读者在使用时参考。

5.2.2　常用管件

管件主要用来连接管子以达到延长管路、改变流向、分支或合流等目的。最基本的管件如图5-3所示,其用途有如下几种:

(1) 用以改变流向:90°弯头、45°弯头、180°回弯头等。

(2) 用以堵截管路:管帽、丝堵(堵头)、盲板等。

(3) 用以连接支管:三通、四通,有时三通也用来改变流向,多余的一个通道接头用管帽或盲板封上,在需要时打开再连接一条分支管。

(4) 用以改变管径:异径管、内外螺纹接头(补芯)等。

(5) 用以延长管路:管箍(束节)、螺纹短节、活接头、法兰等。法兰多用于焊接连接管路,而活接头多用于螺纹连接管路。在闭合管路上必须设置活接头或法兰,尤其是在需要经常维修或更换的设备、阀门附加必须设置,因为它们可以就地拆开,就地连接。

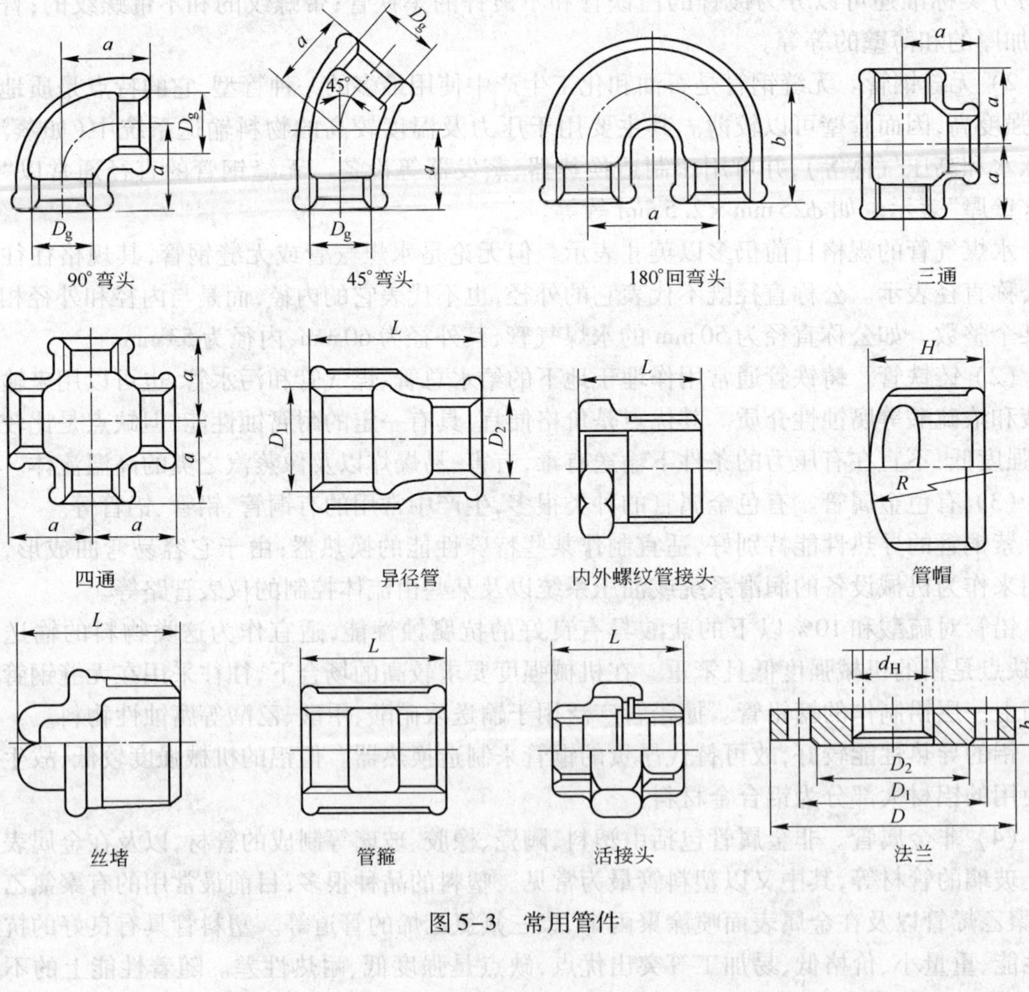

图5-3　常用管件

5.2.3　常用阀门

阀门是用来启闭或调节管路中流体流量的部件。化工生产过程中常用的阀门主要有以下几种：

（1）闸阀。闸阀的主要构件为一闸板，通过闸板的升降以启闭管路。这种阀门全开时流体阻力小，全闭时较严密，多在大规格管路上作启闭阀，在小直径管路中也可用作流量调节阀。但不宜用于含有固体颗粒或物料易沉积的流动系统，以免引起密封面的磨损和影响闸板的闭合。

（2）截止阀。截止阀的主要构件为阀盘与阀座，流体自下而上通过阀座。截止阀构造比较复杂，流体阻力较大，但密闭性与调节性能较好，也不宜用于黏度大且含有易沉颗粒的介质。如将阀座孔径缩小并配以长锥形或针状阀芯插入阀座，则在阀芯上下运动时，阀座与阀芯间的流体通道变化比较缓慢而均匀，即构成调节阀或节流阀，后者可用于高压气体管路的流量和压力的调节。

（3）止回阀。止回阀是一种根据阀前后的压力差自动启闭的阀门，其作用是使介质只做一定方向的流动，故又称单向阀。它分为升降式或旋启式两种。升降式止回阀密闭性较好，但流动阻力大；旋启式止回阀用摇板来启闭。无论是升降式还是旋启式，安装时均应注意介质的流向与安装方位。止回阀一般适用于清洁介质。

（4）球阀。其阀芯呈球状，中间为一与管内径相近的连通孔，结构比闸阀、截止阀结构简单，启闭迅速，操作方便，体积小，重量轻，零部件少，流体阻力小。球阀适用于低温、高压及黏度大的介质，但不宜用于调节流量。

（5）旋塞。旋塞的主要构件为一中间开有孔道的锥形旋塞，当旋塞旋转至90°时管流即全部停止。这种阀门的主要优点与球阀类似，但由于阀芯与阀体的接触面比球阀大，故需要较大的转动力矩，不适宜用于温度变化大及高压场合，以免卡死或发生泄漏。

（6）隔膜阀。隔膜阀的启闭件是一块位于阀体与阀盖之间的橡胶隔膜。隔膜中间凸起部分固定在阀杆上，阀体内衬有橡胶，由于介质不进入阀盖内腔，因此无需填料箱。隔膜阀结构简单，密闭性能好，便于维修，流体阻力小，可用于温度小于200℃、压力小于10 MPa的各种与橡胶膜无相互作用的介质和含悬浮物的介质。

此外，在生产中还有蝶阀、减压阀、安全阀、疏水阀等，它们各有自己的特殊构造与作用。

从上述管件、阀门的基本构造可以看出：管箍、活接头和法兰等由于其中心轴与管轴重合，通孔与管路基本相同，基本上不影响流体的流速和流向，其阻力仍可认为是直管阻力；其余皆因流体在通过时流向或流动截面会有不同程度的改变而导致边界层的分离，故均存在局部阻力。

5.3　管子的选用

流体输送管路是生产系统的重要组成部分，其费用在建厂总投资中所占的比重较大。很显然，若管路的直径越小，则设备费用也越小。但在规定的流量之下，若选用较小的管径，势必增大流体在管路中的流速，使摩擦阻力损失增大，从而增大动力消耗。反之，为了节省动力消耗而增大管径，则对于相同长度的管路，管子、管件及阀门等的费用都相应增大，从而使基建投资费用增大。由此可见，最合理的管径应将动力消耗费用和基建费用二者结合起来加以确定,使得每年的操作费用与按使用年限分摊的设备折旧费用之和为最小。

对能保证操作费用与设备折旧费用最小时的流速称为最适宜流速,可通过最适宜流速来选择管径。然而,由于最适宜流速的确定很复杂,不同流体的输送系统,最适宜流速通常出现在某个区域范围,故一般根据资料由经验选定。表 5-1 中列出了某些流体在管道中的适宜流速范围,供读者参考。

表 5-1 某些流体在管道中的常用流速

流体的种类及状况	流速范围/$m \cdot s^{-1}$	流体的种类及状况	流速范围/$m \cdot s^{-1}$
水及一般液体	1~3	饱和水蒸气	
黏度较大的液体	0.5~1	890.4 kPa 以下	40~60
低压气体	8~15	303.9 kPa 以下	20~40
易燃易爆的低压气体(如乙炔等)	<8	过热水蒸气	30~50
压力较高的气体	15~23	真空操作下气体流速	<10

按表 5-1 选定适宜的流速后,即可依流量与流速的关系式计算管道的内径,计算式为:

$$d = \sqrt{\frac{4q_V}{\pi u}} \tag{5-1}$$

由式(5-1)算得管内径后,还应根据附录 9 中的管子标准选用与算出的管子内径相近的管子规格。

【例 5-1】 某水管的流量为 45 m^3/h,试选择该管路使用的普通水煤气管的规格。

解:已知 $q_V = \frac{45}{3600} = 0.0125\ m^3/s$,按表 5-1 选取管内适宜流速 $u = 1.5\ m/s$,代入式(5-1)计算对应的管内径:

$$d = \sqrt{\frac{4q_V}{\pi u}} = \sqrt{\frac{4 \times 0.0125}{3.14 \times 1.5}} = 0.103\text{m}$$

查附录 9 得知:公称直径为 100 mm(或 4in)的普通水煤气管,其实际外径为 114 mm、内径为 106 mm,与所需管径相差不大。若选用此规格的水煤气管则管内实际流速为:

$$u = \frac{4q_V}{\pi d^2} = \frac{4 \times 0.0125}{3.14 \times 0.106^2} = 1.42\text{m/s}$$

在所列的适宜范围内,故应选用公称直径为 100 mm(或 4in)的普通水煤气管。

5.4 单一管路计算

管路计算是应用连续性方程、伯努利方程和系统损失计算公式来确定管路系统所要求的动力、流量、管道尺寸等有关工程问题的过程。

5.4.1 单一管路计算所解决的问题

单一管路计算所需解决的问题归纳起来有以下三种情况:

(1) 已知管径、管长、管件和阀门的设置及流体输送量,求流体通过此管路时系统的能量损失,以便进一步确定输送系统所需的动力(如设备间的相对位置或输送设备所需加入的外功等)。此类问题实际上是解决伯努利方程应用过程中的系统阻力损失计算问题,如例4-5就属于此类。故对其计算方法和步骤此处就不再阐述了。

(2) 已知管径、管长、管件和阀门的设置及允许的能量损失,求管路的输送量。此种情况可分为在已经铺设好的管中,依据输送设备提供的功率(例如泵或风机已有),或输送系统可用的位压头和静压头已定(例如高位槽的高度已定或送液气体的压力已定),而确定此管路中流体的流速或流量。

(3) 已知管长、管件和阀门的设置及允许的能量损失和流体的流量,求管径。此种情况为在已知管路总长度 $L+\sum l_e$ 的条件下,根据输送设备提供的功率,或输送系统可用的位压头或静压头,而确定能达到要求的流体输送量时应采用的管规格,即配管计算。

5.4.2　管路计算中的常用方法——试差法

对(2)、(3)类问题在计算过程中都会遇到一个共性问题——试差。第(2)类问题的计算目的是求系统的流速,但在流速未知的条件下 Re 无法计算,故摩擦因数 λ 就无法确定,系统阻力损失也就无法确定。由前面的已学内容可知,阻力损失是与流速的平方成正比关系,因此流速也就无法确定。此时,将伯努利方程与系统阻力损失计算公式联用的结果通常可表达为:

$$\lambda u^2 = 常数 \tag{5-2}$$

即一个方程式中有两个未知量。

第(3)类问题的计算目的是求输送系统的管径,但在管径未知的条件下 Re 也无法计算,故摩擦因数 λ 就无法确定,系统阻力损失也就无法确定,根据前面已学的内容可知,在流量一定的条件下,阻力损失与管内径的5次方成反比关系,因此管径也无法确定。此时,将伯努利方程与系统阻力损失计算公式联用的结果通常可表达为:

$$\frac{\lambda}{d^5} = 常数 \tag{5-3}$$

与第(2)类问题相同,也存在一个方程式中有两个未知量的情况。

事实上,一个方程式是不可能解出两个未知量的。但由于摩擦因数 λ 与 Re 间存在有一定的关系,根据前面的教学内容可知:

1) 若管内流体的流动处于层流时,由式(4-9)有 $\lambda = \frac{64}{Re}$;

2) 若管内流体的流动为光滑管湍流时,由式(4-11)有 $\lambda = \frac{0.316}{Re^{0.25}}$;

3) 若管内流体的流动为粗糙管湍流时,摩擦因数 λ 与 Re 间则应符合莫迪图中的 $\lambda - Re - \varepsilon/d$ 关系曲线。

故对管内层流和光滑管湍流两种过程,可根据具体流动类型将式(5-2)或式(5-3)与式(4-9)或式(4-11)联立求解出 u 或 d。而粗糙管湍流过程是生产过程中最为常见的过程,对此类过程,因 λ 与 Re 间的关系(代表 λ 与 u 或 d 间的关系)并非数学函数而是对应的曲线关系,所以,此情况下的计算依据实际上是式(5-2)或式(5-3)与反映 λ 与 u 或 d 之间关系的 $\lambda - Re - \varepsilon/d$ 关系曲线。故需采用试差法来求解问题。

试差法的基本步骤是:先假设两个未知量中变化范围较小的未知量为某一常数;然后,根据已有的关系式计算出另一未知量的值;最后,根据一定的方法或途径对假设进行校核,直至经校核证实假设成立为止。例如,(2)、(3)两类计算问题中,因摩擦因数的变化通常很小(如前所述,λ 值通常在 0.02 ~ 0.03,变化不大),故可先假设 λ 为某一常数。然后用式(5-2)或式(5-3)计算出 u 或 d。最后,由计算出的 Re 及 ε/d 查莫迪图可以得到一个 λ。再将查出的 λ 与假设值进行比较,直至两者吻合为止。

【例 5-2】 如图 4-12 所示,水从水塔引至车间,管道为 ϕ114 mm × 4 mm 钢管,管路计算总长为 150 m,水塔内水面维持恒定,并高于排水口 12 m,问水温为 20℃时此管路的输水量为多少 m^3/h?

解:以水塔内水面为截面 1—1′,排水管出口外侧为截面 2—2′,并取通过排水管出口中心作基准水平面。在两截面间列伯努利方程,即

$$Z_1 + \frac{u_1^2}{2g} + \frac{p_1}{\rho g} + H_e = Z_2 + \frac{u_2^2}{2g} + \frac{p_2}{\rho g} + \sum H_f$$

已知 $u_1 = u_2 = 0$;$p_1 = p_2 = 0$(表);$Z_1 = 12$ m,$Z_2 = 0$;$H_e = 0$。将这些数据代入上式,得 $\sum H_f = 12$。由单一管路系统的压头损失计算公式,即

$$\sum H_f = \lambda \frac{L + \sum l_e}{d} \frac{u^2}{2g}$$

则有:

$$\sum H_f = \lambda \frac{150}{0.106} \times \frac{u^2}{2 \times 9.807} = 12$$

整理得:

$$\lambda u^2 = 0.1663 \tag{5-4}$$

采用试差法计算:

因 λ 值通常在 0.02 ~ 0.03,故先假设 $\lambda_1 = 0.02$ 并代入式(5-4)解出 $u_1 = 2.884$ m/s。查附录 2 中的附表 17 知水在 20℃时,$\rho = 998.2$ kg/m³,$\mu = 1.005 \times 10^{-3}$ Pa · s。故由 Re 计算公式有:

$$Re_1 = \frac{du\rho}{\mu} = \frac{0.106 \times 2.884 \times 998.2}{1.005 \times 10^{-3}} = 3 \times 10^5 > 4000(\text{湍流})$$

取水煤气管的绝对粗糙度 ε 为 0.2 mm,则 $\varepsilon/d = 0.0002/0.106 \approx 0.002$。

由 $Re_1 = 3 \times 10^5$、$\varepsilon/d \approx 0.002$ 查莫迪图得 $\lambda'_1 = 0.024$,与假设不符,需重新假设。再假设 $\lambda_2 = 0.024$ 并代入式(5-4)解出 $u_2 = 2.403$ m/s,代入 Re 计算式求出 $Re_2 = 2.5 \times 10^5 > 4000$(湍流)。由 $Re_2 = 2.5 \times 10^5$、$\varepsilon/d \approx 0.002$ 查莫迪图得 $\lambda'_2 = 0.024$,与假设相符。故流体在该输送系统中的流速为 2.403 m/s,系统流量为:

$$q_V = 3600 \times 2.403 \times \frac{\pi}{4} \times 0.106^2 = 76.30\ \text{m}^3/\text{h}$$

【例 5-3】 20℃的水在计算总长度为 10 m 的钢管中流动,要求水在钢管中的流量为 27 m^3/ h,输送过程中允许压头损失为 4 mH_2O,试确定水管的规格。

解:根据题意,由体积流量与流速之间的换算关系有:

$$u = \frac{q_V}{3600 \times \frac{\pi}{4} d^2} = \frac{4 \times 27}{3600 \times 3.14 d^2} = \frac{0.01}{d^2}$$

再由单一管路系统的压头损失计算公式,即

$$\sum H_f = \lambda \frac{L + \sum l_e}{d} \times \frac{u^2}{2g}$$

将题目给出的条件及 u 与 d 之间的关系代入，则有：

$$\sum H_f = \lambda \frac{100}{d} \times \frac{(0.01/d^2)^2}{2 \times 9.807} = 4$$

整理可得：

$$\frac{\lambda}{d^5} = 7846 \tag{5-5}$$

采用试差法计算：

先假设 $\lambda_1 = 0.025$ 并代入式(5-5)解出 $d_1 = 0.08\text{m}$，由附录 2 中的附表 17 查知 20℃ 的水，$\rho = 998.2\,\text{kg/m}^3$，$\mu = 1.005 \times 10^{-3}\,\text{Pa} \cdot \text{s}$。故由 Re 计算公式有：

$$Re_1 = \frac{du\rho}{\mu} = \frac{0.01 \times 998.2}{0.08 \times 1.005 \times 10^{-3}} = 1.24 \times 10^5 > 4000\text{（湍流）}$$

取水煤气管的绝对粗糙度 $\varepsilon = 0.02\,\text{mm}$，则 $\varepsilon/d = 0.0002/0.08 \approx 0.0025$。由 $Re_1 = 1.24 \times 10^5$、$\varepsilon/d \approx 0.0025$ 查莫迪图得 $\lambda'_1 = 0.026$，与假设基本相符。误差为：

$$\frac{0.026 - 0.025}{0.025} \times 100\% = 4\%$$

由于计算过程是以系统允许的最大压头损失 $4\,\text{mH}_2\text{O}$ 计算的，实际过程的压头损失应小于此值，也即，管内径应略大于计算出的最小管径 80 mm。查附录 9 水煤气管规格表知：公称直径为 80mm 的普通水煤气管的实际外径为 88.5 mm，壁厚为 4 mm，内径为 80.5 mm，略大于 80 mm。故应选此规格的水煤气管，从而保证系统流量能达到 $27\text{m}^3/\text{h}$、系统压头损失不超过 $4\,\text{mH}_2\text{O}$ 的输送要求。

思　考　题

5-1　管路如何分类？

5-2　管件有哪些？说明各种管件的作用。

5-3　管道水力计算的主要任务是什么？

习　　题

5-1　一直径为 12 mm、长度为 15 m 的低碳钢管，用来排出油箱中的油。已知油面比管道出口高出 2 m，油的黏度为 0.01 Pa · s，密度为 815.8 kg/m^3，求油的流量。

5-2　水泵吸水管的直径为 250 mm，其中水的流量为 486 m^3/h，吸水管的沿程阻力系数为 0.024，吸水管上的底阀的局部阻力系数为 8。求底阀的当量长度及局部阻力损失是多少？

5-3　已知油的密度 $\rho = 800\,\text{kg/m}^3$，动力黏度 $\mu = 0.069\,\text{Pa} \cdot \text{s}$，如图 5-4所示，油在连接两容器的光滑管中流动，$H = 3\,\text{m}$。当计沿程和局部损伤时，管内的流量是多少？

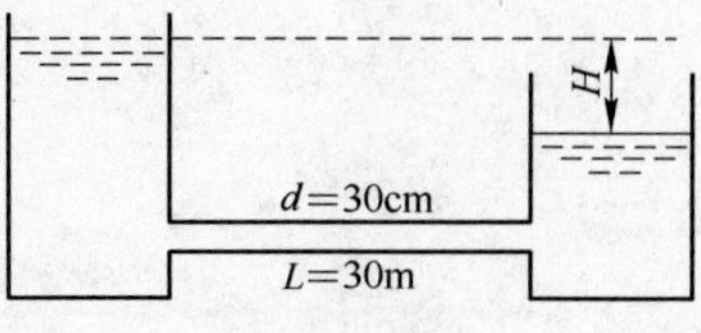

图 5-4

5-4　从水塔将温度为 293 K 的水引至车间，采用 ϕ114 mm × 4 mm 的有缝钢管，其计算长度（直管长度与局部障碍物的当量长度之和）为 150 m。水塔内水面维持恒定，且高于排水管口 12 m，试求该管路中的水流量。

5-5　如图 5-5 所示，由山上的湖泊中引水至贮水池，湖面与水池的水面之高度差为 45 m，管路计算长度约为 4000 m，要求水流量为 85 L/s，湖水的温度可取为 293 K。问应采用哪种规格的铸铁管？

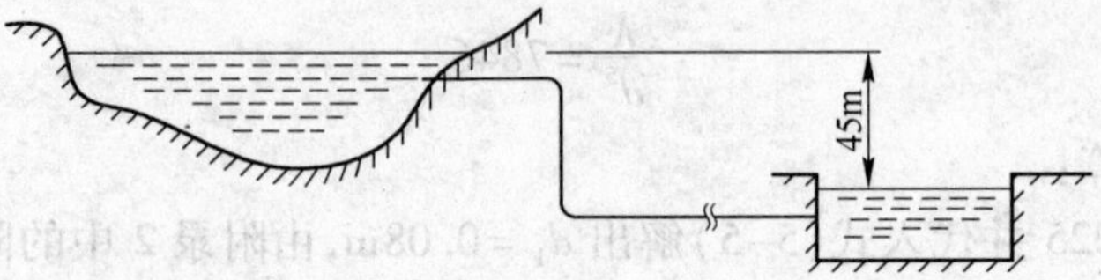

图 5-5

单元6　流速与流量测量

学习目标

掌握各类流量、流速测量装置的构造、性能、适用范围、测量基本原理、安装与校核方法等。

为控制系统的生产状况常常需要测定流体的流速和流量。测量装置的类型有很多,本单元要介绍的是以稳定流体系统的能量守恒原理为基础,利用动能与静压能的变化关系来实现测量的装置。这些装置又可分为两类:一类是定截面、变压差的流量计和流速计,这类测量装置的流道截面是固定的,当流过的流量改变时,通过压力差的变化反映其流速的变化,如皮托测速管、孔板流量计和文丘里流量计均属此类;另一类是变截面、定压力差式的流量计,即流体通道截面随流量大小而变化,而流体通过截面的压力差则是固定的,如常用的转子流量计。

6.1　测速管

6.1.1　结构

测速管(又称皮托管)的结构如图6-1所示。由两根弯成直角的同心圆管组成,管子的直径很小,外管表面光洁(一般用白铜管制成)。同心圆管的内管前端敞开,正对流体流动方向(即其轴向与流体流动方向平行);外管前端封死,在离前端点一定距离 B 处开有若干测压小孔,流体从小孔旁流过;内外管的另一端分别与U形管压差计的测压接口相连接。管身可根据测量的需要作上下升降调节。

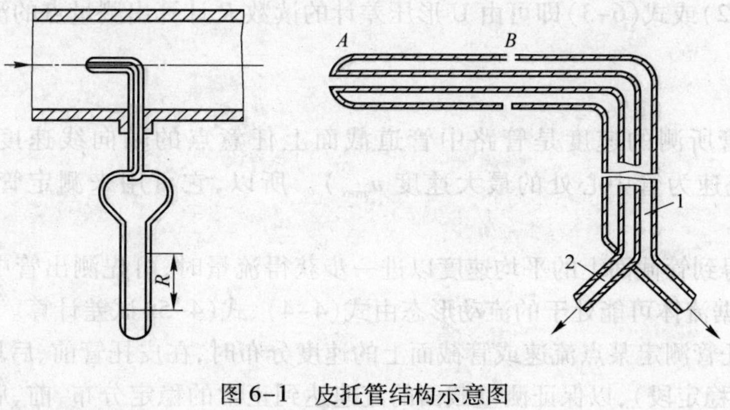

图6-1　皮托管结构示意图

1—静压管;2—冲压管

6.1.2　测量原理

当流体以局部流速 u 流至皮托管的前端点 A 时,流体被截止,$u=0$。由于流体在 A 点的动能全部转化为静压能,A 点的压力 p_A 将通过皮托管的内管传至U形管压差计的左端,故内管又称为冲压管。而流体沿皮托管外壁平行流过 B 处的测压小孔时,由于皮托管直径很小,u 可视作未变(即 $u_b \approx u$),压力 p_B 通过外管侧壁小孔传至U形管压差计的右端,故外管又称为静压管。若连接管内充满被测流体,即可由U形压差计的读数换算出测量点的流速。其测量计算公式推导如下。

在 A、B 两点间列伯努利方程,即

$$gZ_A + \frac{u_A^2}{2} + \frac{p_A}{\rho} + W_e = gZ_B + \frac{u_B^2}{v} + \frac{p_B}{\rho} + \sum h_{f,A\to B}$$

若忽略 A、B 两点间的位差及能量损失,则有:

$$Z_A = Z_B; u_A = 0, u_B = u; W_e = 0; \sum h_{f,A\to B} = 0$$

将上述数据代入伯努利方程,整理可得:

$$u = \sqrt{\frac{2(p_A - p_B)}{\rho}} \tag{6-1}$$

由于 $p_A - p_B$ 的值可通过U形压差计的读数 R 计算,故式(6-1)可改写为:

$$u = \sqrt{\frac{2R(\rho_A - \rho)g}{\rho}} \tag{6-2}$$

式中　ρ_A——指示液的密度,kg/m^3;

ρ——被测流体的密度,kg/m^3;

R——U形压差计的读数,m。

若考虑到皮托管尺寸和制造精度等原因,对式(6-2)作适当修正后,为:

$$u = C\sqrt{\frac{2R(\rho_A - \rho)g}{\rho}} \tag{6-3}$$

式中,$C = 0.98 \sim 1.0$,称为皮托管校正系数,由实验标定。因 C 值很接近1,故也可不对式(6-2)作校正。

根据式(6-2)或式(6-3)即可由U形压差计的读数 R 计算出测量点的流速 u。

6.1.3　讨论

(1) 测速管所测的速度是管路中管道截面上任意点的轴向线速度(如图6-1所示,测得的点流速为管中心处的最大速度 u_{max})。所以,它可用来测定管道截面上的速度分布。

(2) 要想得到管截面上的平均速度以进一步获得流量时,可先测出管中心处的最大速度 u_{max} 后,再根据流体可能处于的流动形态由式(4-4)、式(4-5)试差计算。

(3) 用皮托管测定某点流速或管截面上的速度分布时,在皮托管前、后均应保证一定的直管长度(称为稳定段),以保证测量截面的流速达到正常的稳定分布,前、后稳定段的长度要求最好在50倍管径以上,即使不能满足此要求,至少也应有8~12倍直径以上的直管段。

(4) 为减少测量误差,皮托管必须按标准设计、精密加工、正确安装(皮托管管口截面必须垂直于流体流动方向)。测速管的外径 d_0 不大于被测管内直径的1/50,尽量减小对流动的干扰。

（5）皮托管装置简单，引起的额外流动阻力小，但不适用于含固体杂质的流体，因为皮托管上的小孔容易被堵塞；在测小流速时可通过改用微差压差计将读数放大。

【例6-1】 20℃空气在内径为300 mm的钢管中流过。U形管压差计中的指示液为水，用皮托管在管中心处测得读数 R 为20 mmH_2O，测得点处的压力（表）为4 kPa，当地大气压力为97.3 kPa，试估算空气在管内的平均流速 u。

解：根据题意，当地大气压力为97.3 kPa，测量点处的表压力为4 kPa，故测量点空气的绝对压力为97.3 + 4 = 101.3 kPa。

空气在20℃条件下的密度为：

$$\rho = \frac{pM}{RT} = \frac{101.3 \times 29}{8.314 \times 293} = 1.206\ \mathrm{kg/m^3}$$

取水的密度为1000 kg/m^3，$C = 1$，则由式（6-3）可计算出管中心处的最大流速为：

$$u_{max} = C\sqrt{\frac{2R(\rho_A - \rho)g}{\rho}} = \sqrt{\frac{2 \times 0.02 \times (1000 - 1.206) \times 9.807}{1.206}} = 18.02\ \mathrm{m/s}$$

采用试差法：假设空气在管内的流动为湍流，则可计算出管中心的最大流速为：

$$u = 0.82u_{max} = 14.78\ \mathrm{m/s}$$

由附录2中的附表16查得20℃下的空气黏度为 1.81×10^{-5} Pa·s；代入 Re 计算公式校核：

$$Re = \frac{du\rho}{\mu} = \frac{0.3 \times 14.78 \times 1.206}{1.81 \times 10^{-5}} = 3.0 \times 10^5\ (>4000，为湍流)$$

故假设成立。即空气在管内的平均流速约为14.78 m/s。

6.2　孔板流量计

6.2.1　结构

在水平管道中装有一块中央开有圆孔的金属板，孔口经精密加工呈刀口状，在厚度方向上沿流向以45°角扩大，称为锐孔板，如图6-2所示。孔板通常用法兰固定于管道中，使孔板垂直于管内流体流动的方向，同时使孔的中心位于管道的中心线上，板两侧开有测压孔并与U形压差计相连，由压差计上的读数 R 即可算出管路中流体的流速与流量。

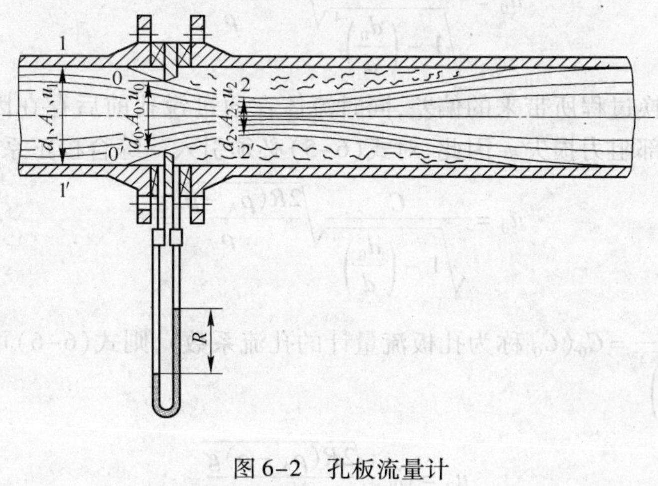

图6-2　孔板流量计

6.2.2　测量原理

若在孔板前选取前截面1—1′，设截面1—1′处的压力为 p_1，流速为 u；当流体流经孔板时，因为孔口直径 d_0、截面 A_0 突然缩小使流速骤然增大。当流体流过孔口以后，由于惯性作用，流动截面并不立即扩大到与管截面相等，而是继续收缩，直到截面2—2′处流体的流动截面收缩到最小，此流动截面最小之处称为“缩脉”。显然流体在缩脉处的流速最大。随后流体截面又逐渐扩大，流速逐渐减小，并逐渐地恢复到截面1—1′处的数值。

根据流体在孔板前后的流动情况，结合已讨论的皮托管的测量原理可知，孔板流量计的测量原理实际上借助孔板使流体流速增加，静压力降低，于是在孔板前后便产生了压力差，而且流体的流量愈大，在孔板前后产生的压力差也愈大。所以，可以利用测量压力差的方法来测定流体的流量。

为便于建立流量与U形管压差计读数之间的定量关系式，先暂略去孔板前后两截面间的能量损失。此时，流体在孔板中的流动过程与例3-6中流体在无阻力损失的渐缩管中的流动过程相同，流体在缩脉处的流速相当于渐缩管中截面积最小处的流速。因此流体在缩脉处的流速可由式(6-4)计算，即

$$u_2=\frac{1}{\sqrt{1-\left(\frac{d_2}{d_1}\right)^4}}\sqrt{\frac{2R(\rho_A-\rho)g}{\rho}} \tag{6-4}$$

式中　u_2——流体在渐缩管最细处的流速，m/s；

d_1——流体减缩之前的管内径，m；

d_2——流体减缩最细处的直径，m；

R——U形压差计上的读数，m。

由于缩脉的位置及直径不易确定，故为简便起见，用锐孔的直径 d_0 替代缩脉处的直径，用锐孔处的流速 u_0 替代缩脉处的流速，而用孔板前后的压力差替代收缩前后的压力差。这样式(6-4)可改写为：

$$u_0=\frac{1}{\sqrt{1-\left(\frac{d_0}{d}\right)^4}}\sqrt{\frac{2R(\rho_A-\rho)g}{\rho}} \tag{6-5}$$

考虑到上述替换过程所带来的偏差，同时流体在通过锐孔前后存在因流道截面突然缩小及突然扩大的局部阻力损失。因此，对式(6-5)必须引入一综合校正系数 C，即

$$u_0=\frac{C}{\sqrt{1-\left(\frac{d_0}{d}\right)^4}}\sqrt{\frac{2R(\rho_A-\rho)g}{\rho}} \tag{6-6}$$

若令 $\frac{C}{\sqrt{1-\left(\frac{d_0}{d}\right)^4}}=C_0$（$C_0$ 称为孔板流量计的孔流系数），则式(6-6)可改写为：

$$u_0=C_0\sqrt{\frac{2R(\rho_A-\rho)g}{\rho}} \tag{6-7}$$

$$q_V = u_0 A_0 = A_0 C_0 \sqrt{\frac{2R(\rho_A - \rho)g}{\rho}} \tag{6-8}$$

式(6-7)及式(6-8)即为用孔板流量计来测量管内流体的平均流速与流量的计算公式。孔板流量计的C_0可由实验测定。图6-3为孔板流量计的孔流系数C_0与Re及A_0/A_1间的关系曲线图。

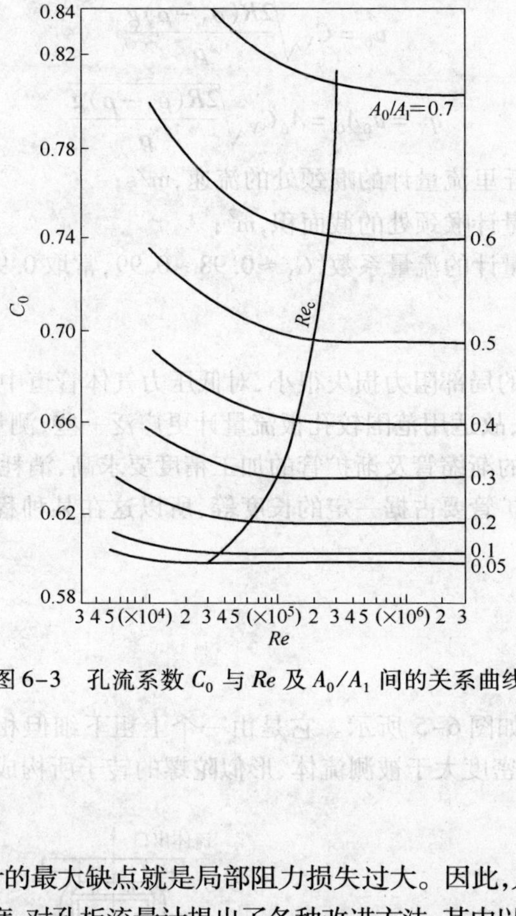

图6-3　孔流系数C_0与Re及A_0/A_1间的关系曲线

6.3　文丘里流量计

6.3.1　结构

前面讲到孔板流量计的最大缺点就是局部阻力损失过大。因此，人们为降低孔板流量计的阻力损失，提高其测量精度，对孔板流量计提出了各种改进方法，其中以文氏流量计最为典型。

文丘里流量计是针对孔板流量计在锐孔前、后因流道突然缩小与突然扩大导致边界层分离并形成涡流损失的缺点，改用一渐缩管及渐扩管来替代锐孔，从而使流体通过测量设备时的局部损失阻力大为下降的测量装置，如图6-4所示。通常渐缩管的收缩角为15°~25°，渐扩管的扩大角为5°~7°，基本符合流体在通过喉颈时的自然变化规律，故局部阻力损失很小，以至可以忽略不计。

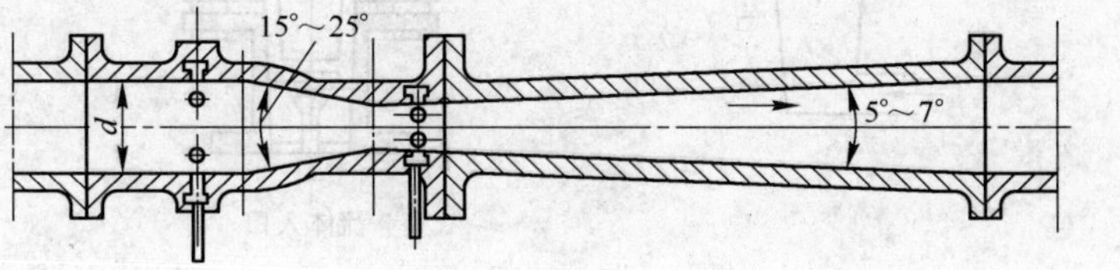

图6-4　文丘里流量计

6.3.2　测量原理

文丘里流量计的测量原理与孔板流量计的原理基本相同,也是利用人为造成的流速变化引起的压力变化来测量管路系统中的流量的。因流速变化导致的压力变化通过喉颈前后所连接的U形压差计测量,相应的计算公式为:

$$u_0 = C_V\sqrt{\frac{2R(\rho_A - \rho)g}{\rho}} \tag{6-9}$$

$$q_V = u_0 A_0 = A_0 C_V\sqrt{\frac{2R(\rho_A - \rho)g}{\rho}} \tag{6-10}$$

式中　u_0——流体在文丘里流量计的喉颈处的流速,m/s;

A_0——文丘里流量计喉颈处的截面积,m^2;

C_V——文丘里流量计的流量系数,$C_V \approx 0.98 \sim 0.99$,常取0.98计算。

6.3.3　讨论

(1) 文丘里流量计的局部阻力损失很小,对低压力气体管道中的流量测量更为精确。

(2) C_V值基本恒定,故适用范围较孔板流量计更广泛一些,测量换算也更容易一些。

(3) 文丘里流量计的渐缩管及渐扩管的加工精度要求高,消耗的金属材料多,因而造价较高。同时渐缩管及渐扩管要占据一定的长度等,所以这在某种程度上限制了文丘里流量计的应用推广。

6.4　转子流量计

6.4.1　结构

转子流量计的构成如图6-5所示。它是由一个上粗下细但相差不太大的锥形玻璃管(或透明塑料管)及一个密度大于被测流体、形似陀螺的转子所构成。

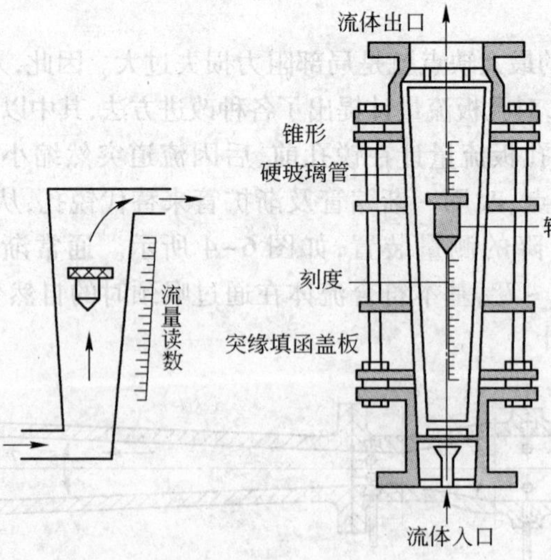

图6-5　转子流量计

转子一般用金属或塑料制成，其上部略大并在侧面刻有螺纹线槽，流体自底端进入，向上流至顶端溢流而出。当液体自下方进入转子的螺纹线槽时，可在水平方向上形成一个转矩从而导致转子旋转，这也是转子得名的原因。

6.4.2　测量原理

当流体自下而上流过垂直的锥形管时，转子受到两个力的作用：一是垂直向上的推动力，它等于流体流经转子与锥管间的环形截面所产生的压力差，这是因为在截面较小处流速增大，流体静压力减小，从而使得转子底面上所受到的流体压力较其顶面上的静压力为大，这个压力差托起转子并使其具有上升的趋势；另一个是垂直向下的净重力，它等于转子所受的重力减去流体对转子的浮力。当流体流量加大使其压力差大于转子的净重力时，转子上升。在转子上升过程中，其环隙截面积随之增大，环隙内的流体的流速逐渐下降，转子顶面上的静压力逐渐增加，当转子的底面和顶面所受的压力差与转子重量平衡时，转子就在一定高度处旋转。如果流量减小，转子将在较低位置上达到平衡。因此转子悬浮位置随流量而变化。流体的流量愈大，转子平衡位置愈高，所以转子位置的高低即表示流体流量的大小，其流量可由转子上缘从管壁外壁面上的刻度读出。

设 V_f为转子的体积，A_f为转子的投影面积，ρ_f为转子材质的密度，ρ 为被测流体的密度。流体流经环形截面所产生的压力差为 p_1-p_2。

当转子在流体中处于平衡状态时，在铅垂方向上作用于转子上的合力应为零，即

$$(p_1-p_2)A_f=V_f(\rho_f-\rho)g$$

整理可得：

$$(p_1-p_2)=\frac{V_f}{A_f}(\rho_f-\rho)g=\text{常数} \tag{6-11}$$

由式(6-11)可知，当转子位置一定时，作用于转子上下两面的压力差为常数。故转子流量计为变截面、定压差流量计，又称恒压差流量计。

当转子稳定于某一位置时，环隙面积也为某一固定值，流体流经环隙通道时的流量与压差间的关系可仿照流体通过孔板流量计锐口时的情况来表示，即

$$q_V=C_RA_R\sqrt{\frac{2(p_1-p_2)}{\rho}} \tag{6-12}$$

式中　C_R——转子流量计的流量系数；

　　A_R——转子处于一定位置时的最小环隙截面积，m^2。

将式(6-11)代入式(6-12)可得：

$$q_V=C_RA_R\sqrt{\frac{2gV_f(\rho_f-\rho)}{A_f\rho}} \tag{6-13}$$

式(6-13)即为转子流量计的流量计算式。由于环隙面积与锥体高度成正比，于是可在流量计的不同高度上等距离刻出流量的线性变化值。

思考题

6-1　生产过程中常见的流量、流速测量仪表有哪些类型？各有什么优点、缺点？

6-2　文丘里流量计、皮托管的工作原理是什么？

6-3　孔板流量计的选用原则是什么？

6-4　为什么说转子流量计是恒压差流量计？其安装方法与其他类型的流量计有何不同？

习　题

6-1　20℃水在内径为 150 mm 钢管内流过，流量要求不低于 50 m^3/h。试选择孔板直径。

6-2　某溶液流经 $\phi 80$ mm × 2.5 mm 的钢管，溶液的密度为 1600 kg/m^3，黏度为 2 mPa · s。为测定流量，在管路中装有标准孔板流量计，用 U 形管水银压差计以角接取压法测量孔板两侧压力差，若溶液的最小流量为 300 L/min。试计算孔板的孔径。

模块2

流体输送机械

流体输送机械在国民经济各部门的应用十分广泛。例如:农业中的排涝、灌溉;石油工业中的输油和注水;火力发电中的动力循环;化学工业中的高温、腐蚀性流体的排送;其他工业和人们日常生活中的采暖通风、给水排水等都离不开流体输送机械。

这里主要介绍常用流体输送机械的基本结构、工作原理和特性,以及正确地选择和使用流体输送机械。气体的密度及压缩性与液体有显著区别,从而导致气体和液体输送机械在结构和特性上有不同之处。首先讨论常用的几种液体输送机械,重点讲述离心泵,然后扼要叙述各类风机的特性。

单元7　流体输送机械概述

学习目标

(1) 理解流体输送机械的作用。

(2) 掌握流体输送机械的分类方法。

7.1　流体输送机械的作用

流体输送机械是生产过程中最常见的单元操作设备,它在生产系统中的作用主要有以下两方面:

(1) 为流体提供动力,以满足输送的要求。在生产中,往往需要按工艺的要求,将流体从一个设备送至另一个设备,从一个工序输送到另一个工序,从低处送往高处,从低压设备送往高压设备。依据前面所学的能量方程式可知此时必须使用各种流体输送机械从外部对流体做功,以增加流体的机械能,从而满足流体输送要求。

(2) 为工艺过程创造必要的压力条件。根据生产的特点,某些过程必须在高压下进行(如合成氨生产系统等),某些过程则必须在真空状态下进行(如发电厂中的凝汽器等)。而高压或真空状态往往是通过流体输送机械(如压缩机、真空泵等)来实现的。

7.2　流体输送机械的分类

生产中被输送的各种流体的物性(如密度、黏度、腐蚀性、可燃性和毒性等)和操作条件(如流量、温度、压强等)有很大的差异,有时还需要进行多相流体的输送。为了适应不同情况下对流体输送的需要，发展了许多种结构与操作特性各不相同的流体输送机械。

（1）按输送流体的种类不同，流体输送机械可分为液体输送机械（统称为泵，如离心泵、轴流泵、往复泵等）和气体输送机械（统称为风机，如通风机、压缩机、真空泵等）两大类。

（2）按工作原理不同，流体输送机械又可分为动力式、容积式和其他类型。

1）动力式（叶轮式）：包括离心式、轴流式输送机械，它们是以高速旋转的叶轮使流体获得能量的。

2）容积式（正位移式）：包括往复式、旋转式输送机械，它们是利用活塞或转子的挤压使流体升压以获得能量的。

3）其他类型：指不属于上述两类的其他形式，如喷射式等。

流体输送机械用量既多，又要依靠各种能源（如电能、高压水蒸气等）来进行驱动，是生产中动力消耗的大户，有的价格也比较昂贵。因此，正确地进行管路计算并选用适宜的流体输送机械，对于降低投资和生产成本都是非常重要的。

单元8 离 心 泵

学习目标

(1) 了解离心泵的构造、工作原理、性能及影响因素。

(2) 理解设备的扬程与伯努利方程中外加压头之间的关系;理解"气缚"与"气蚀"对离心泵的破坏作用及防止方法;理解泵工作的高效率区的概念。

(3) 掌握离心泵安装高度的确定方法,工作点的调节方法;掌握离心泵的选用方法;通过泵特性曲线测定实验,掌握离心泵的操作与调节方法。

离心泵是生产中应用最为广泛的一类液体输送机械。这是因为离心泵具有以下优点:

(1) 结构简单,操作简便,便于调节和自控;

(2) 流量均匀,效率较高;

(3) 流量和扬程的使用范围较广;

(4) 能用于输送腐蚀性或含有悬浮物的液体。

8.1 离心泵的主要部件及工作原理

离心泵装置如图8-1所示。它的基本部件是旋转的叶轮和固定的泵体(也称泵壳)。具有若干弯曲叶片的叶轮安装在泵体内,并紧固于泵轴上,泵轴由驱动设备带动旋转。为防止启动前灌入的液体从泵内流出,在吸入管路的底部安有底阀,底阀下端的滤网可以拦截液体中的固体杂质,以防止造成堵塞。泵体中央的吸入口与底部装有底阀的吸入管路相连接,泵体上侧的排出口与管路相连接,其上装有流量调节阀。

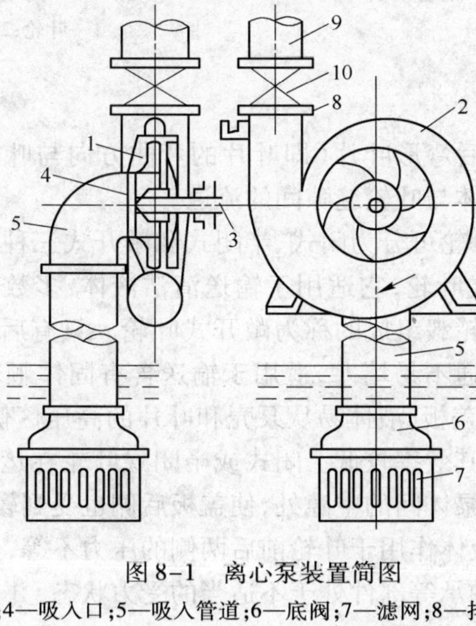

图8-1 离心泵装置简图

1—叶轮;2—泵体;3—泵轴;4—吸入口;5—吸入管道;6—底阀;7—滤网;8—排出口;9—排出底阀;10—调节阀

8.1.1　离心泵的主要部件

离心泵由两个主要部分构成:一是包括叶轮和泵轴的旋转部件,另一是由泵体、填料函和轴承组成的静止部件。其中最主要的部件是叶轮和泵体。

8.1.1.1　泵体

离心泵的泵体通常制成如同蜗壳状的渐开线形,如图 8-2 所示。叶轮在泵体内沿着蜗形通道逐渐扩大的方向旋转,愈接近液体的出口,流道截面积愈大。液体从叶轮边缘高速流出后,在泵体中的蜗形通道做惯性运动时流速将逐渐降低、动能逐渐减小。在忽略位能改变的前提下,根据机械能守恒原理,减少的动能转化为静压能,从而使液体获得高压,并因流速下降减少了流动能量损失。所以泵体不仅是汇集由叶轮流出的液体的部件,而且是一个能量转换构件。

为了减少液体直接进入泵壳时因碰撞引起的能量损失,在叶轮与泵壳之间有时还装有一个固定不动且带有叶片的导轮,如图 8-3 所示。导轮具有若干逐渐转向和扩大的流道,有利于动能向静压能的转化,且可减少能量损失。

图 8-2　泵体及泵内液体流动情况

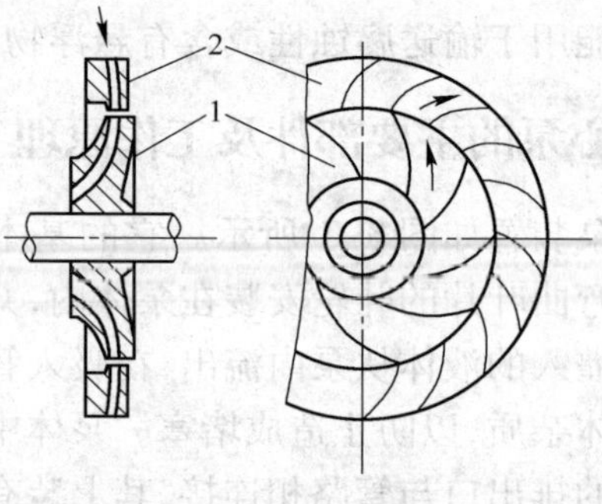

图 8-3　导轮式离心泵

1—叶轮;2—导轮

8.1.1.2　叶轮

叶轮上一般有 6 ~ 12 片后弯形叶片(即叶片的弯曲方向与叶轮的旋转方向相反)。后弯的目的是便于液体进入泵体与叶轮缝隙间的流道。

按其机械结构的不同,叶轮可分为闭式、半闭式和敞开式三种,如图 8-4 所示。叶片两侧带有前、后盖板的称为闭式叶轮,它适用于输送清洁液体,多数离心泵均采用这种叶轮。没有前、后盖板,仅由叶片和轮毂组成的称为敞开式叶轮。只有后盖板的称为半闭式叶轮。敞开式和半闭式叶轮由于流通不易堵塞,适用于输送含有固体颗粒的液体悬浮液(如砂浆泵、杂质泵)。但是由于没有盖板,液体易从泵壳和叶片的高压区侧通过间隙流回低压区和叶轮进口处,即产生回泄,故其效率较低。闭式或半闭式叶轮在运行时,由于离开叶轮的高压液体可进入叶轮后盖板与泵体间的空隙处,使盖板后侧也受到较高压力作用,而叶轮前盖板的吸入口附近为低压,故液体作用于叶轮前后两侧的压力不等,会产生指向叶轮吸入口方向的轴向推力,引起轴泵上轴承等部件处于不适当的受力状态,并会将叶轮推向吸入侧,与

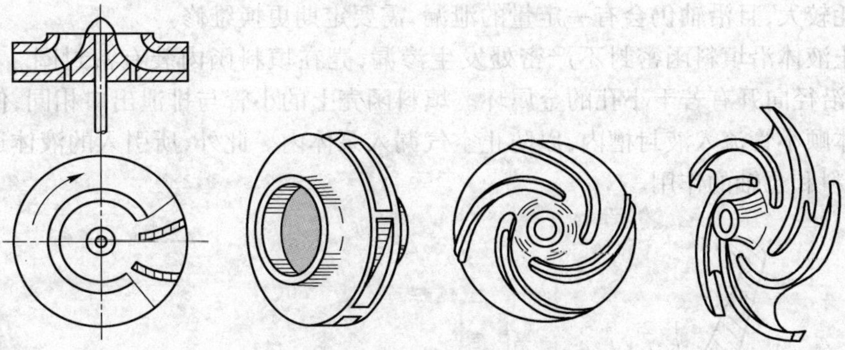

(a) (b) (c)

图 8-4 叶轮

(a) 闭式;(b) 半闭式;(c) 敞开式

泵体接触而产生摩擦,严重时会引起泵的震动和运转不正常。为减小轴向推力,可在叶轮后盖板上钻一些小孔(称为平均孔),如图 8-5(a)所示,使一部分高压液体漏向低压区,以减小叶轮两侧的压力差,但这样泵的效率也会有所降低。

按吸液方式不同,叶轮可分为单吸式和双吸式两种。单吸式叶轮的结构简单,液体只能从叶轮的一侧被吸入。双吸式叶轮可同时从叶轮两侧对称地吸入液体,如图 8-5(b)所示。显然,双吸式叶轮不仅具有较大的吸液能力,同时可消除轴向推力。

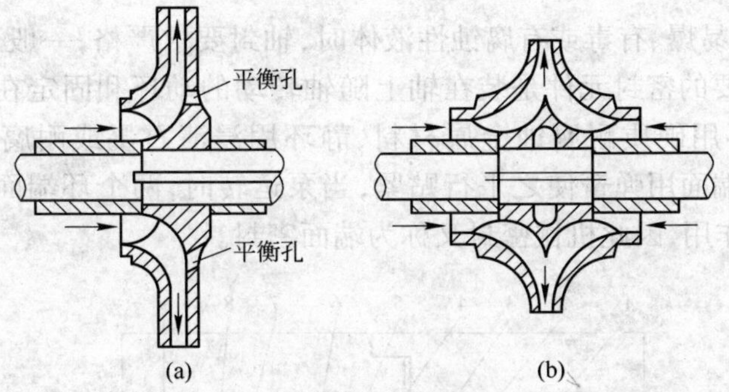

(a) (b)

图 8-5 吸液方式

(a) 单吸式;(b) 双吸式

8.1.1.3 轴封装置

为确保泵轴带动叶轮进行自由旋转,泵轴与泵体之间应留有一定的间隙。为防止高压液体沿轴外漏,同时防止外界空气反向漏入泵的低压区,对泵体与泵轴之间的间隙需采用密封装置,称为轴封装置。常用的轴封装置有填料密封和机械密封两种。

A 填料密封

如图 8-6 所示,填料密封主要由填料函壳、软填料和填料压盖组成。软填料可选用浸油及涂石墨的方形石棉绳缠绕在泵轴上,或直接采用橡胶密封圈密封,然后将压盖均匀上紧,使填料压在填料函壳和转轴之间,以达到密封的目的。填料密封的结构简单,加工方便,但功率损耗较大，且沿轴仍会有一定量的泄漏，需要定期更换维修。

为防止液体沿填料函密封不严密处发生渗漏，壳在填料函内装有密封圈。密封圈（见图8-7）是沿径向开有若干小孔的金属环。填料函壳上的小管与排泄出口相同，使泵出口处的高压流体顺小管流入液封槽内，以防止空气漏入泵体内。此外，所引入的液体还可起到润滑、冷却填料和泵轴的作用。

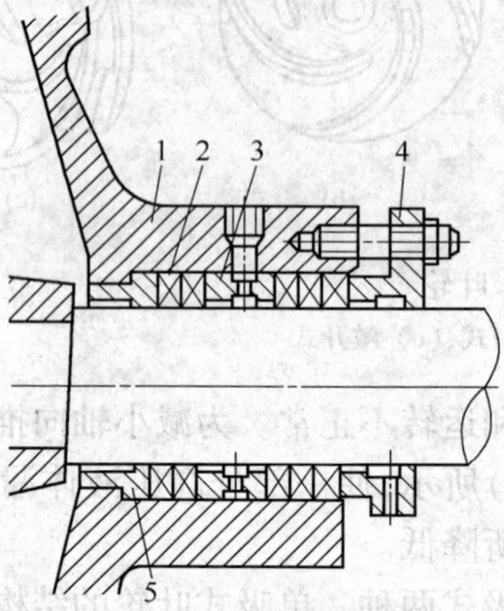

图8-6　填料密封

1—填料函壳；2—软填料；3—密封圈；
4—填料压盖；5—内衬套

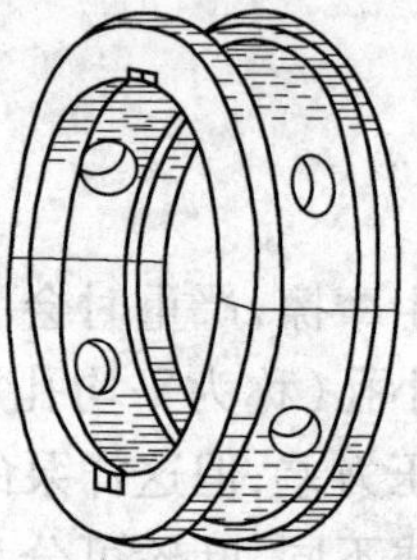

图8-7　密封圈

B　机械密封

对于输送易燃、易爆、有毒或有腐蚀性液体时，轴封要求严格，一般采用机械密封装置，如图8-8所示。主要的密封元件是装在轴上随轴转动的动环和固定在泵体上的静环组成的密封对（一般动环用硬质耐腐蚀金属材料、静环用浸渍石墨或耐腐蚀塑料制作以便更换），两个环的环形端面用弹簧使之平行贴紧，当泵运转时，两个环端面发生相对运动但保持贴紧而起到密封作用，因此机械密封又称为端面密封。

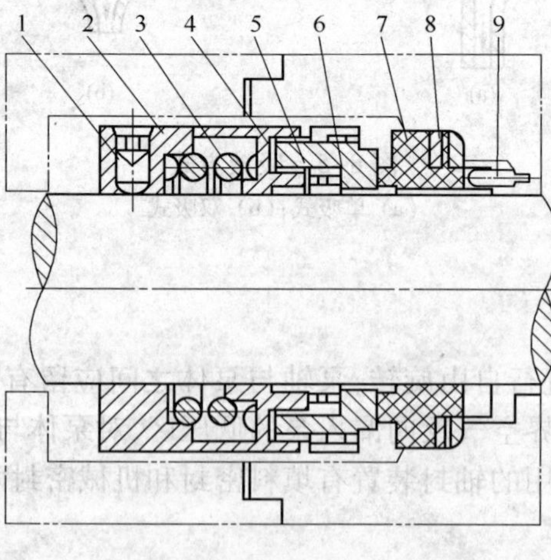

图8-8　机械密封装置示意图

1—螺钉；2—传动座；3—弹簧；4—推环；5—动环密封圈；6—动环；7—静环；8—静环密封圈；9—防转销

与填料密封相比,机械密封的密封性能好,结构紧凑,使用寿命长,功率消耗少,现已较广泛地应用于各种类型的离心泵中。但机械密封的加工精度要求高,安装技术要求严,价格较高,维修也麻烦。

8.1.2　离心泵的工作原理

离心泵启动前,必须先使泵体吸入管路内注满被输送的液体,该操作俗称“灌泵”。泵启动后泵轴将带动叶轮一起旋转,转速一般为 1000～3000 r/min。液体在离心力的作用下自叶轮中心被甩向边缘并获得机械能,然后以 15～25 m/s 的线速度离开叶轮进入由蜗壳状的泵体与叶轮间的缝隙所构成的流道。流道逐渐扩大,因此液体逐渐减速,部分动能转化为静压能。于是,具有较高压力的液体从泵的排出口进入排出管路。而当液体自叶轮中心在离心力的作用下被甩向边缘时,在叶轮中心形成低压区(真空)。由于贮槽液面上方的压力大于泵吸入口的压力,致使液体被吸进叶轮中心。因此只要叶轮不断地旋转,液体便连续地被吸入和排出。

需注意的是:在离心泵启动时,若吸入管、叶轮和泵体内存有空气,由于空气的密度很低,旋转后产生的离心力很小,因而在叶轮中心区所形成的低压不足以将贮槽内的液体吸入泵内,虽启动离心泵也不能输送液体,这种现象俗称“气缚”。所以,除将泵的吸入口置于吸入侧设备中的液位之下以外(此情况下液体能自动流入泵内,启动前可免去人工灌泵),在离心泵的启动前必须先开启出口阀进行灌泵排气。而离心泵停机前,为防止出口管路中的高压流体向泵体内倒灌(因叶轮中心在停机瞬间尚处真空状态),以致对设备造成破坏,需先关闭出口阀后方可停机。

8.2　离心泵的主要性能参数与特征曲线

要正确地选择和使用离心泵,必须了解泵的性能和它们之间的相互关系。离心泵的主要性能参数有流量、扬程、轴功率、机械效率和允许气蚀余量等。这些参数通常由泵的制造厂用标准状态(大气压为 760 mmHg、液温 20℃)下的清水测定,并且通常标注在泵的铭牌上。

8.2.1　离心泵的主要性能参数

(1) 流量。离心泵的流量 Q 是指离心泵在单位时间内输送到管路系统的液体体积,常用单位为 m^3/h。离心泵的流量与泵的结构、规格(主要为叶轮直径和宽度)及转速等有关。应予指出,离心泵总是和特定的管路相连接的,因此离心泵的实际流量还与管路特性有关。

(2) 扬程。离心泵的扬程 H 是指离心泵对单位重量(1N)的液体所能提供的有效机械能量,也即每牛顿液体由泵实际获得的净机械能提供的有效机械能量,其单位为 J/N 或 m(液注)。扬程的大小取决于泵的结构形式、规格(叶轮直径、叶片的弯曲程度等)、转速、流量以及液体的黏度。离心泵的扬程与伯努利方程中的外加压头是有区别的,外加压头是系统在流量一定的条件下对输送设备提出的做功能力要求,而扬程是输送设备在流量一定的条件下对流体的实际做功能力。

对于一定的离心泵,在一定转速下,H 与 Q 的关系目前尚不能从理论上做出精确的计算,一般均用实验方法测定,图 8-9 为离心泵扬程测定的实验装置示意图。在泵的入口、出口截面 1—1′和 2—2′的中心水平位置上分别装有真空表和压力表，在此两截面 1—1′、2—2′间列伯努利方程可得：

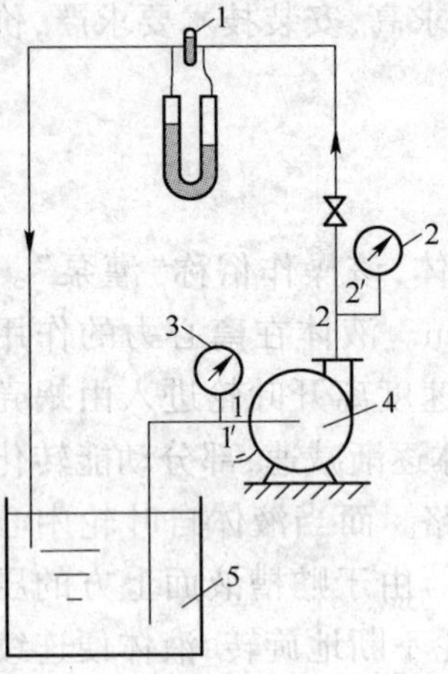

图 8-9　离心泵性能测定装置

1—流量计；2—压力表；3—真空表；4—泵；5—贮槽

$$H = H_e - H_f = (Z_2 - Z_1) + \frac{u_2^2 - u_1^2}{2g} + \frac{p_2 - p_1}{\rho g} \qquad (8-1)$$

$$Z_2 - Z_1 = h_0$$

式中　h_0——泵出口、入口截面间的垂直距离，m；

u_2, u_1——泵出口、入口管中的液体流速，m/s；

$p_2 - p_1$——泵出口、入口截面上的压力差，其值等于入口处的真空表读数与出口处的压力表的读数之和，Pa；

H_f——两截面间的压头损失即泵内部的各种压头损失之和，m；

$H_e - H_f$——1N 流体通过泵获得的净机械能——扬程。

由于系统动能差项$\frac{u_2^2 - u_1^2}{2g}$通常很小或为零，故式(8-1)可化简为：

$$H = h_0 + \frac{p_2 - p_1}{\rho g} \qquad (8-2)$$

对一定型号的离心泵，在转速一定的情况下，其扬程与流量之间的关系如图 8-10 中的 $H-Q$ 曲线所示。

【例 8-1】　用 20℃清水测定某离心泵的扬程 H。已知泵的转速为 2900 r/min，当流量为 10 m^3/h 时，测得泵吸入口处真空表上的读数为 21.3 kPa、泵出口压力表上的读数为 170 kPa；两表间的垂直距离为 0.3 m。试求该泵在此流量下的扬程。

解：查附录 2 中的附表 17 得知，20℃清水的密度 $\rho = 998.2\ \text{kg/m}^3$。根据题意有 $h_0 = 0.3\ \text{m}$，$p_1 = 21.3\ \text{kPa}$（真空度），$p_2 = 170\ \text{kPa}$（表），所以

$$p_2 - p_1 = 170 + 21.3 = 191.3\ \text{kPa}$$

将这些数据代入式(8-2)，可得在流量为 10 m^3/h 时，该泵的扬程为：

$$H = h_0 + \frac{p_2 - p_1}{\rho g} = 0.3 + \frac{191.3 \times 10^3}{998.2 \times 9.81} = 0.3 + 19.5 = 19.8\ \text{m}$$

(3) 轴功率。离心泵的轴功率 P 是指泵轴所需要的功率。当泵直接由电动机带动时，它即是电动机传给泵轴的功率，单位 J/s 或 W。离心泵的轴功率通常随设备的尺寸、液体的黏度、流量等的增大而增大，其值可用功率表等装置进行测量。

对一定型号的离心泵，在转速一定的条件下，其轴功率 P 与流量 Q 之间的关系如图 8-10 中的 $P-Q$ 曲线所示。

(4) 机械效率。离心泵在输送液体的过程中，当外界能量通过叶轮传给液体时，不可避免地会有能量损失，即由原动机传递给泵轴的能量不能全部为液体所获得，致使泵的有效扬程和流量都较理论值低，通常可用泵的机械效率 η 来反映设备能量损失的大小。

离心泵的能量损失主要包括以下几项：

1）容积损失。容积损失是指由泵的泄漏所造成的损失。离心泵可能发生泄漏的地点

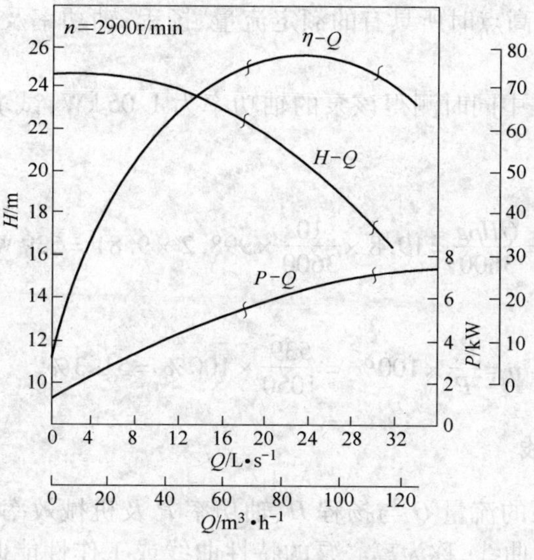

图 8-10 离心泵的特性曲线

很多,比如密封环、平衡孔及密封压盖等。这样,一部分已获得能量的高压液体通过这些部位被泄漏,致使泵排送到管路系统的液体流量少于吸入量,并多消耗了部分能量。容积损失主要与泵的结构及液体在泵进、出口处的压力差有关。

2)机械损失。由泵轴与轴承之间、泵轴与填料函之间以及叶轮盖板外表面与液体之间产生的摩擦而引起的能量损失称为机械损失。

3)水力损失。黏性液体流经叶轮与蜗壳间的通道时产生的摩擦阻力,以及在泵局部处因流速或方向改变引起的环流的冲击而产生的局部阻力,统称为水力损失。这种损失使出泵的有效扬程低于理论扬程。水力损失与泵的结构、流量及液体的性质等有关。

离心泵的机械效率 η 是指离心泵的有效功率与轴功率的百分比,它反映了上述各能量损失的总和,故又称为总效率。它可表达为:

$$\eta = \frac{P_e}{P} \times 100\% \tag{8-3}$$

式中 P_e——离心泵的有效功率,是指在单位时间内离心泵对液体所做的净功,J/s 或 W。

很显然,离心泵的有效功率 P_e 与泵的流量 Q 及扬程 H 之间的关系应满足式(8-4)

$$P_e = \frac{QH\rho g}{3600} \tag{8-4}$$

将式(8-4)代入式(8-3)可得:

$$\eta = \frac{QH\rho g}{3600P} \times 100\% \tag{8-5}$$

或

$$P = \frac{QH\rho g}{3600\eta} \times 100\% \tag{8-6}$$

对一定型号的离心泵,在转速一定的情况下,其机械效率 η 与流量 Q 之间的关系如图 8-10 中的 $\eta - Q$ 曲线所示。

由图 8-10 可见,离心泵的机械效率 η 在某一流量下为最高,而小于或大于该流量时机械效率都将降低。人们通常将最高效率下的流量称为额定流量。离心泵铭牌上所列参数即为该泵在机械效率达到最高点时所具有的额定流量、扬程、轴功率及机械效率等，以供用户合理地选用离心泵。

【例 8-2】 若例 8-1 中同时测得该泵的轴功率为 1.05 kW，试求该次实验时泵的有效功率和泵的机械效率。

解：泵的有效功率为：

$$P_e = \frac{QH\rho g}{3600} = 19.8 \times \frac{10}{3600} \times 998.2 \times 9.81 = 539\ \mathrm{W}$$

泵的机械效率为：

$$\eta = \frac{P_e}{P} \times 100\% = \frac{539}{1050} \times 100\% = 51.3\%$$

8.2.2　离心泵的特性曲线

将实验测得的离心泵的流量 Q 与扬程 H、轴功率 P 及机械效率 η 间的关系，通过用特定的坐标系绘成一组关系曲线，称为离心泵的特性曲线或工作性能曲线。此曲线通常由泵的制造厂提供并附于离心泵样本或说明书中，供用户选择和操作离心泵时参考。

图 8-10 所示的是国产某型号离心水泵在转速 $n = 2900$ r/min 时的特性曲线，由 $H-Q$、$P-Q$ 及 $\eta-Q$ 三条曲线所组成。由于特性曲线随转速而变，故特性曲线图上除标明泵的型号以外，一定要标出实验时的转速。各种型号的离心泵在各转速的条件下具有其各自的特性曲线，它们的特性曲线存在着下列共同点：

(1) $H-Q$ 曲线。$H-Q$ 曲线反映泵的扬程与流量间的关系。通常离心泵的扬程随流量的增大而减小（在流量极小时可能有例外），故为克服输送系统的启动阻力，必须在关闭出口阀门的前提下启动泵，待启动后再逐渐开启出口阀门调节流量直至正常。多数离心泵的 $H-Q$ 曲线中扬程随流量下降比较平缓；少数离心泵的 $H-Q$ 曲线较为陡峭，宜用于系统压力多变但流量变化不大的特殊场合（如锅炉的给水泵）。

(2) $P-Q$ 曲线。$P-Q$ 曲线反映泵的轴功率与流量间的关系。离心泵的轴功率随流量的增大而上升，流量为零时轴功率最小。所以，在离心泵启动前应先关闭泵的出口阀门，以减小启动电流达到保护电动机的目的。

(3) $\eta-Q$ 曲线。$\eta-Q$ 曲线反映泵的效率与流量间的关系。由图 8-10 所示的特性曲线可看出，当 $Q=0$ 时，$\eta=0$，随着流量增大，泵的效率随之上升并达到最大值；此后随流量增大效率下降。这说明离心泵在一定转速下有一最高效率点，通常称为设计点。泵在与最高效率相对应的流量及扬程下工作最为经济，所以与最高效率点对应的 Q、H、P 值称为最佳工况参数。离心泵的铭牌上标注的性能参数就是指在该泵运行时效率最高点的性能参数。根据输送条件的要求，离心泵往往不可能正好在最佳工况下运转，因此一般只能规定一个工作范围，称为泵的高效率区，通常为最高效率的 92% 左右，如图 8-10 中波折号所示的范围。选用离心泵时，应尽可能使泵在此范围内工作。

8.3　影响离心泵性能的主要因素

8.3.1　液体物性对离心泵特性的影响

(1) 密度的影响。离心泵的扬程、流量、机械效率均与液体的密度无关，所以在输送液体密度改变的条件下,离心泵特性曲线中的 $H-Q$ 及 $\eta-Q$ 曲线保持不变。但泵的轴功率与输送液体的密度有关,它随液体密度的变化而变化。因此,当被输送液体的密度与水的不同时,原离心泵特性曲线中的 $P-Q$ 曲线不再适用,此时泵的轴功率可按式(8-6)重新计算。

(2) 黏度的影响。若被输送液体的黏度大于常温下清水的黏度,则泵体内部液体的能量损失增大,因此泵的扬程、流量都要减小,效率下降,而轴功率增大,亦即泵的特性曲线发生改变。黏度变化对小型泵的影响尤为显著。液体的运动黏度 $\nu(\nu=\mu/\rho)$ 大于 $2\times10^{-5}\ m^2/s$ 时,需要参考有关手册予以校正。

8.3.2 转速对离心泵特性的影响

离心泵的特性曲线都是在一定转速下测定的,但在实际使用时常会遇到要改变转速的情况,此时泵的扬程、流量、效率和轴功率也随之改变。当液体的黏度与实验流体的黏度相差不大且泵的机械效率可视为不变时,不同转速下的流量、扬程、轴功率与转速的近似关系为:

$$\frac{Q_1}{Q_2}=\frac{n_1}{n_2};\frac{H_1}{H_2}=\left(\frac{n_1}{n_2}\right)^2;\frac{P_1}{P_2}=\left(\frac{n_1}{n_2}\right)^3 \tag{8-7}$$

式中 Q_1,H_1,P_1——转速为 n_1 时泵的流量、扬程、轴功率;

Q_2,H_2,P_2——转速为 n_2 时泵的流量、扬程、轴功率。

式(8-7)称为离心泵的比例定律。当泵的转速变化在 ±20%、泵的机械效率可视为不变时,用式(8-7)进行计算变化误差不大。

若在转速为 n_1 特性曲线上多选几个点,利用比例定律计算出转速为 n_2 时的相应数据,并将结果标绘在坐标纸上,即可得到转速为 n_2 时离心泵特性曲线。

8.3.3 叶轮直径对离心泵特性的影响

当转速一定时,离心泵的扬程、流量与叶轮直径有关。对某一型号的离心泵,将其原叶轮的外周进行切削,该过程称为叶轮的"切割"。如果叶轮切削前后外径变化不超过5%且出口处的宽度基本不变时,叶轮直径和泵的流量、扬程、轴功率之间的近似关系为:

$$\frac{Q_1}{Q_2}\approx\frac{D_1}{D_2};\frac{H_1}{H_2}\approx\left(\frac{D_1}{D_2}\right)^2;\frac{P_1}{P_2}\approx\left(\frac{D_1}{D_2}\right)^3 \tag{8-8}$$

式中 Q_1,H_1,P_1——叶轮直径为 D_1 时泵的流量、扬程、轴功率;

Q_2,H_2,P_2——叶轮直径为 D_2 时泵的流量、扬程、轴功率。

式(8-8)称为离心泵的切割定律。

为方便用户的使用,通常离心泵的生产厂家以原叶轮为基准,按规范对叶轮分别进行1~2次切割,用A或B表示切割序号,以供用户选购。

8.4 离心泵的吸上高度与气蚀现象

8.4.1 离心泵的吸上高度

离心泵的吸上高度(又称安装高度)是指贮槽液面至泵吸入口中心处的垂直距离,以 H_g 表示,单位为m。如图8-11所示,若取贮槽液面为截面0—0′、泵入口截面为1—1′,并以截面 0—0′为基准水平面，在此两截面间列以压头形式表示的伯努利方程，可得：

$$H_g = \frac{p_0 - p_1}{\rho g} - \frac{u_1^2}{2g} - H_{f,0-1} \tag{8-9}$$

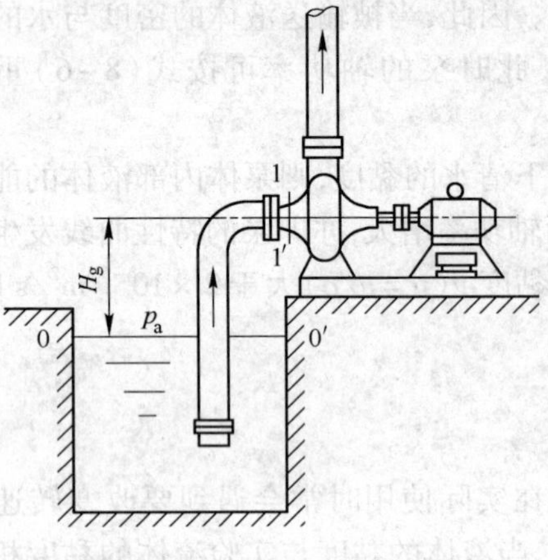

图 8-11　离心泵的吸上高度

式中　p_0——槽面压力，Pa；

p_1——泵入口处压力，Pa；

u_1——泵入口处液体的流速，m/s；

$H_{f,0-1}$——液体在吸入管路的压头损失，m。

若贮槽上方与大气相通，则 p_0 即为大气压力 p_a。式(8-9)可表示为：

$$H_g = \frac{p_a - p_1}{\rho g} - \frac{u_1^2}{2g} - H_{f,0-1} \tag{8-10}$$

由式(8-10)可知：离心泵的吸上高度 H_g 越大，则将液体从贮槽压入离心泵内，泵入口的压力 p_1 越小。若吸入管路中的压头及压头损失均可忽略，当泵入口处的压力 $p_1 = 0$ 时，离心泵的吸上高度为极限吸上高度，以 H_{gmax} 表示，即

$$H_{gmax} = \frac{p_a}{\rho g} \tag{8-11}$$

由式(8-11)可知，当槽面大气压为 101.3 kPa、输送的液体为水时，离心泵的极限吸上高度约为 10.33 m。由此可见，离心泵的吸上高度必须控制在一定的范围内。

8.4.2　离心泵的气蚀现象

上面提到的极限吸上高度是以泵入口处的压力处于绝对零压力为前提的，然而事实上，离心泵入口处的绝对压力是不可能为零的。这是因为随着离心泵吸上高度的增加，泵入口处的压力将逐渐减小，当小到等于或小于输送温度下液体的饱和蒸气压时，根据沸腾原理，液体将在泵的吸入口附近沸腾汽化并产生大量的气泡。这些气泡随同液体从泵低压区流向高压区后，在高压作用下迅速凝结或破裂，此时周围的液体以极高的速度冲向原气泡所占据的空间，在冲击点处产生几万千帕的压力，冲击频率可高达几万至几十万赫兹。由于冲击作用，泵体振动并产生噪声，且叶轮局部处在巨大冲击力的反复作用下，材料表面疲劳，从开始的点蚀到生成裂缝，最终形成海绵状物质剥落，使叶轮或泵体受到破坏。这种现象称为离心泵的“气蚀现象”。此外，在气蚀现象发生时，由于产生的气泡占据了液体流道的部分空间，将导致泵流量、扬程及机械效率下降，严重时，泵不能正常的操作。因此，为了使离心泵正常运转，应避免气蚀现象的发生，这就要求泵入口附近的最低压力必须维持在某一值以上，通常取输送温度下液体的饱和蒸气压作为最低压力。应予指出，在实际操作中，由于泵内最低压力的位置较难确定，故往往用实验方法测定出在保证不发生气蚀的前提下泵入口处允许的最低压力，并考虑一安全量后将其作为泵入口处允许最低压力。

8.4.3　离心泵的允许吸上高度

离心泵的允许吸上高度又称为允许安装高度，是指离心泵在保证不发生气蚀现象的前提下，泵吸入口与吸入贮槽液面间允许达到的最大垂直距离，以 H_{max} 表示，单位为 m。

为了便于确定离心泵的允许吸上高度,在国产离心泵的新标准中,规定采用允许气蚀余量来表示泵的抗气蚀性能,以 Δh 表示,单位为 m。其值由生产厂家在槽面压力为 98.06 kPa ($10\,mH_2O$)的条件下用 20℃ 的清水实验测出,常列在离心泵的性能表中。

允许气蚀余量 Δh 是指离心泵在保证不发生气蚀现象的前提下,离心泵入口处的静压头与动压头之和与操作温度下的饱和蒸气压头之差的最小值,即:

$$\Delta h=\frac{p_1}{\rho g}+\frac{u_1^2}{2g}-\frac{p_s}{\rho g} \tag{8-12}$$

式中 p_1——离心泵入口处所允许的最小压力,Pa;

p_s——操作温度下液体饱和蒸气压,Pa。

式(8-12)即为气蚀余量的定义式。

若将式(8-12)代入式(8-9)并整理,即可得离心泵允许吸上高度 H_{gmax} 的计算关系式为:

$$H_{gmax}=\frac{p_0-p_s}{\rho g}-\Delta h-H_{f,0-1} \tag{8-13}$$

根据泵性能表上所列输送流量条件下的允许气蚀余量 Δh,应用式(8-13)即可计算出离心泵的允许吸上高度 H_{gmax},该方法称为"允许气蚀余量法"。

离心泵的允许气蚀余量 Δh 值除列于泵的性能表中外,在一些离心式油泵的特性曲线图上,有时也标绘出 Δh 与 Q 的变化关系曲线,如图 8-12 中 $\Delta h-Q$ 曲线所示。由图可见,Δh 随 Q 增大而增大。因此,在确定允许安装高度时应取高流量下的 Δh 值。

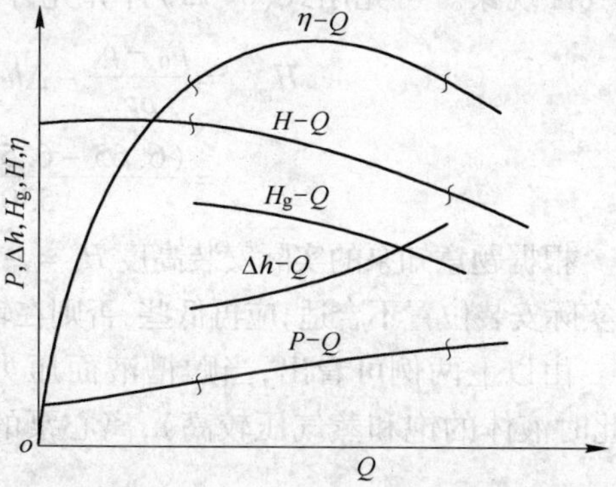

图 8-12 离心泵的特性曲线

由于泵性能表中所列出的 Δh 值是以 20℃ 的清水为实验流体测定出来的,所以,当输送其他液体时应乘以校正系数 ϕ 予以校正。但因校正系数 ϕ 通常小于 1,根据式(8-13)可把它作为外加的安全因数,不予以校正。

当贮槽敞口时,式(8-13)中的槽面压力 p_0 等于大气压力 p_a。由于大气压力 p_a 随区域的海拔高度变化(见表 8-1),故此时离心泵的允许吸上高度 H_{gmax} 还随使用区域的海拔高度变化。

表 8-1 不同海拔高度的大气压力

海拔高度/m	0	100	200	300	400	500	600	700	800	1000	1500	2000	2500
大气压力/kPa	101.3	100.02	98.9	97.57	96.59	95.51	94.14	93.16	92.10	90.12	84.72	79.92	74.72

考虑到吸入管路的锈蚀、气候的变化等因素,为安全起见,离心泵的实际吸上高度 H_g 通常应比允许吸上高度低 0.5~1 m。即

$$H_g=H_{gmax}-(0.5\sim1) \tag{8-14}$$

【例 8-3】 型号为 IS 65-40-200 的离心泵,转速为 2900 r/min,流量为 $25\,m^3/h$,扬程为 50 m,允许气蚀余量为 2.0 m。已知吸入管路的压头损失为 $2\,mH_2O$,当地大气压力为 100 kPa。试计算:

(1)用此泵将敞口蓄水池中 50℃ 的水输送出去,泵的允许吸上高度。

(2)若水温为80℃,大气压为85 kPa,此时泵的允许吸上高度。

解:(1)由附录4 查出50℃水的饱和蒸气压 $p_s = 1.231 \times 10^4$ Pa,密度 $\rho = 988.1\ \mathrm{kg/m^3}$,则:

$$H_{gmax} = \frac{p_0 - p_s}{\rho g} - \Delta h - H_{f,0-1}$$
$$= \frac{100 \times 10^3 - 12.31 \times 10^3}{998.1 \times 9.81} - 2.0 - 2.0 = 5.04\ \mathrm{m}$$

(2)由附录4 查出80℃水的饱和蒸气压 $p_s = 4.738 \times 10^4$ Pa,密度 $\rho = 971.8\ \mathrm{kg/m^3}$;则:

$$H_{gmax} = \frac{p_0 - p_s}{\rho g} - \Delta h - H_{f,0-1}$$
$$= \frac{85 \times 10^3 - 47.38 \times 10^3}{971.8 \times 9.81} - 2.0 - 2.0 = 0.05\ \mathrm{m}$$

故对输送条件(2),该泵应安装于液面以下。

【例 8-4】 用离心油泵从贮罐向反应器输送液态异丁烷。输送条件下异丁烷的密度为 530 kg/m³,饱和蒸气压为637.5 kPa;贮罐内异丁烷液面恒定,其上方绝对压力为652.2 kPa。拟将泵安装于贮罐液面以下 1.5 m 处,已知吸入管路的压头损失为 1.6 m。由泵的性能表得,输送流量条件下的泵的允许气蚀余量为3.5 m。试确定该泵能否正常操作。

解:根据已知条件考虑泵能否正常操作,就应该核算泵的安装高度是否合适,即能否避免气蚀现象。可先用式(8-13)计算允许安装高度,以便和实际安装高度进行比较。

$$H_{gmax} = \frac{p_0 - p_s}{\rho g} - \Delta h - H_{f,0-1}$$
$$= \frac{(6.65 - 6.5) \times 9.807 \times 10^4}{530 \times 9.81} - 3.5 - 1.60 = -2.27\ \mathrm{m}$$

根据题意知泵的实际安装高度 $H_g = -1.5$ m,而计算结果显示应在液面下2.27 m 处,说明泵的实际安装位置不合适,应再低些,否则在输送过程中会发生气蚀现象,致使泵不能正常工作。

由以上两例可看出,当贮槽液面压力较低时,以及输送液体的温度较高或沸点较低时(此时液体的饱和蒸气压较高),离心泵的允许吸上高度较小。

8.5　离心泵的工作点与调节

8.5.1　管路特性曲线与泵的工作点

当离心泵安装在特定的管路系统中工作时,实际的工作扬程和流量不仅与离心泵本身的性能有关,还与管路的特性有关,即在输送液体的过程中离心泵和管路是互相制约的。所以,在讨论泵的工作情况前,应先了解与之连接的管路状况。

在图 8-13 所示的液体输送系统中,若贮槽与受液槽的液面及液面上的压力均保持恒定,液体在管路系统中流动时所需的外加压头(即要求离心泵提供的扬程)可通过在两槽面间列伯努利方程求得,即:

$$H_e = (Z_1 - Z_2) + \frac{p_2 - p_1}{\rho g} + H_f \tag{8-15}$$

在特定的管路系统中,当操作条件一定时,式(8-15)中的 $Z_2 - Z_1$ 及 $\frac{p_2 - p_1}{\rho g}$ 均为定值,故

可令

$$(Z_2-Z_1)+\frac{p_2-p_1}{\rho g}=K \qquad (8-16)$$

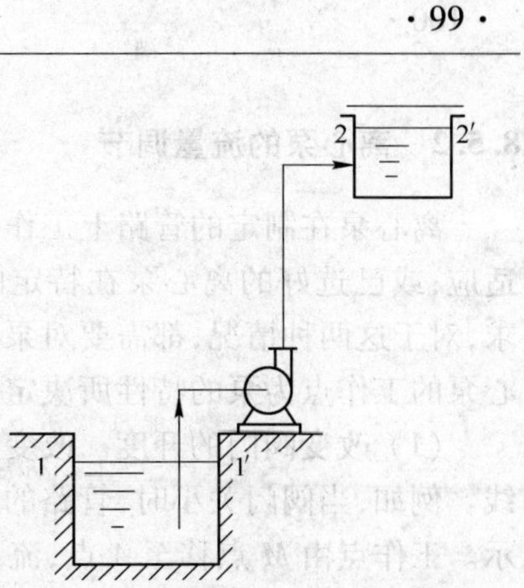

图 8-13 管路特性曲线方程推导示意图

若输送管路直径不变且无分支时，则系统的压头损失可表示为：

$$H_f=\left(\lambda\frac{L+\sum l_e}{d}\right)\times\frac{u^2}{2g}$$

$$=\left(\lambda\frac{L+\sum l_e}{d}\right)\times\frac{(Q_e/3600A)^2}{2g} \qquad (8-17)$$

式中 Q_e——管路系统中的液流量，m^3/h；

A——管路内截面积，m^2。

式(8-17)中的管内径 d 和管路计算总长度 $L+\sum l_e$ 对一定的管路系统而言均为定值，湍流时 λ 变化不大，于是可令

$$\left(\lambda\frac{L+\sum l_e}{d}\right)\times\frac{1}{2g(3600A)^2}=B \qquad (8-18)$$

故式(8-17)可简化为：

$$H_f=BQ_e^2 \qquad (8-19)$$

将式(8-16)及式(8-19)代入式(8-15)，可得：

$$H_e=K+BQ_e^2 \qquad (8-20)$$

由式(8-20)可知，在特定的管路中输送液体时，管路所需的外加压头 H_e 随系统流量 Q_e 的2次方而变。

将此关系绘在相应的坐标图上，即可得如图8-14所示的 H_e-Q_e 曲线。H_e-H_e 为一抛物线，称为管路特性曲线。该曲线表示在恒定操作条件下一定的管路系统中，流体在管路系统中流动时所需的外加压头与流量间的关系。管路特性曲线形状根据管路布局与操作条件确定，与离心泵的性能无关。

若将离心泵的特性曲线 $H-Q$ 与其所在的管路特性曲线 H_e-Q_e 绘于同一坐标图上(见图8-15)，两线交点 M 即为离心泵在该管路系统中的工作点。该点所对应的流量和扬程既能满足管路系统的要求，又为离心泵所能提供，即 $Q=Q_e$，$H=H_e$。换言之，若操作条件不变，则所选离心泵在此特定管路系统运转时，只能在这一点工作。

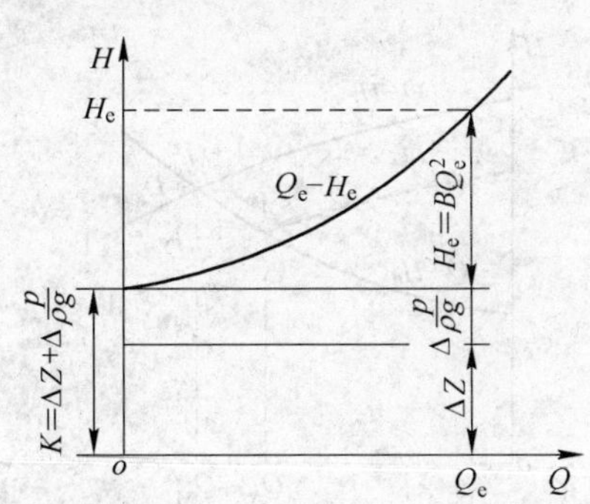

图 8-14 管路特性曲线

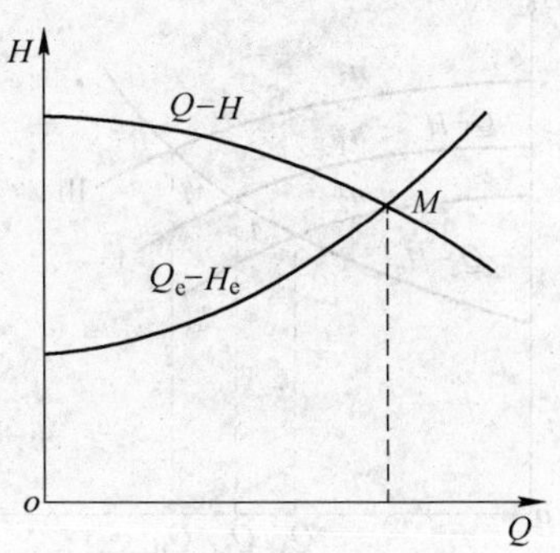

图 8-15 离心泵工作点

8.5.2　离心泵的流量调节

离心泵在制定的管路上工作时，由于生产任务变化，出现泵的工作流量与生产要求不相适应；或已选好的离心泵在特定的管路中运转时，所提供的流量不一定符合输送任务的要求，对于这两种情况，都需要对泵进行流量调节，实质上也就是要改变泵的工作点。由于离心泵的工作点为泵的特性所决定，因此改变两种特性曲线之一均可达到调节流量的目的。

(1) 改变阀门的开度。改变离心泵出口管路上调节阀门的开度，即可改变管路特性曲线。例如，当阀门关小时，管路的局部阻力加大，管路特性曲线变陡，如图 8-16 中曲线Ⅰ所示。工作点由 M 点移至 A 点，流量由 Q_M 到 Q_A。当阀门大开时，管路局部阻力减小，管路特性曲线变得平坦，如图 8-16 中曲线Ⅲ所示，工作点移至 B，流量加大到 Q_B。

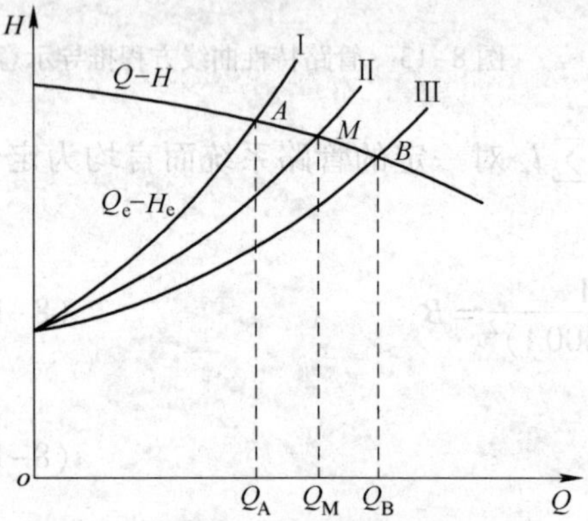

图 8-16　阀门开度对工作点的影响

采用阀门来调节流量快速简便，且流量可以连续变化，适合连续生产的特点，因此，应用十分广泛。其缺点是当阀门关小时，因流动阻力加大需要额外多消耗一部分能量。这种通过改变管路特性曲线的形状，从而达到改变离心泵的工作点的方法，称为管路特性曲线调节法。

(2) 改变泵转速。改变泵的转速，实质上是改变泵的特性曲线。如图 8-17 所示，泵原来的转速为 n_1，工作点为 M；若将泵转速降低到 n_2，泵的特性曲线 $H-Q$ 向下移，工作点由 M 变至 A 点，流量由 Q_M 降到 Q_A；若将泵的转速提高到 n_3，$H-Q$ 曲线便向上移，工作点移至 B，流量加大到 Q_B。由式(8-7)可知，流量随转速的下降而减小，动力消耗也相应降低。因此，从能量消耗的角度看是比较合理的。但是改变泵转速需要用变速装置或价格昂贵的变速原动机，且这种方法难以做到流量的连续调节，故生产过程中较少采用。

此外，根据式(8-8)可知，减小叶轮直径也可以改变泵的特性曲线，使泵的流量变小并降低能量的消耗(见图 8-18)，但一般可调节范围不大，与改变阀门开度相同，难以做到流量的连续性调节，且直径减小不当还会降低泵效率，故生产上也很少采用。

装置通过改变离心泵特性曲线的形状，从而达到改变离心泵的工作点的方法，称为泵特性曲线调节法。

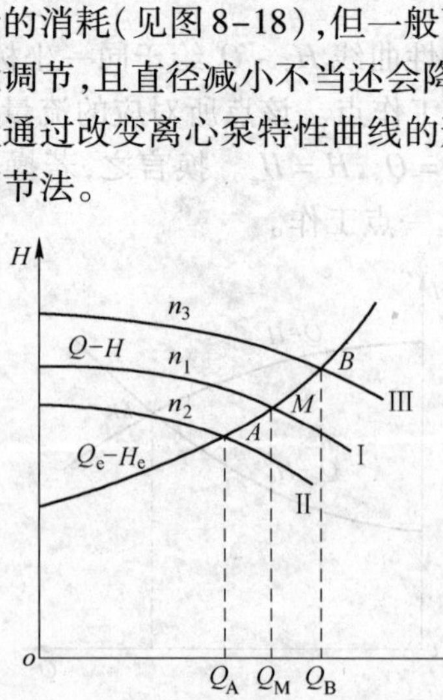

图 8-17　叶轮转速对工作点的影响

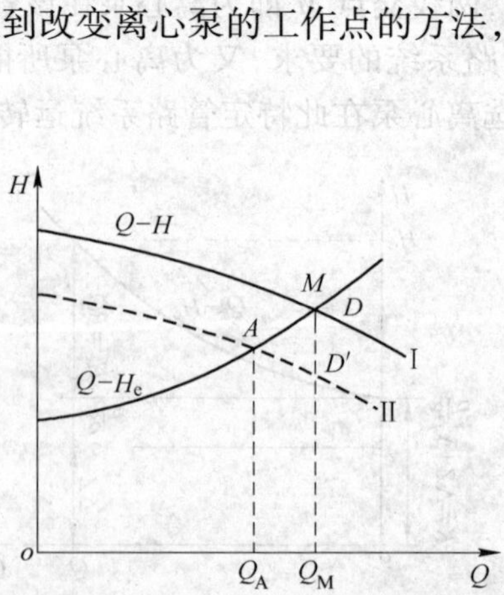

图 8-18　叶轮直径对工作点的影响

8.5.3　离心泵的并联和串联

实际生产过程中，当单台离心泵不能满足输送要求时，可采用离心泵的并联或串联操作。

（1）离心泵的并联操作。将两台型号相同的离心泵并联操作，且各自的吸入管路相同，则两泵的流量和扬程必各自相同，也就是说两台泵具有相同的特性曲线和相同的工作管路特性曲线。在同一扬程下，两台并联泵的流量等于单台泵的两倍。于是，依据单台泵的特性曲线 $Q-H_{(\text{I},\text{II})}$ 上的一系列坐标点，保持其纵坐标 H 不变，使横坐标 Q 加倍，由此得到的一系列对应的坐标点即可绘得两台泵并联操作的合成特性曲线 $Q-H_{(\text{I}+\text{II})}$，如图 8-19 所示。并联泵的操作流量和扬程可由合成特性曲线与管路特性曲线的交点来确定。由图可见，由于流量增大使管路流动阻力增加，因此两台泵并联后的总流量必低于原单台泵流量的两倍。

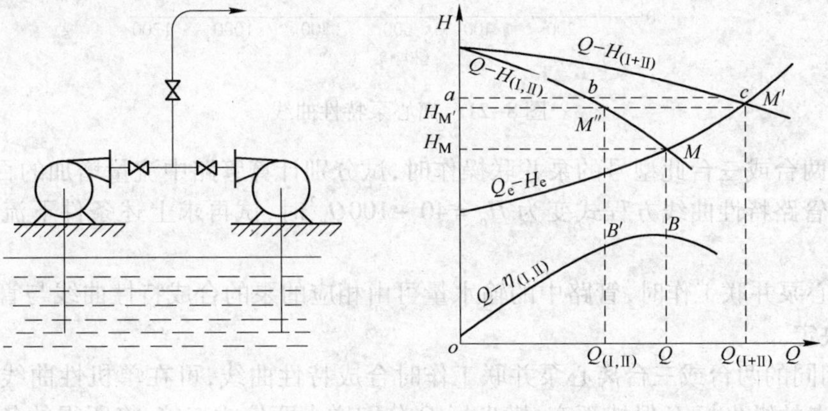

图 8-19　离心泵的并联操作

（2）离心泵的串联操作。将两台型号相同的泵串联操作，两台泵的流量和扬程分别相等，因此在同一流量下，两台串联泵的扬程为单台泵的两倍。于是，依据单台泵的特性曲线 $Q-H_{(\text{I},\text{II})}$ 上的一系列坐标点，保持其横坐标 Q 不变，使纵坐标 H 加倍，由此得到的一系列对应坐标点即可绘出两台串联泵的合成特性曲线 $Q-H_{(\text{I}+\text{II})}$，如图 8-20 所示。同样，串联泵的工作点也由管路特性曲线与泵的合成特性曲线的交点来确定。由图可见，两台泵串联操作的总扬程必低于单台泵扬程的两倍。

生产中究竟采用何种组合方式比较经济合理，这决定于管路特性。当管路特性方程式中 B 值较小即管路特性随流量变化较小时，管路称为低阻管路；反之，若 B 值较大时，则称为高阻管路。对于低阻管路，并联操作时流量的增幅要大些；对

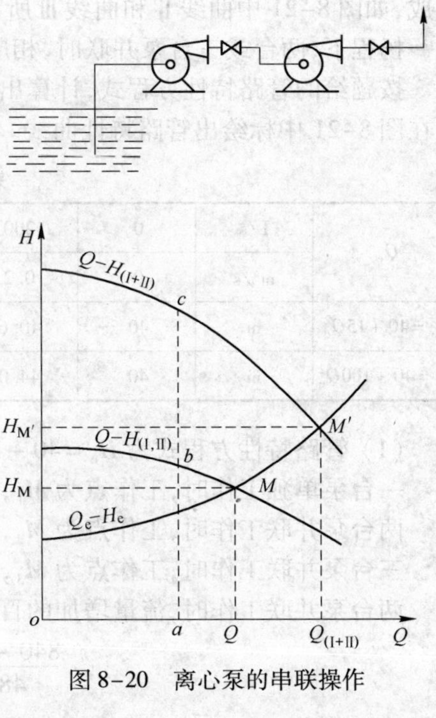

图 8-20　离心泵的串联操作

于高阻管路，串联操作时流量的增幅要大些。

【例 8-5】 某离心泵的特性曲线如图 8-21 的曲线 Ⅰ 所示，所在管路的特性曲线方程式为 $H_e = 40 + 15Q_e^2$（管路特性方程中 Q_e 的单位为 m^3/s，H_e 的单位为 m）。

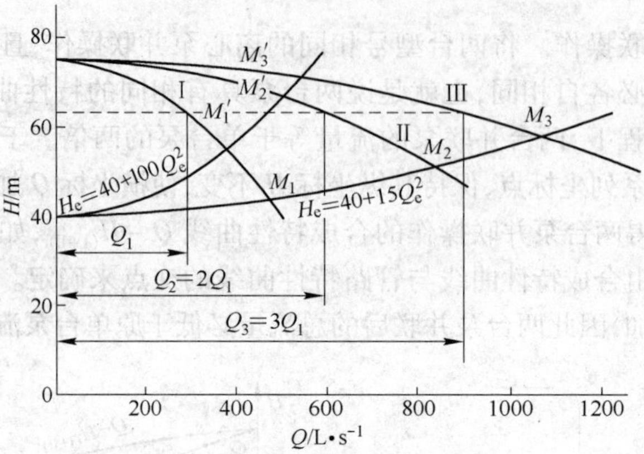

图 8-21　离心泵特性曲线

（1）当两台或三台此型号的泵并联操作时，试分别计算管路中流量增加的百分数；

（2）若管路特性曲线方程式变为 $H_e = 40 + 100Q_e^2$ 时，试再求上述条件下流量增加的百分数。

解：离心泵并联工作时，管路中的输水量可由相应的泵的合成特性曲线与管路特性曲线的交点来决定。

性能相同的两台或二台离心泵并联工作时合成特性曲线，可在单机性曲线 Ⅰ 上取若干点，对应各点的纵坐标 H 保持不变，横坐标 Q 分别增大两倍或三倍，将所得的各点相连绘制而成，如图 8-21 中曲线 Ⅱ 和曲线 Ⅲ 所示。由曲线 Ⅰ 可知，当 $H = 63$ m 时，$Q_1 = 300$ L/s。在同一扬程下，两台或三台泵并联时，相应的 $Q_2 = 2Q_1 = 600$ L/s 及 $Q_3 = 3Q_1 = 900$ L/s。

按题给的管路特性方程式，计算出不同 Q_e 下所对应的 H_e，计算结果列于表 8-2 中，然后在图 8-21 中标绘出管路特性曲线。

表 8-2　计算结果

Q_e	L/s	0	200	400	600	800	1000	1200
	m^3/s	0	0.2	0.4	0.6	0.8	1.0	1.2
$H_e = 40 + 15Q_e^2$	m	40	40.6	42.4	45.4	49.6	55.0	61.6
$H_e = 40 + 100Q_e^2$	m	40	44.0	56.0	76.0			

（1）管路特性方程式为 $H_e = 40 + 15Q_e^2$ 时，单台泵和多台泵并联工作时情况为：

一台泵单独工作时，工作点为 M_1，$Q_1 = 480$ L/s。

两台泵并联工作时，工作点为 M_2，$Q_2 = 840$ L/s。

三台泵并联工作时，工作点为 M_3，$Q_3 = 1080$ L/s。

两台泵并联工作时，流量增加的百分数为：

$$\frac{840 - 480}{480} \times 100\% = 75\%$$

三台泵并联工作时，流量增加的百分数为：

$$\frac{1080-480}{480}\times100\%=125\%$$

(2) 管路特性曲线方程式为 $H_e=40+100Q_e^2$ 时，单独使用一台泵和并联使用的情况为：

一台泵单独工作时，工作点为 M_1'，$Q_1=390\,L/s$。

两台泵单独工作时，工作点为 M_2'，$Q_2=510\,L/s$。

三台泵单独工作时，工作点为 M_3'，$Q_3=560\,L/s$。

两台泵并联工作时，流量增加的百分数为：

$$\frac{510-390}{390}\times100\%=31\%$$

三台并联工作时，流量增加的百分数为：

$$\frac{560-390}{390}\times100\%=44\%$$

从上述计算结果也可看出：

(1) 性能相同的泵并联工作时，系统流量并不等于每台泵在同一管路中单独使用时的倍数，并且并联的台数越多，流量增加的百分率越小。

(2) 若管路特性曲线越陡峭，则系统流量增加百分率越小。

8.6　离心泵的类型与选用

8.6.1　离心泵的类型

生产中被输送液体的性质、压力及流量要求等差异很大，为了适应不同的输送要求，由生产厂家研制的离心泵的类型也是多样的。按输送液体的性质离心泵可分为水泵、耐腐蚀泵、油泵和杂质泵等；按叶轮吸入方式离心泵可分为单吸泵和双吸泵；按叶轮数目离心泵又可分为单级泵和多级泵。各种类型的离心泵按照其结构特点各自成为一个系列，并以一个或几个汉语拼音字母作为系列代号。在每一系列中，由于有各种规格，因而附以不同的字母和数字予以区别。下面对生产过程中常用离心泵的类型作简要说明。

8.6.1.1　清水泵

清水泵(IS 型、D 型、Sh 型)是生产中最常用的泵型。它适宜输送清水或黏度与水相近、无腐蚀以及无固体颗粒的液体。其中以 IS 型泵最为先进，该类型泵是我国按国际标准(ISO)设计、研制的第一个新产品。IS 型泵具有结构可靠、震动小、噪声大等显著特点，与我国过去生产的老产品比较，其机械效率提高 3% ~6%，是理想的节能产品。

IS 型泵的结构如图 8-22 所示，它只有一个叶轮，从泵的一侧吸液，叶轮装在伸出轴承外的轴端处，如同伸出的手臂一样，故称为单级单吸悬臂式离心水泵。

IS 型泵的型号以字母 IS 加数字所组成的代号表示。例如 IS 50－32－200 型泵，IS 表示泵的形式；50 代表吸入口径；32 代表排出口径；200 代表叶轮的直径。以上数字均以 mm 为单位。

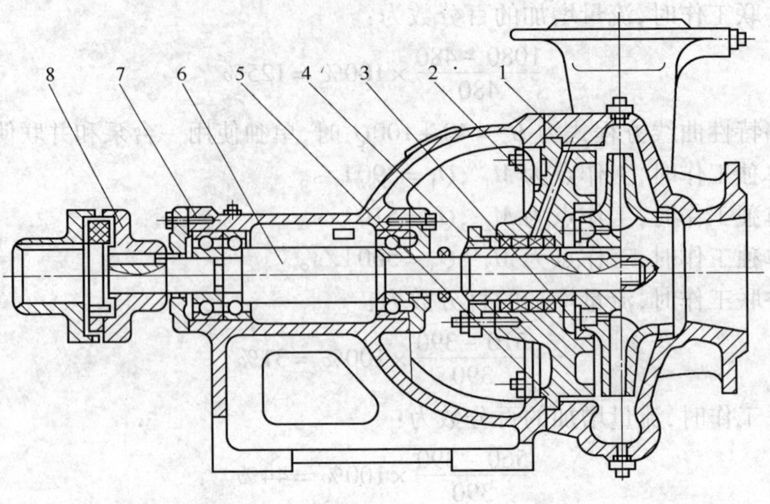

图 8-22 IS 型泵结构示意图

1—泵体;2—叶轮;3—密封环;4—护轴套;5—后盖;6—泵轴;7—托架;8—联轴器部件

IS 型泵的全系列扬程范围为 8 ~ 98 m,流量范围为 4.5 ~ 360 m^3/h。若所要求的扬程较高而流量并不太大时,可采用多级泵,如图 8-23 所示。多级泵是在一根轴上串联多个叶轮,从一个叶轮流出的液体通过泵壳内的导轮,引导液体改变流向,且将一部分动能转变为静压能,然后进入下一个叶轮的入口,因液体从几个叶轮多次接受能量,故可得到较高的扬程。国产多级泵的系列代号为 D,称为 D 型离心泵。D 型离心泵叶轮级数一般为 2 ~ 9 级,最多为 12 级。全系列扬程范围为 14 ~ 351 m,流量范围为 0.8 ~ 850 m^3/h。

D 型离心泵的型号表示方法是字母 D 加数字,例如 D12 - 25 × 3,D 表示型号;12 表示公称流量(公称流量是指最高效率时流量的整数值);25 表示该泵在效率最高时的单级扬程,m;3 表示级数,即该泵在效率最高时的总扬程为 75 m。

若输送液体的流量较大而所需的扬程并不高时,则可以采用双吸泵。双吸泵的叶轮有两个吸入口,如图 8-24 所示。由于双吸泵叶轮的宽度与直径之比加大,且有两个入口,因此输液量较大。国产双吸泵的系列代号为 Sh,全系列扬程范围为 9 ~ 140 m,流量范围为 120 ~ 1250 m^3/h。

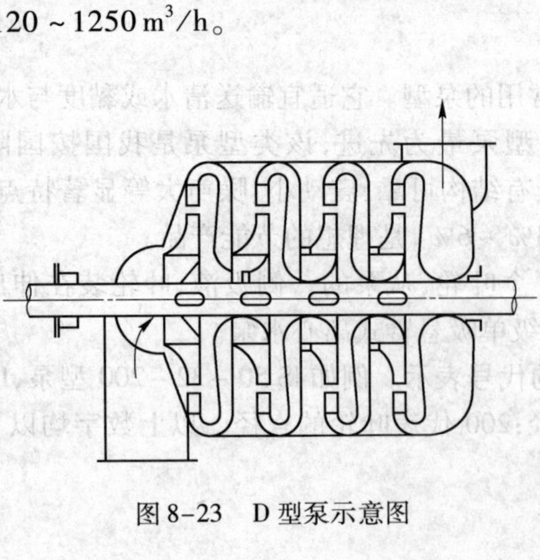

图 8-23 D 型泵示意图

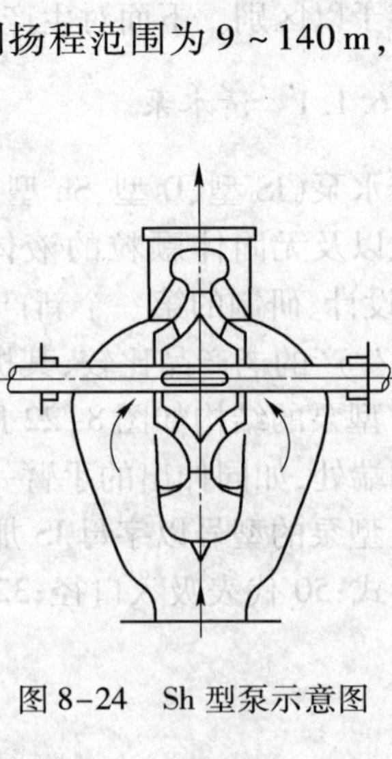

图 8-24 Sh 型泵示意图

Sh 型泵的代号编制原则与上述 IS 型和 D 型的表示方法略有不同。如 100S90 型泵，100 表示吸入口的直径，mm；S 表示泵的类型为双吸式离心泵；90 表示最高效率时的扬程，m。

8.6.1.2 耐腐蚀泵

当输送酸、碱等腐蚀液体时应采用耐腐蚀泵(F 型泵)。此类型泵的主要特点是与液体接触的部件用耐腐蚀材料制成。我国生产的耐腐蚀泵系列代号为 F，后面字母表示材料代号，各种材料的代号如表 8-3 所示。

表 8-3 耐腐蚀泵中与液体接触部件的材料代号

材料	1Cr18Ni9	Cr28	一号耐酸硅铸铁	高硅铁	HT20～40	耐碱铝铸铁
代号	B	E	IG	GI5	H	J
材料	1Cr13	Cr18Ni12Mo2Ti	硬铝	铝铁青铜 9～4	工程塑料(聚三氟氯乙烯)	
代号	L	M	Q	U	S	

耐腐蚀泵的型号表示方法以 25FB－16A 型泵为例：25 代表吸入口的直径，mm；F 代表耐腐蚀泵；B 代表所使用材料为 1Cr18Ni9 的不锈钢；16 代表泵在最高效率时的扬程，m；A 为叶轮切割序号，表示该泵装配的是比标准直径小一号的叶轮。

耐腐蚀泵的特点是密封要求高，由于填料本身被腐蚀的问题也难彻底解决，所以 F 型泵多采用机械密封装置。

F 型泵全系列的扬程范围为 15～150 m，流量范围为 2～400 m^3/h。

8.6.1.3 油泵

输送石油产品等低沸点料液的泵称为油泵(Y 型泵)。石油等低沸点物料的特点是易燃、易爆，因此，对油泵的基本要求是密封完善。当输送 200℃以上的油品时，还要求对轴封装置和轴承等进行良好的冷却，故这些部件常装有冷却水夹套。

国产油泵的系列代号为 Y，称为 Y 型泵，有单吸和双吸、单级和多级(2～6 级)油泵，全系列的扬程范围为 228～673 m，流量范围为 6.25～500 m^3/h。根据油的温度不同，油泵采用了三类不同的材料：Ⅰ表示铸铁，只适用于 253～473 K，通常称为冷油泵；Ⅱ表示铸钢，Ⅲ表示合金钢，这两类泵可适用于 228～673 K，称为热油泵。用Ⅲ类材料制成的泵还可用于输送中等浓度的硫酸。

Y 型泵的代号编制原则与 F 泵相似，以 50Y60A 型泵为例，编号中 50 表示泵的吸入口直径为 50 mm；Y 表示离心式油泵；60 表示公称扬程，即在最高效率时扬程的整数值，A 为叶轮切割序号，表示该泵装配的是比标准直径小一号的叶轮。

8.6.1.4 液下泵

如图 8-25 所示的液下泵(又称潜液泵)，也是生产中广为采用的离心泵。液下泵的泵体通常置于贮槽液面以下，实际上是一种将泵轴伸长并竖直安置的离心泵。由于泵体浸在液体之内，因此对轴封的要求不高，适用于输送生产中比较贵重的、具有腐蚀性的料液，既节省了空间，又改善了操作环境，缺点是泵的机械效率不高。

8.6.1.5　杂质泵

杂质泵(P 型泵)用于输送悬浮液及稠厚的浆液等,其系列代号为 P。杂质泵又可细分为污水泵 PW,砂泵 PS,泥浆泵 PN 等。对杂质泵的要求是:不易被杂质堵塞、耐磨、容易拆洗。所以它的特点是叶轮流道宽,叶片数目少,常采用半闭式或开式叶轮。有些泵壳内还衬以耐磨的铸钢护板。

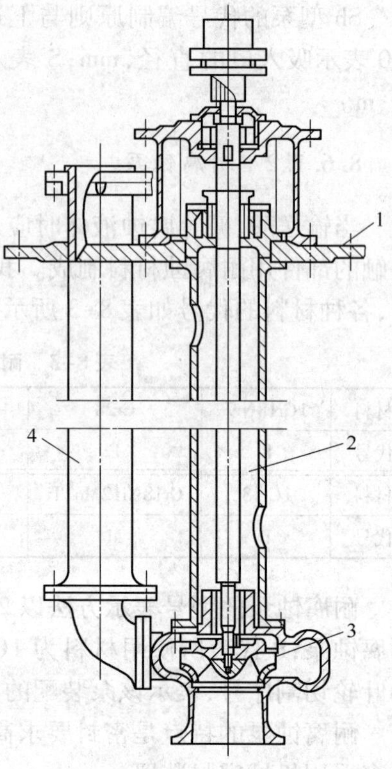

图 8-25　液下泵

1—安装平板;2—轴套管;3—泵体;4—压出导管

8.6.2　离心泵的选用

离心泵的选择,一般可按下列的方法与步骤进行:

(1) 确定输送系统的流量和扬程。液体的输送量一般为生产任务所规定,如果流量在一定范围内波动,选泵时应按最大流量考虑。根据输送系统管路的安排,用伯努利方程计算出在最大流量下输送系统所需的外加压头 H_e,从而选择所需泵的扬程范围。

(2) 选择泵的类型与型号。首先应根据输送液体的性质和操作条件确定泵的类型,然后按已确定的流量 Q_e 和扬程 H 从泵的样本或产品目录中选出合适的型号。

在选择泵的型号规格时,要考虑到操作条件的变化并备有一定的余量。所选离心泵在系统要求流量条件下的扬程应略大于系统所需的外加压头(即 $H \geqslant H_e$),但在该条件下对应泵的效率应比较高,应处在泵的高效率范围内。

为方便用户合理选用离心泵,离心泵生产厂家往往将泵的高效率范围所对应的各性能参数列在泵的特性数据表中,本书附录 10 中列出了部分离心泵的特性数据表,以供读者参考。

泵的型号选定后,应列出该泵的各种性能参数。

(3) 核算泵的轴功率。若输送液体的密度大于水的密度时,因按式(8-6)核算泵的轴功率,以指导合理选用电动机。

(4) 确定离心泵的安装高度。为了保证离心泵的正常操作,在泵的型号规格确定后,还应确定出离心泵的安装高度,以指导安装。

【例 8-6】 用 $\phi 108\,mm \times 4\,mm$ 的无缝钢管将经沉淀处理后的河水引入蓄水池,最大输水量为 $60\,m^3/h$,正常输水量为 $50\,m^3/h$;蓄水池中最高水位高出水面 15 m,泵吸入口处高出河面 2.0 m;管路计算总长为 140 m,其中吸入管路计算总长为 30 m,钢管的绝对粗糙度可取为 0.4 mm,当地冬季水温为 10℃,夏天为 25℃,大气压力为 98 kPa。试选择一台合适的离心泵并核算其安装高度。

解:(1)计算管路系统要求泵提供的外加压头 H_e。考虑到水温及系统流量对所需外加压头的影响,故应按当地夏季的水温(25℃)及系统最大流量($60\,m^3/h$)确定。

由式(8-1)有:

$$H_e=\Delta Z+\frac{\Delta p}{\rho g}+H_f,H_f=\lambda\frac{L+\sum L_e}{d}\times\frac{u^2}{2g}$$

已知$\Delta Z=15\,m$,$\Delta p=0$,查附录2中的附表17得知水在25℃时的密度$\rho\approx997\,kg/m^3$,黏度$\mu=0.8937\times10^{-3}$ Pa·s;水在管内的流速为$u=\frac{q_V}{0.785d^2}=\frac{60/3600}{0.785\times(0.10)^2}=2.12\,m/s$。则水在管内的$Re$为:

$$Re=\frac{du\rho}{\mu}=\frac{0.10\times2.12\times997}{0.8937\times10^{-3}}=2.4\times10^5\text{(湍流)}$$

管壁的相对粗糙度为$\varepsilon/d=0.4/100=0.004$,查$\lambda-Re$关系曲线图得知$\lambda=0.028$,则:

$$H_f=0.028\times\frac{140}{0.10}\times\frac{(2.12)^2}{2\times9.81}=9.0\,m$$

$$H_e=15+9=24\,m$$

因河水沉淀后较为洁净且在常温下输送,故可选用单级单吸离心式清水泵。由Q、H_e值查附录10中离心泵的特性数据,可选IS 80-65-160或IS 100-80-125清水泵,其性能参数见表8-4。

表8-4 性能参数

型 号	流量/$m^3\cdot h^{-1}$	扬程/m	允许气蚀余量Δh/m	效率/%	轴功率/kW	电动机功率/kW
IS 80-65-160	50	32	2.5	73	5.97	7.5
	60	29	3.0	72	6.59	7.5
IS 100-80-125	60	24	4.0	67	5.80	11.0

显然,选用IS 80-65-160更合适,理由是:Ⅰ泵在正常流量与最大流量下效率都较高;Ⅱ流量和扬程有一定余度,调节余地大;Ⅲ泵电动机功率匹配适当,可长期在较高的功率因数下运转。

(2)校核安装高度。要求安装高度为2.0 m,按式(8-13),允许安装高度为:

$$H_{gmax}=\frac{p_0-p_s}{\rho g}-\Delta h-H_{f,0-1}$$

已知:$p_0=98\,kPa$,$\Delta h=2.5\,m$,由附录4查得25℃水的饱和蒸气压为3.167 kPa,且

$$H_{f,0-1}=\lambda\left(\frac{L+\sum l_e}{d}\right)\times\frac{u^2}{2g}=0.028\times\frac{30}{0.1}\times\frac{(2.12)^2}{2\times9.81}=1.92\,m$$

故允许安装高度为:

$$H_{gmax}=\frac{98\times10^3}{997\times9.81}-\frac{3.167\times10^3}{997\times9.81}-3.0-1.92=4.78\,m>2.0\,m$$

故此型号的泵合用,但其进口内径为80 mm,出口内径为65 mm,因此,进出口都应使用锥形管与$\phi108\,mm\times4\,mm$管相连接。

【例8-7】 某水溶液以62 m^3/h流量由一敞口水箱经泵送至高位水箱,两水箱的间距为12 m,泵的排出管路采用内径为104 mm的镀锌焊接加厚钢管,管路计算总长为120 m,钢管的摩擦系数可取为0.03,吸入管路的阻力损失不大于1 m液柱。现工厂库房有4台离心泵,其性能见表8-5。试选用一台较合适的泵。

表 8-5　离心泵的性能参数

序号	型　号	$Q/m^3 \cdot h^{-1}$	H/m	$n/r \cdot min^{-1}$	$\Delta h/m$	$\eta/\%$	P/kW	$P_{电}/kW$	参考价格/元
		60	52		2.5	53	16.1		
1	IS 125 - 100 - 400	100	60	1450	2.5	65	21	30	1570
		120	48.5		3.0	67	23.6		
		60	21.5		2.5	63	5.59		
2	IS 125 - 100 - 250	100	20	1450	2.5	76	7.17	11	1380
		120	18.5		3.0	77	7.84		
		60	14		2.5	62	3.83		
3	IS 125 - 100 - 200	100	12.5	1450	2.5	76	4.48	7.5	1150
		120	11.0		3.0	75	4.79		
		60	24		4.0	67	5.86		
4	IS 100 - 80 - 125	100	20	2900	4.5	78	7.00	11	810
		120	16.5		5.0	74	7.28		

解:从输送流量看,4 台离心泵均可用。其管内流速为:

$$u = \frac{q_V}{0.785d^2} = \frac{62/3600}{0.785 \times (0.104)^2} = 2.03\ m/s$$

管路所需提高的扬程为:

$$H_e = \Delta Z + \frac{\Delta p}{\rho g} + H_f$$

已知 $\Delta Z = 12\,m$,$\Delta p = 0$。根据题意,系统吸入管的压头损失可取为 1 m;排出管路阻力损失为:

$$H_f = \lambda\left(\frac{L + \sum l_e}{d}\right) \times \frac{u^2}{2g} = 0.03 \times \frac{120}{0.104} \times \frac{(2.03)^2}{2 \times 9.81} = 7.3\ m$$

故　　$$H_f = 1 + 7.3 = 8.3\ m$$

所以　　$$H_e = 12 + 8.3 = 20.3\ m$$

根据离心泵的选择原则,在输送流量条件下,泵的扬程要略大于系统要求的外加压头,即 $H \geqslant H_e$。从而得知除 3 号泵不能满足要求外,其余离心泵均能满足输送要求。其中 1 号泵由于 H 和 P 均过大,不经济;而 2 号、4 号的 H 能满足要求且 P 相近,η 也差别不大,均可选用;考虑 4 号泵价格较低,扬程又有一定余量,故选用 4 号泵较为适宜。

思 考 题

8-1　流体输送机械的作用是什么?如何分类?

8-2　什么是流体输送机械的扬程或压头?

8-3　离心泵的叶片为什么要加工成后弯形?

8-4　离心泵的泵体为什么要加工成蜗壳形?从中可获得什么启发?

8-5 离心泵的扬程与伯努利方程中的外加压头有何区别？

8-6 离心泵的特性曲线由哪几条线段构成？影响因素有哪些？

8-7 什么是离心泵的气缚现象？其产生的原因是什么？如何避免？

8-8 什么是离心泵的气蚀现象？它对泵的操作有何影响？如何防止？

8-9 气缚现象与气蚀现象有什么区别？

8-10 什么是离心泵的允许气蚀余量？怎样用气蚀余量确定离心泵的吸上高度？

8-11 要从密闭容器中抽送液体，下列哪些情况下气蚀的危险性更大些？对安装高度又有什么影响？

(1)液体挥发能力的大小；

(2)夏季或冬季；

(3)真空容器或加压容器；

(4)泵所在海拔高度的高低；

(5)吸入管道的长短；

(6)抽送流量的大小。

8-12 什么是管路特性曲线方程？其形状如何？

8-13 一离心泵将江水送至敞口高位槽，若管路条件不变，随着江面的上升，泵的扬程 H，管路总阻力损失 H_f，泵入口处真空表读数、泵出口表读数将分别作何变化？

8-14 在下列情况下，管路特性曲线中的 B、K 将如何变化？

(1)管路出口压力 p_2 增加；

(2)入口液面降低；

(3)出口阀门开度减小；

(4)管路出现堵塞现象；

(5)管路锈蚀程度增加。

8-15 什么是离心泵的工作点？如何确定与调节离心泵的工作点？

8-16 试简述离心泵串、并联操作与单机操作的差异。

8-17 某输水管路，用一台 IS 50－32－200 的离心泵将低位敞口槽的水送往高出 3 m 的敞口槽，阀门开足后，流量仅为 $3\,m^3/h$ 左右。现拟采用增加一台同型号的泵使输水量有较大提高，应采用并联还是串联？为什么？

8-18 试简述离心泵的操作步骤。

8-19 离心泵为什么要在关闭出口调节阀的情况下启动和停止？

8-20 试说明离心泵的构造、分类及工作原理。

习 题

8-1 用20℃的清水对某离心泵进行性能测试。经试验测得：当流量为 $240\,m^3/h$ 时，泵入口处的真空度为 10 kPa，出口处的表压力为 430 kPa，两表间的垂直距离 0.5 m，动压头差可忽略不计。试求此流量条件下该泵的扬程为多少。

8-2 将密度为 $1200\,kg/m^3$ 的碱液自碱池用离心泵打入塔内。塔顶压力表读数为 59.3 kPa，流量为 $30\,m^3/h$，泵的吸入管路阻力为 2 m(碱液柱)，压出管路阻力为 5 m(碱液柱)。试求：

(1)泵的扬程；

(2)若泵的轴功率为 3.6 kW，则泵的机械效率为多少？

8-3 在用水测定某离心泵性能的实验中，当流量为 $26\,m^3/h$ 时，泵出口压力表读数为 152 kPa，泵入口处真空表读数为 24.8 kPa，轴功率为 24.5 kW，转速为 2900 r/min。真空表与压力表两测压点垂直为 0.4 m，泵的进口、出口管径相等。试计算该泵的机械效率。

8-4　某离心泵在做性能试验时以恒定转速打水。当流量为 $71\,m^3/h$ 时，泵吸入口处真空表读数 2.993×10^4 Pa，泵压出口处压强计读数 3.14×10^5 Pa。两测压点的位差不计，泵进口、出口的管径相同。测得此时泵的轴功率为 10.4 kW，试求泵的扬程及效率。

8-5　用泵从江中取水送入一贮水池内。池中水面高出江面 30 m。管路长度（包括局部阻力的当量长度在内）为 94 m。要求水的流量为 $20\sim40\,m^3/h$。若水温为 20℃，$\varepsilon/d=0.001$：

(1) 选择适当的管径；

(2) 今有一离心泵，流量为 $45\,m^3/h$，扬程为 42 m，效率 60%，轴功率 7 kW。问该泵能否使用。

8-6　某离心泵转速为 1450 r/min，流量为 $60\,m^3/h$，扬程为 52 m，轴功率为 16.1 kW。试求：

(1) 该泵的机械效率；

(2) 若将流量增加 $20\,m^3/h$，转速应增至多少？此时的扬程和轴功率为多少？

8-7　在海拔 1000 m 的高原上，使用一离心清水泵吸水，已知该泵吸入管路中的损失压头为 $6\,mH_2O$，动压头可忽略不计。今拟将该泵安装于水源水面之上 3 m 处，用户所在地夏季水温 20℃。问此泵能否正常工作。

8-8　用一台离心泵将某减压精馏塔釜中密度为 $986\,kg/m^3$ 的液体产品输送到高位槽。已知：釜中的真空密度为 66.65 kPa（釜中液体处于沸腾状态，其饱和蒸气压等于釜中的绝对压力，当地大气压力为 101.3 kPa），吸入管路的压头损失为 0.87 m 液柱，该泵的允许气蚀余量为 4.2 m。现拟将泵安装在高出塔釜液面的地基上，试问该泵的安装位置是否合适？如不合适应如何重新安排？

8-9　用水对某离心泵做实验，得到下列各实验数据：

$Q/L\cdot min^{-1}$	0	100	200	300	400	500
H/m	37.2	38	37	34.5	31.8	28.5

现拟用该泵通过 $\phi76\,mm\times4\,mm$、长 355 m（包括局部阻力的当量长度）的导管输送液体。已知：吸入与排出的空间均为常压设备，两设备液面间的垂直距离为 4.8 m，摩擦系数 $\lambda=0.08$。试求该泵在运转时的流量。

8-10　用一离心泵将贮水池中的冷却水经换热器送到高位槽。已知高位槽液面比贮水池液面高出 10 m，管路总长（包括局部阻力的当量长度在内）为 400 m，管内径为 75 mm，换热器的压头损失为 $32\,mH_2O$，摩擦系数 $\lambda=0.03$，离心泵的特性参数见下表：

$Q/m^3\cdot s^{-1}$	0	0.001	0.002	0.003	0.004	0.005	0.006	0.007	0.008
H/m	26	25.5	24.5	23	21	18.5	15.5	12	8.5

试求：

(1) 管路特性曲线；

(2) 泵的工作点及其相应的流量及扬程。

8-11　若题 8-10 改为两个相同泵串联操作，且管路特性不变。试求泵的工作点及其相应流量及扬程。

8-12　若题 8-10 改为两个相同泵并联操作，且管路特性不变。试求泵的工作点及其相应流量及扬程。

8-13　用离心泵从蓄水池以 30 t/h 的流量向高位槽送水。已知：槽内水面压力（表压）为 34.5 kPa，槽内水面高于蓄水池水面 16 m，管路总阻力损失为 $2.1\,mH_2O$。试选一台合适的离心泵。

8-14　拟用离心泵通过内径 100 mm 的钢管从江水中取水送入蓄水池，已知：池中水面高出江面 30 m，管路计算总长度为 60 m，水在管内的流速为 1.5 m/s，摩擦系数 $\lambda=0.028$，今库存有下列四种规格的离心泵，问能否从库存中选用一台泵？

泵	Ⅰ	Ⅱ	Ⅲ	Ⅳ
流量/$L\cdot s^{-1}$	17	16	15	12
扬程/mH_2O	42	38	35	32

8-15　某厂各车间排出的热水平均温度为65℃，先汇集于热水池中，然后经离心泵以40 m^3/h的流量送至冷水塔的顶部，并经喷头喷出而落入冷水池中，以达到冷却的目的。已知：喷头入口位置较热水池水面高6 m，水在进入喷头之前需维持58.8 kPa（0.6 at）的表压力，吸入管路和排出管路中压头损失分别为1 m和3 m，管路中的动压头可忽略不计。试选一台合适的离心泵并确定其安装高度。当地大气压为101.33 kPa（760 mmHg）。

8-16　用内径为106 mm的钢管将温度为20℃（物性与水相似）的某溶液从池中输送到高位槽中。要求输液量为45 m^3/h，摩擦系数为$\lambda=0.03$，管路计算的总长为240 m，两液面间垂直距离8 m。

（1）试选一台合适的离心泵；

（2）该泵在使用过程中因通过阀门调节工作点导致的能量损失是多少？

单元9　其他生产用泵

学习目标

(1) 了解、掌握各类泵的构造、工作原理、性能参数、操作与调节。

(2) 理解正位移泵的流量调节与离心泵的不同之处。

(3) 了解各类泵的适用范围及选择方法。

为满足液体的不同输送要求，在生产过程中还会用到除离心泵之外的其他类型的泵，如往复泵、计量泵、齿轮泵、螺杆泵、旋涡泵、轴流泵、喷射泵等。下面就这些类型泵的构造、工作原理、性能及操作等进行扼要介绍。

9.1　往复泵

往复泵是一种容积式泵，在生产过程中应用较为广泛，主要适用于小流量、高扬程的场合。它是依靠活塞的往复运动并依次开启吸入阀和排出阀来吸入和排出液体的。

如图 9-1 所示为往复泵的结构示意图。往复泵的主要部件有泵缸、活塞、活塞杆、吸液阀和排出阀。活塞杆与传动机构相连接而做往复运动。吸液阀和排出阀均为单向阀。泵缸内活塞与阀门间的空间为工作室。当活塞自左向右移动时，工作室的容积增大，形成低压，液体经吸液阀吸入泵缸内。在吸液体时排出阀因受排出管内液体压力作用而关闭。当活塞移到右端点时，工作室的容积增大，吸入的液体量也最多。此后，活塞便改为由右向左移动，

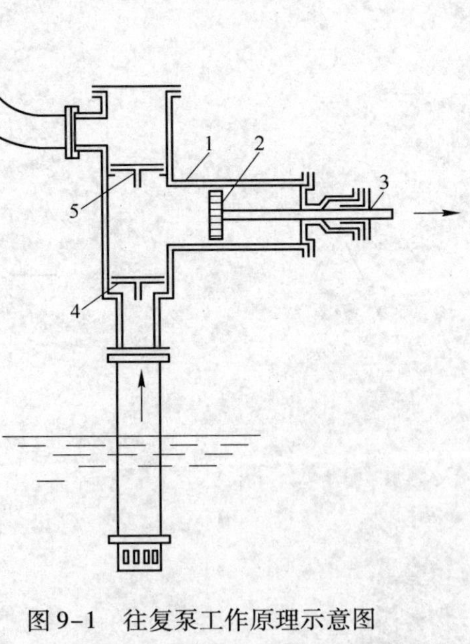

图 9-1　往复泵工作原理示意图

1—泵缸；2—活塞；3—活塞杆；4—吸液阀；5—排出阀

泵缸内液体受到挤压而使其压力增大,致使吸液阀关闭而推开排出阀将液体排出。当活塞移到左端点后排液完毕。完成了一个工作循环。此后活塞又向右移动,开始另一个工作循环。

所以,往复泵是靠活塞在泵缸内左右两端点间做往复运动而吸入和压出液体的。活塞在两端点间的运动距离称为冲程或位移。活塞往复一次,只吸入和排出液体各一次的泵,称为单动泵。单动泵在吸液时就不能排液,故排液不连续;同时因活塞由连杆和曲轴带动,活塞在左右两端点之间的往复运动也是不等速的,所以排液量也就随着活塞的移动有相应的起伏,其流量曲线如图9-2(a)所示。

为了改善单动泵流量的不均匀性,常采用双动泵或三联泵。双动泵的工作原理如图9-3所示,在活塞两侧的泵体内都装有吸入阀和排出阀,因此无论活塞向哪一侧运动,总有一个吸入阀和排出阀打开,即活塞往复一次吸液和排液各两次。双动泵的吸入管路和排出管路总有液体流过,所以送液连续,但流量曲线仍有起伏,如图9-2(b)所示。三联泵实质上为三台单动泵并联结构,它是在传动轴上按120°均布了三个曲柄连杆,当传动轴每次旋转一周则三个曲柄连杆带动所连接的活塞依次做往复运动各一次。其流量曲线如图9-2(c)所示,排液量较为均匀。

往复泵的工作原理和操作调节等与离心泵不同,其特点比较如下。

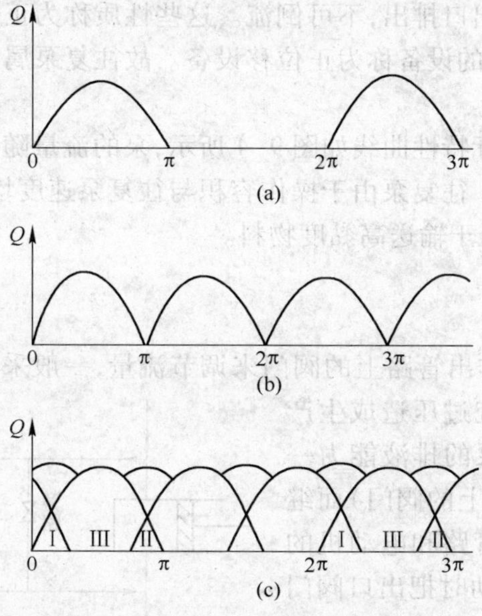

图9-2　往复泵的流量与时间关系曲线

(a) 单动泵流量曲线;(b) 双动泵流量曲线;(c) 三动泵流量曲线

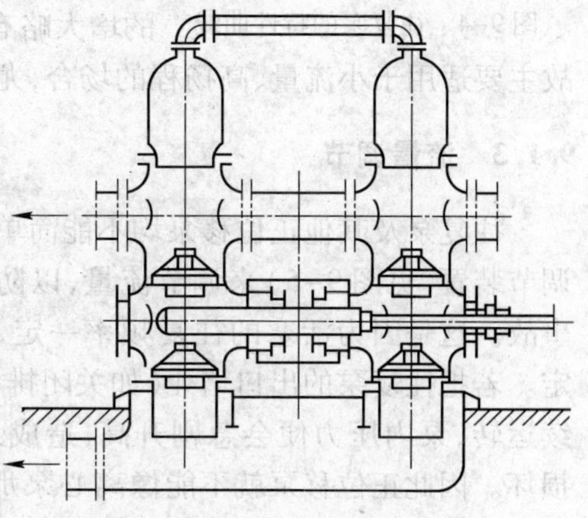

图9-3　双动泵

9.1.1　流量(排液能力)

往复泵的流量只与泵的几何尺寸和活塞的往复次数有关,而与泵的扬程及管路情况无关,即无论在什么扬程下工作,只要往复一次,泵就排出一定体积的液体,所以往复泵是一种典型的容积式泵。

往复泵的理论流量可按式(9-1)或式(9-2)计算。

单动泵　　$$Q_T = ASn_r \tag{9-1}$$

双动泵　　$$Q_T = (2A - a)Sn_r \tag{9-2}$$

式中　Q_T——往复泵的理论流量，m^3/min；

A——活塞的截面积，m^2；

S——活塞的冲程，m；

n_r——活塞每分钟往复次数，1/min；

a——活塞杆的截面积，m^2。

实际上，由于活塞衬填不严，吸入阀和排出阀启闭不及时，并随着扬程的增高液体漏损量加大等原因，往复泵的实际流量低于理论流量。

9.1.2　扬程

往复泵的扬程与泵的几何尺寸无关，只要泵的机械强度及原动机的功率允许，输送系统要求多高的扬程，往复泵就可提供多大的扬程。实际上，由于活塞环、轴封、吸入和排出阀等处的泄漏，往复泵可能达到的扬程会有所降低。

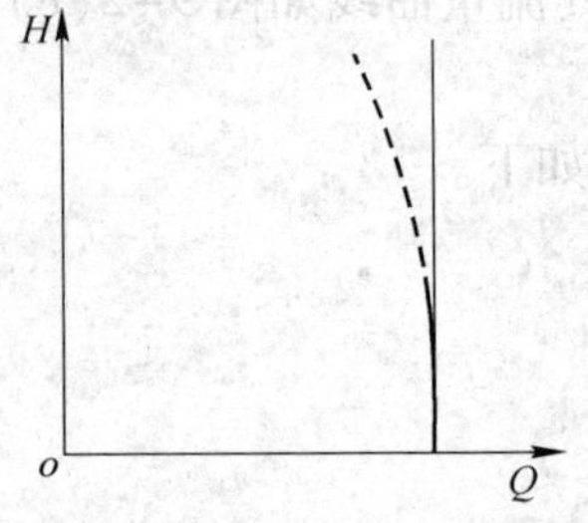

图 9-4　往复泵的特性曲线

据上可知，往复泵的排液能量与活塞的位移有关，而与管路情况无关；扬程则受管路的承压能力所限制；操作时进入设备的液体只能沿出口排出，不可倒流。这些性质称为正位移特性，具有这种特性的设备称为正位移设备。故往复泵属于典型的正位移泵。

往复泵的实际特性曲线如图 9-4 所示，泵的流量随泵扬程的增大略有减小。往复泵由于操作容积与往复泵速度均有限，故主要适用于小流量、高扬程的场合，尤其适合于输送高黏度物料。

9.1.3　流量调节

往复泵及其他正位移泵均不能简单地用排出管路上的阀门来调节流量，一般采用旁路调节装置（见图 9-5）来调节流量，以防止系统过压造成生产事故。这是因为活塞的往复频率一定，往复泵的排液能力一定。若把往复泵的出口堵死（如关闭排出管路上的阀门）而继续运转，泵内压力便会急剧升高，造成泵体、管路和电动机的损坏。因此正位移泵就不能像离心泵那样启动时把出口阀门关闭，也不能用出口阀门调节流量。通常在排出管与吸入管之间安装回流支路，用支路阀配合进行流量调节。

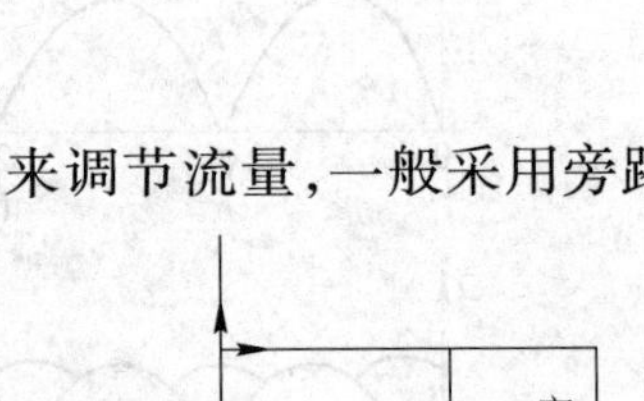

图 9-5　往复泵的旁路调节系统

在图 9-5 中，液体吸入管路进入泵内，经排出管路上阀门排出，并有部分液体经旁路阀门流回吸入管路。主管路的液体流量由排出管路上的阀门及旁路阀门配合调节。在泵的运转过程中，这两个阀门至少有一个是开启，泄回部分液体，以减轻泵及管路所承受的压力。

9.1.4　允许气蚀余量

往复泵的允许气蚀余量亦随安装地区的大气压力、输送液体的性质和温度而变，所以往复泵的吸上高度也有一定的限制。但是,往复泵内的低压,是靠工作室大的扩张来造成的,所以在泵启动前无需先向泵内灌满液体,即往复系有自吸作用。

9.1.5　稳流装置——空气室

往复泵由于结构及工作特点必然产生流量和压力的脉动,从而降低泵的吸入性能,缩短泵和管路的使用寿命。特别是在排出管路的管径较小,管路较长,系统中没有足够的背压时,可能因惯性压头过大冲开泵的出口阀而造成实际流量大于理论流量的所谓“过流量现象”。

因此,为了改善往复泵的工作条件,尽可能减小不稳定现象对往复泵工作的影响,通常采用在泵上装空气室的办法来减小流量和压力的脉动,如图9-6所示。空气室尽可能安装在靠近泵的进、出口管路处或液力端上,装在靠近进口的称为吸入空气室,装在出口的称为排出空气室。

空气室分为常压式和预压式两种。常压空气室是在密闭容器中充常压空气。预压空气室是在密闭容器中加一弹性元件,(如橡胶)其内充有压缩空气。

图9-7所示为单动往复泵的流量曲线与排出空气室内液体体积的变化情况。上部的正弦曲线ABC是瞬时流量的曲线,水平线$A'D'$是平均流量,两者相交于ab;图的下部是空气室内液面高度h的变化曲线,它代表空气室内气体体积的变化。当瞬时流量大于平均流量时,即在曲线ab段时间内,排出管路内的阻力增加,排出压力增大,空气室内的气体被压缩,aBb部分的液体被贮存在空气室内,使空气室内液面不断升高,直到b点,液面升高到最高位置2—2,空气室内液体的体积达到最大值。在bC段时间内,瞬时流量小于平均流量,在CD段时间内活塞处于吸入过程,没有液体进入空气室。因此,在b点以后空气室内被压缩的气体膨胀,不断把原来贮存在空气室内的液体排出,直到下一排出过程1点时,空气室内液面降至最低位置1—1,这时空气室内液体体积最小。因此,在整个工作过程中虽然活塞排出的流量按正弦规律变化,但是在空气室的作用下排出管路的流量较均匀。从上述分析可知,在工作过程中空气室中气体的体积是变化的,因此压力也是变化的,管路中的流量不

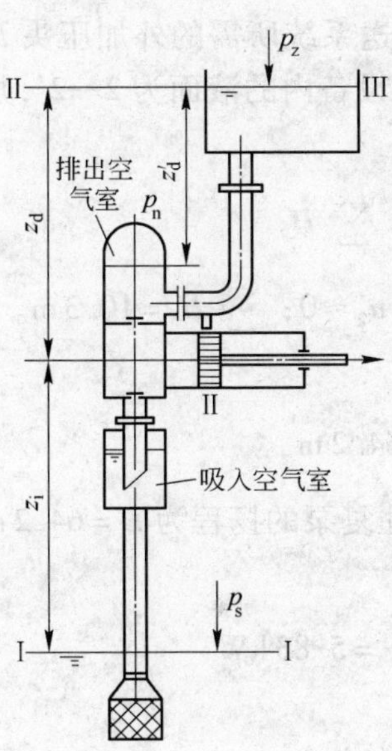

图9-6　空气室

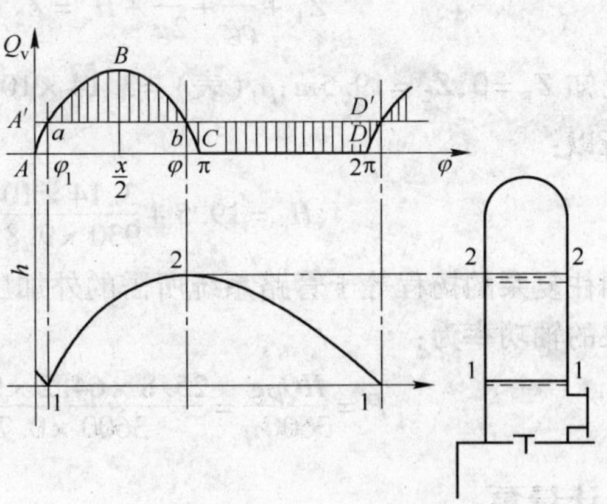

图9-7　排液量与出口空气室内的液体体积

可能是绝对均匀的。如果把排出空气室做得足够大，则空气室中气体体积的变化就会相对减小，就可使流量脉冲或压力脉冲降低到允许的范围以内。

最早采用的空气室是立式厚壁圆筒，在工作前容器中充以常压空气，在泵工作时，空气室内液面随缸体内的压力变化而变化，这样可以减小排出管路中流量的脉动。但是这种结构体积庞大，并且被压缩了的空气体积过小，如果压缩空气压力在 10^4 kPa 时，压缩空气的体积只占空气室容积的 1%。此外，由于液体与空气室内的气体直接接触，而气体在高压下易溶于液体中而不断被带出，在工作时，空气室中气体的量会逐渐减少，甚至会失去空气室的作用。

为了减小空气室的容积，提高其工作效能和可靠性，近来普遍采用隔膜式预压空气室。所谓的隔膜式预压空气室，是将空气室中的空气或惰性气体与液体通过隔膜相隔离（如充气橡胶囊，囊中充入一定压力的气体），可以减少进、出空气室的液体量，在同样工作条件下可以减小空气室的容积、减轻重量。

【例 9-1】 某单动往复泵活塞的直径为 160 mm、冲程为 200mm，用其将密度为 930 kg/m³ 的液体从敞口贮槽送至某设备中，液体输送量为 25.8 m³/h，设备内的压力（表压）为 3.14×10^5 Pa，贮槽液面比设备内的液面低 19.5 m。若管路的压头损失为 10.3 m，泵的机械效率和容积效率（实际排液量与理论排液量之比）分别为 0.72 和 0.85，试求该泵的活塞每分钟往复运动的次数和轴功率。

解：(1) 求往复泵活塞每分钟的往复次数。往复泵的理论排液量为：

$$Q_T = ASn_r$$

依据题意实际排液量为：

$$Q = 0.85Q_T = 0.85ASn_r = 25.8/60\ \mathrm{m^3/min}$$

所以：

$$n_r = \frac{25.8}{60 \times \frac{\pi}{4} \times 0.6^2 \times 0.2 \times 0.85} = 126(1/\mathrm{min})$$

(2) 求往复泵的轴功率。由于往复泵的扬程 H 等于输送系统所需的外加压头 H_e，故往复泵的扬程可由伯努利方程来求得。若取贮液面为 1—1′，设备内的液面为 2—2′，并以 1—1′为水平基准面，则有：

$$Z_1 + \frac{p_1}{\rho g} + \frac{u_1^3}{2g} + H_e = Z_2 + \frac{p_2}{\rho g} + \frac{u_2^2}{2g} + \sum H_f$$

已知 $Z_1 = 0, Z_2 = 19.5\mathrm{m}; p_1(表) = 3.14 \times 10^5\mathrm{Pa}; u_1 \approx 0, u_2 \approx 0; \sum H_f = 10.3\ \mathrm{m}$。

所以：

$$H_e = 19.5 + \frac{3.14 \times 10^5}{930 \times 9.81} + 10.3 = 64.2\ \mathrm{m}$$

因往复泵的扬程等于管路系统所需的外加压头，所以往复泵的扬程为 $H = 64.2\ \mathrm{m}$。

泵的轴功率为：

$$P = \frac{HQ\rho g}{3600\eta} = \frac{25.8 \times 64.2 \times 930 \times 9.807}{3600 \times 0.72 \times 100} = 5.83\ \mathrm{kW}$$

9.2　计量泵

在连续或半连续生产过程中，往往需要按照工艺流程的要求来精确地输送定量的液体，有时还需要将若干种液体按比例地输送,计量泵就是为了满足这些要求而设计的。

计量泵是往复泵的一种,从基本结构和操作原理看它和往复泵相同。计量泵有两种基本形式——柱塞式(见图9-8)和隔膜式(见图9-9)。它们都是通过偏心轮把电动机的旋转变成柱塞的往复运动。由于偏心轮的偏心距离可以调整,使柱塞的冲程随之改变。若单位时间内柱塞的往复次数不变,则泵的流量与柱塞的冲程成正比,所以可通过调节冲程而达到比较严格地控制和调节流量的目的。计量泵送液量的精确度一般在±1%以内,有的甚至可达±0.5%。

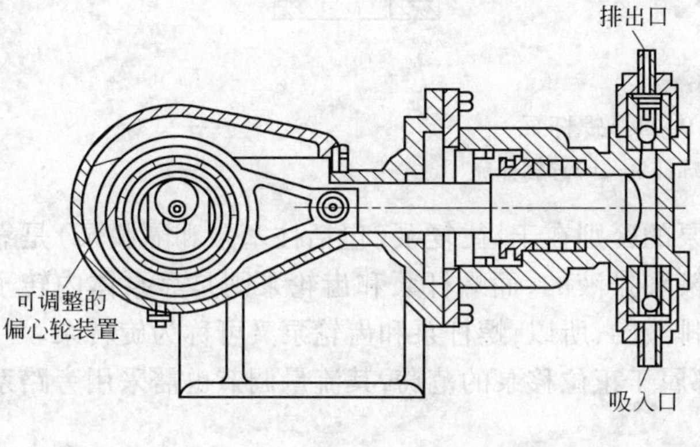

图9-8　柱塞式计量泵

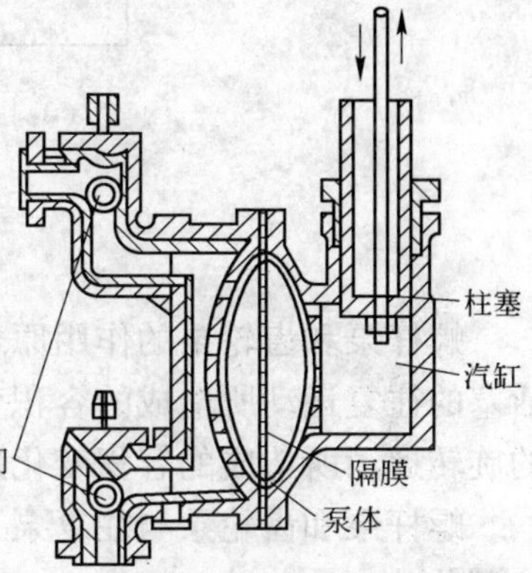

图9-9　隔膜泵

计量泵适用于要求输液量十分准确而又便于调整的场合,例如向厂的反应器中输送液体。有时还可以通过一台电动机带动几台计量泵的方法,使每股液体的流量稳定并且各股液体流量的比例固定。

9.3　齿轮泵

图9-10为齿轮泵的结构示意图,泵体内有两个相互啮合的齿轮,一个是靠电动机带动旋转,称为主动轮,另一个是靠主动轮带动而旋转,称为从动轮。两齿轮与泵体形成吸入和排出两个空间。当齿轮按图中所示的箭头方向转动时,吸入空间内两轮的齿互相拨开,呈容积增大的趋势,从而形成低压将液体吸入,然后液体分为两路沿泵内壁被齿轮嵌住,并随齿轮转动而到达排出空间。排出空间内两轮的齿互相合拢,呈容积减小的趋势,于是形成高压而将液体排出。齿轮泵的扬程高而流量小,适用于输送黏稠液体以及膏状物,但不能输送含有固体粒子的悬浮液,以防齿轮磨损。

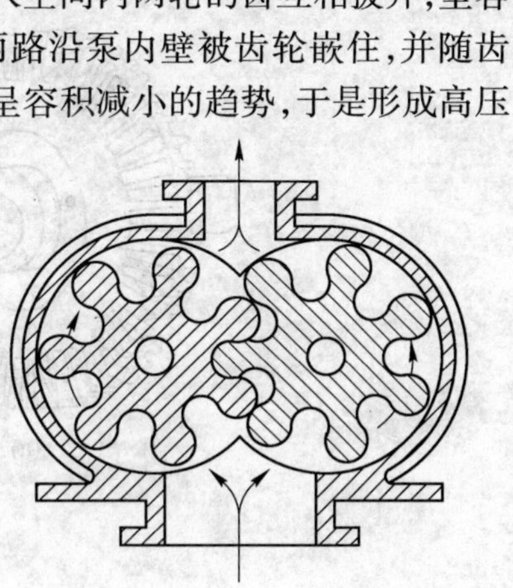

图9-10　齿轮泵

9.4　螺杆泵

螺杆泵主要由泵壳和一根或两根以上的螺杆构成。图9-11(b)所示的双螺杆泵实际上与齿轮泵十分相似,它利用两根相互啮合的螺杆来排送液体。当所需压力较高时,可采用较长的螺杆。

螺杆泵扬程高、效率高、噪声低,适用于在高压下输送黏稠性液体。

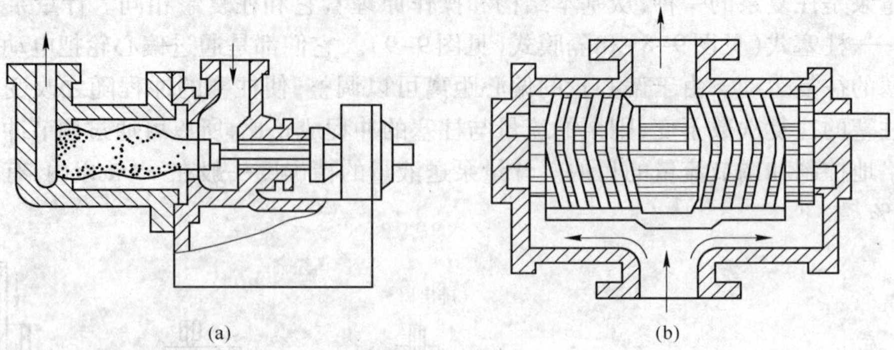

图 9-11　螺杆泵

(a) 单螺杆泵;(b) 双螺杆泵

螺杆泵和齿轮泵的作用原理和往复泵的区别在于:往复泵(包括柱塞泵和隔膜泵)是靠活塞的往复运动所造成的容积变化来吸液和排液的,而螺杆泵和齿轮泵则是靠泵体内转子的旋转运动所造成的容积变化来吸液和排液的,所以,螺杆泵和齿轮泵又可称为旋转泵。

螺杆泵和齿轮泵与往复泵一样,也都属于正位移泵的范畴,其流量调节也需采用旁路系统调节。

9.5　旋涡泵

旋涡泵是一种特殊类型的离心泵,它由泵壳和叶轮组成。其叶轮如图 9-12(a)所示,它的叶轮由一个四周铣有凹槽的圆盘构成,叶片呈辐射状,排列数目可多达几十片。旋涡泵内结构情况如图 9-12(b)所示,其上有叶片 2 的叶轮 1 在泵壳 3 内旋转,壳内有引液道 4,吸入口 6 和排出口 7 间有间壁 5,间壁与叶轮间的缝隙很小,使吸入腔和排出腔得以分隔开。泵内液体随叶轮旋转的同时,又在引液道与叶片间反复运动,因而被叶片拍击多次,获得较多的能量。

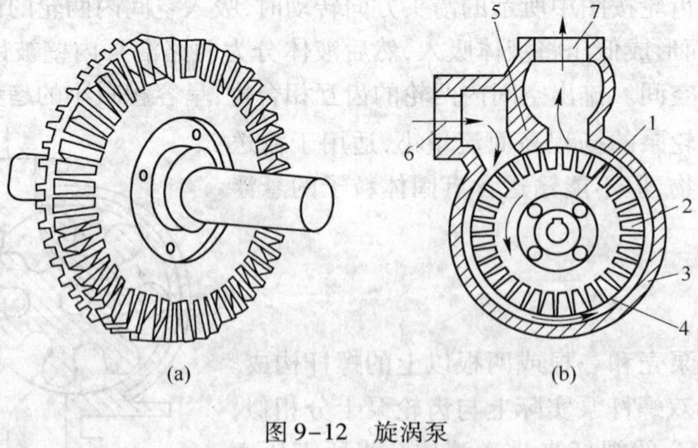

图 9-12　旋涡泵

(a) 叶轮;(b) 工作原理示意图

1—叶轮;2—叶片;3—泵壳;4—引液道;5—间壁;6—吸入口;7—排出口

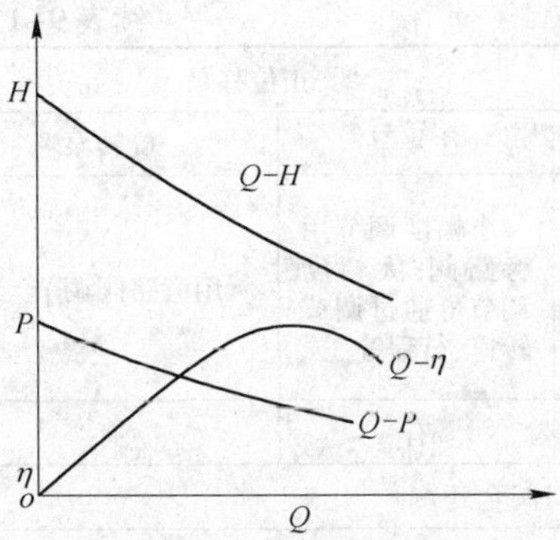

图9-13　旋涡泵的特性曲线图

旋涡泵适用于要求输液量小、扬程高而黏度不大的液体。因液体与引液道之间的反复迂回是靠离心力的作用,故旋涡泵在启动前也需要灌满液体。旋涡泵的最高效率一般比离心泵的低,特性曲线(见图9-13)也与离心泵的不同。当流量减小时,扬程升高很快,轴功率也增大,所以此类泵应避免在太小的流量或出口阀全关的情况下长期运转,以保证泵和电动机的安全。旋涡泵的流量调节方法与正位移泵的相同。旋涡泵的 $Q-P$ 曲线是向下倾斜的。当流量为零时,轴功率最大,所以在启动泵时,出口阀必须全开。

9.6　轴流泵

轴流泵的结构如图9-14所示,其工作叶轮装在一个肘管内,或者是靠近肘管的管道折中,转轴带动叶轮旋转,使液体沿轴向流动,因此称为轴流泵。

轴流泵所提供的扬程一般都比较小,但输液量较大,特别适用于要求大流量、低扬程的输送系统中。

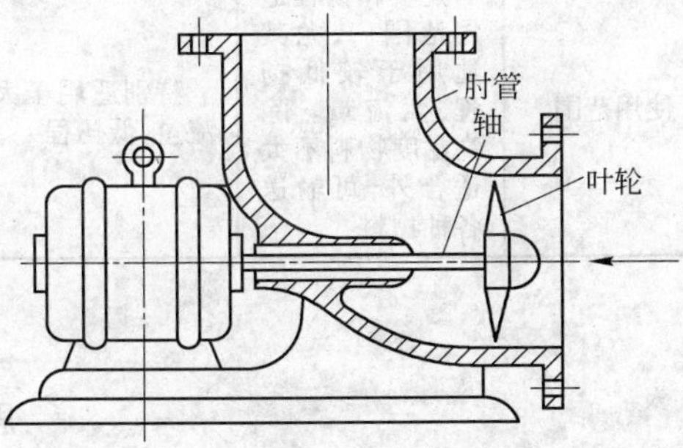

图9-14　轴流泵

9.7　生产用泵性能比较

在生产使用的泵型中,目前以离心泵应用最为广泛,因为它具有结构简单、紧凑,流量均匀,调节简便,可采用各种耐腐蚀材料、适应范围广等优点。缺点是扬程一般不很高,效率较低,没有自吸能力、开机前必先灌泵等。

往复泵的优点是扬程高,流量固定,效率较高,有自吸能力等,但其结构复杂,设备笨重,需要减速箱以及曲柄连杆等传动机构,在不少地方已逐渐被其他形式的泵所代替。

齿轮泵和螺杆泵是典型的旋转泵,具有流量小、扬程高的特点,特别适用于输送高黏度的液体。对于输送量小、扬程高的洁净液体,一般采用旋转泵和旋涡泵输送。

表9-1为各种泵的比较和适应范围,可供选泵时参考。

表9-1　各类用泵的性能比较

泵的类型		非正位移泵			正位移泵	
		离心泵	轴流泵	旋涡泵	往复泵	旋转泵
流量	均匀性	均　匀	均　匀	均　匀	不均匀	尚　可
	恒定性	随管路特性而变			恒　定	恒　定
	范　围	广,易达到大流量	大流量	小流量	较小流量	小流量
扬程大小		不易达到高扬程	扬程低	扬程较高	高扬程	较高扬程
功　率		稍低,愈偏离额定值愈小	稍低,高效区窄	低	高	较　高

续表 9-1

泵的类型		非正位移泵			正位移泵	
		离心泵	轴流泵	旋涡泵	往复泵	旋转泵
操作	流量调节	小幅度调节用出口阀,很简单;大泵大幅度调节可通过调节转速或切削叶轮直径	小幅度调节用旁路阀;有些泵可以调节叶片角度	用旁路阀调节	小幅度调节用旁路阀;大幅度调节可通过调节转速、行程等	用旁路阀调节
	自吸作用	一般没有	没　有	部分型号有	有	有
	启　动	出口阀关闭	出口阀全开			
	维　修	简　便			麻　烦	较简便
结构与造价		结构简单,造价低廉		结构紧凑简单,加工要求稍高	结构复杂,振动大,体积庞大,造价高	结构紧凑、加工要求较高
使用范围		流量和扬程适用范围广,尤其适用于较低扬程、大流量。除高黏度物料不太适合外,可输送各种物料	特别适用于大流量、低扬程	适用于高扬程、小流量的清洁物料	适宜输送流量小、高扬程的物料;输送悬浮液时,要采用特殊结构的隔膜泵	适宜输送小流量、较高扬程的物料,对高黏度物料比较合适

思 考 题

9-1　试说明往复泵的流量、扬程与离心泵有何不同。

9-2　比较往复泵和离心泵,各有何特点?

9-3　什么是正位移泵(系统)?如何实施流量调节,为什么?

9-4　说明往复泵空气室的作用及原理。

习　题

9-1　某单动往复泵活塞的直径为 160 mm、冲程为 200 mm。现拟用该泵将密度为 930 kg/m^3 的某种液体从敞口贮液槽送至某设备中,要求的流量为 25.8 m^3/h,设备的液体入口较贮液槽面高 19.5 m;设备内液面上的压力(表)为 314 kPa,外界大气压为 98.1 kPa,管路的压头损失为 10.3 m。当有 15% 的液体漏损和总效率为 72% 时,试分别计算此泵活塞每分钟往复的次数与轴功率。

9-2　某双动往复泵的柱塞直径为 180 mm,柱塞杆的直径为 60 mm,曲柄的半径为 145 mm,柱塞每分钟往复 55 次。为了测定此泵的性能,浆泵排出的水注入一个直径为 3 m 的贮水桶中,在 26.6 min 的试验中,桶内的水面升高 2.6 m,试求泵的容积效率。

单元10 气体输送机械

学习目标

(1) 掌握气体输送机械的工作原理、性能、适用范围及操作方法。

(2) 理解全风压、动风压、静风压的概念。

(3) 了解气体输送机械的分类方法、设备结构、多级压缩流程。

在生产过程中,常会涉及原料、半成品或成品以气体状态存在的过程。对此类过程,也需要通过传送机械赋予气体一定的外加能量,从而将其从一个地方输送到另一个地方。同时,由于生产往往是在一定的浓度、温度和压力的条件下进行的,这就需要通过特定的机械来创造必要的压力条件。此外,在生产过程中,有时还采用气源来控制某些自动化仪表。因此,生产中除大量使用液体输送机械之外,还广泛使用着气体输送机械。

由于气体是可压缩流体,故在输送机械的内部不仅气体的压力会发生变化,而且体积和温度也会随之变化。气体压力、体积、温度的变化过程,对气体输送机械的结构和形状都有着较大的影响。气体输送机械通常根据终压(出口的表压力)或出口压力与进口压力之比(称为压缩比)来进行如下分类:

(1) 通风机——终压(表压)不大于15 kPa;

(2) 鼓风机——终压(表压)为15~300 kPa,压缩比小于4;

(3) 压缩机——终压(表压)在300 kPa以上,压缩比大于4;

(4) 真空泵——将气体从低于大气压的容器或设备内抽到大气中,出口压力为大气压或略高于大气压,压缩比根据所造成的真空度决定。

此外,气体输送机械按其结构与工作原理也可分为离心式、往复式、旋转式和流体作用式。

10.1 通风机

通风机是一种用于低压下沿导管输送气体的机械。在厂中,通风机的使用非常普遍,尤其是高温和毒气浓度较大的车间,常用它来输送新鲜空气、排除有害气体和降温等。

常用的通风机械有轴流式与离心式两种。

10.1.1 轴流式通风机

轴流式通风机的结构如图10-1所示。在机壳内装有高速转动的叶轮,叶轮上固定有12片类似螺旋桨的叶片。当叶片旋转时,叶片推动空气使之沿着与轴平行的方向流动。叶片将能量传给空气,使排出气体的压力略有增加,所以它的特点是出口压力不大而风量大。

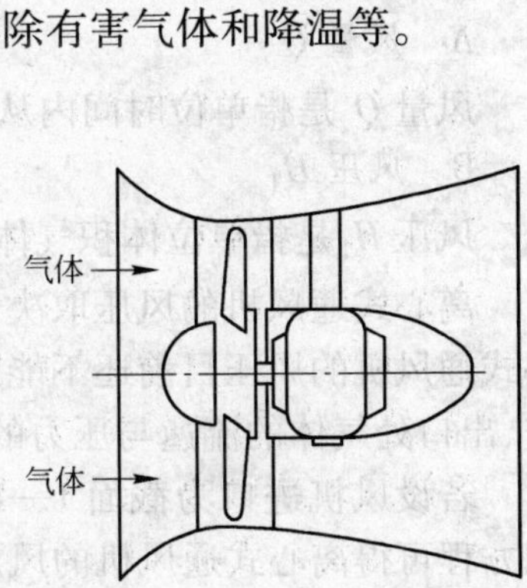

图10-1 轴流式通风机

轴流式通风机的体积较小,重量轻,常装在需要送风的墙壁或天花板上(如家用换气扇),也可以临时放置在需要送风的场合。

10.1.2 离心式通风机

10.1.2.1 结构和工作原理

离心式通风机的结构如图 10-2 所示。它的机壳和离心泵一样,也是蜗壳形的,出口气体流道的断面有方形和圆形两种。一般,低、中压通风机的叶轮上的叶片是平直的,与轴心成辐射状安装。中、高压通风机的叶片则是弯曲的,所以高压通风机的外形与结构与单级离心泵更为相似。

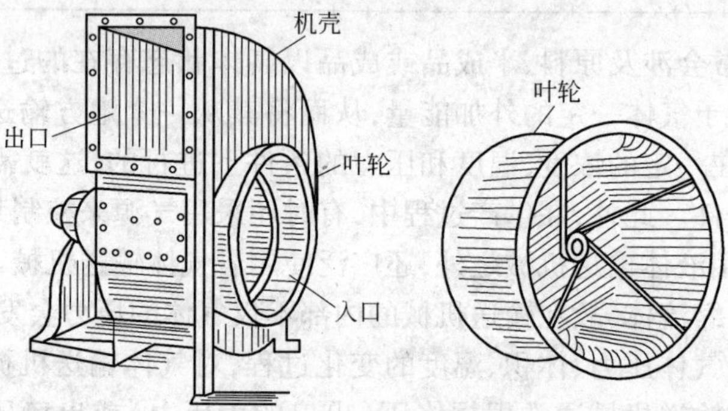

图 10-2 离心式通风机

离心式通风机的工作原理与离心泵的相似。高速旋转的叶轮带动壳内气体进行旋转运动。因离心力作用,气体流向叶轮的边缘处,气体的压力和速度均有所增加,气体进入蜗形外壳时,一部分动压头转变为静压头,从而使气体具有一定的静压头与动压头而排出;同时,中心处产生低压,将气体由吸入口不断吸入机体内。

10.1.2.2 主要性能参数与特性曲线

离心式通风机的主要性能参数有风量、风压、轴功率和效率。由于气体通过风机时压力变化较小,在风机内运动的气体可视为不可压缩流体。所以,也可以用伯努利方程来分析离心式通风机的性能。

A 风量 Q

风量 Q 是指单位时间内从风机口排出的气体体积,单位为 m^3/s 或 m^3/h。

B 风压 H_T

风压 H_T是指单位体积气体通过风机所获得的能量,单位为 Pa 或 J/m^3。

离心式通风机的风压取决于风机的结构、叶轮尺寸、转速和进入风机的气体的密度。离心式通风机的风压目前还不能用理论方法进行计算,而是由实验测定。一般通过测量风机进、出口处气体的流速与压力的数值,按伯努利方程来计算风压。

若设风机进口为截面 1—1′,出口为截面 2—2′,则根据以单位体积流体为基准的伯努利方程可得离心式通风机的风压为:

$$H_T = W_e\rho = (Z_2 - Z_1)\rho g + (p_2 - p_1) + \frac{u_2^2 - u_1^2}{2}\rho + \rho \sum h_{f,1-2} \quad (10-1)$$

式中,各项单位均为压力的单位,Pa。

由于ρ与Z_2-Z_1值都较小,故$(Z_2-Z_1)\rho g$一项可忽略;风机进、出口管段很短,$\rho\sum h_{f,1-2}$一项也可忽略;又当风机进口处与大气直接相通,且截面1—1′位于风机进口外侧时,$u_1=0$,因此式(10-1)可简化为:

$$H_T=(p_2-p_1)+\frac{u_2^2}{2}\rho \tag{10-2}$$

式中,p_2-p_1称为静风压;$\frac{u_2^2}{2}\rho$称为动风压。因离心式通风机出口处气体的流速较大,故动风压不能忽略。根据上述讨论,离心式通风机的风压为静风压与动风压之和,故又称全风压。通风机性能表上所列的风压是全风压。

由式(10-2)可见,离心式通风机的风压随进入风机气体的密度而变。风机性能表上的风压,一般是在20℃、1.013×10^5 Pa的条件下用空气测得的,该条件下空气的密度为1.2 kg/m³。若实际操作条件与上述的实验条件不同,应按式(10-3)将操作条件的风压换算为试验条件下的风压H_T,然后按H_T的数值来选择风机。

$$H_T=H'_T\frac{\rho}{\rho'}=H'_T\frac{1.2}{\rho'} \tag{10-3}$$

离心式通风机按所产生的风压不同,可分为以下三类:

(1) 低压离心式通风机——出口风压低于1 kPa;

(2) 中压离心式通风机——出口风压为1~2.94 kPa;

(3) 高压离心式通风机——出口风压为2.94~14.7 kPa。

中低压离心式通风机主要用于换气,高压离心式通风机则主要用来输送气体。

C　轴功率与效率

离心式通风机的轴功率可以式(10-4)计算。

$$P=\frac{H_TQ}{1000\eta} \tag{10-4}$$

式中　P——轴功率,kW;

H_T——全风压,Pa;

Q——风量,m³/s;

η——机械效率,因按全风压定出,故又称为全压效率。

应注意,在应用式(10-4)计算轴功率时,式中的Q与H_T必须是同一状态下的数值。

离心式通风机的特性曲线(见图10-3)表示某种型号的风机在一定转速下,风量Q与风压H_T,静风压H_{st}、轴功率P及机械效率η四者间的关系。

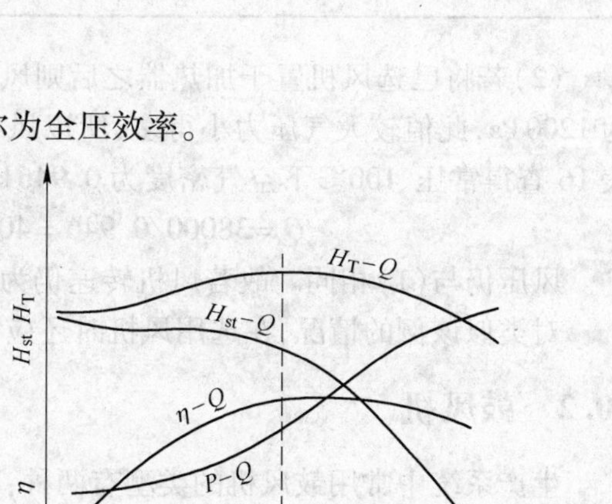

图10-3　离心通风机的特性曲线

10.1.2.3　离心式通风机的选用

离心式通风机的选用与离心泵的选用相类似,其选择步骤如下:

(1) 计算风压。先根据式(10-2)计算出输送系统所需的实际风压,在按式(10-3)将实际风压换算成实验条件下的风压。

(2) 确定风机的类型。根据所输送气体的性质(如清洁空气,易燃、易爆或腐蚀性气体以及含尘气体等)与风压的范围,确定风机的类型。若输送的是清洁气体,或与空气性质相近的气体,可选用一般类型的离心式通风机。常用的一般类型的离心式通风机有4－27型、8－18型和9－27型。其中,4－27型属于中低压通风机,8－18型和9－27型属于高压通风机。

(3) 选用设备。根据以风机进口状态计算的实际风量与实验条件下的风压从风机样本或产品目录中的特性曲线或性能表中选择合适的机型。离心式通风机的型号是在类型之外附注机号,用以表示风机的叶轮直径。如4－72No.12型通风机:4－72表示风机类型;No.12表示机号,其中12表示叶轮直径为12 dm。

离心式通风机的选择原则与离心泵的相同,在此不再赘述。

【例10-1】 用风机将20℃、38000 kg/h的空气送入加热器,加热至100℃,然后经管路再输送到常压设备内,输送系统所需全风压为1200 Pa(按60℃、常压计)。

(1)试选合适的风机;

(2)若将所选风机置于加热器之后是否能满足输送要求?

解:(1)已知空气在20℃常压下的密度为1.2 kg/m³,则风量为:

$$Q = 3800/1.2 = 31670\ \mathrm{m^3/h}$$

由附录2中的附表16查得60℃常压下空气密度为1.06 kg/m³,故实验条件下的风压为

$$H_T = H'_T \frac{\rho}{\rho'} = H'_T \frac{1.2}{\rho'} = 1200 \times \frac{1.2}{1.06} = 1359\ \mathrm{Pa}$$

根据计算的风量及风压,由附录11查得4－72－11No.10c型离心式通风机可满足要求。其性能见表10-1。

表10-1　4－72－11No.10c型离心式通风性能参数

转速/r·min⁻¹	风压/Pa	风量/m³·h⁻¹	效率/%	功率/kW
1000	1422	32700	94.3	16.5

(2)若将已选风机置于加热器之后则风量发生明显变化。由题意知管路系统所需风压为1200 Pa,此值较大气压力小得多,所以风机入口处的压力可按常压计。由附录2中的附表16查得常压、100℃下空气密度为0.946 kg/m³,故风量为:

$$Q = 38000/0.946 = 40170\ \mathrm{m^3/h}\ (>32700\ \mathrm{m^3/h})$$

风压仍与(1)相同。故若风机转速仍为1000 r/min,则此风机不能满足输送要求。

对类似该例的情况,在选用风机时还应考虑风机是否能承受高温。

10.2　鼓风机

生产系统中常用鼓风机的类型有两种:离心式鼓风机和旋转式鼓风机。

10.2.1　离心式鼓风机

离心式鼓风机又称透平鼓风机,常采用多级(级数范围为2～9级),故其基本结构和工

作原理与多级离心泵较为相似。图10-4所示为五级离心式鼓风机,气体由吸气口吸入后,通过第一级的叶轮和第一级扩压器,然后转入第二级叶轮入口,再依次逐级通过以后的叶轮和扩压器,最后经过蜗形壳由排气口排出,其出口表压力可达300 kPa。

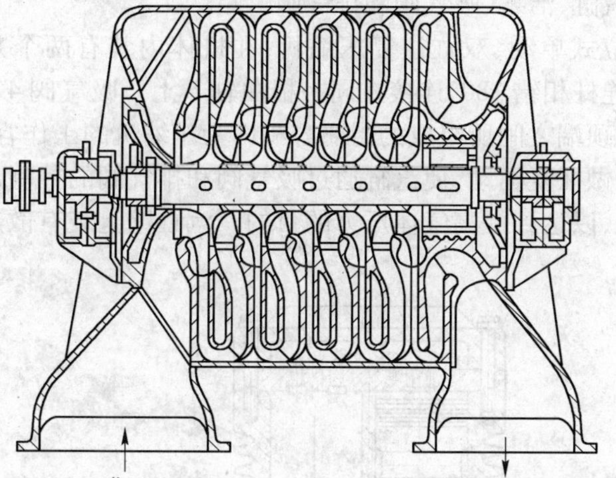

图10-4　离心式鼓风机

由于在离心式鼓风机中气体的压缩比不大,所以无需设置冷却装置,各级叶轮的直径也大致上相等,其选用方法与离心式通风机相同。

10.2.2　旋转式鼓风机

旋转式鼓风机形式很多,最常用的是罗茨鼓风机。罗茨鼓风机的工作原理与齿轮泵相似,如图10-5所示,机壳内有两个特殊形状的转子,常为腰形或三角形,两转子与机壳之间的缝隙很小,使转子能自由转动而泄漏少。两转子旋转方向相反,可使气体从机壳一侧吸入,从另一侧排出。如改变转子的旋转方向,则吸入口和排出口可互换。

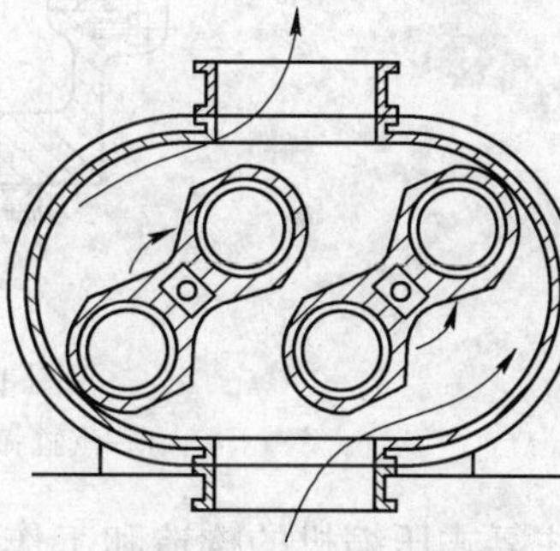

图10-5　罗茨鼓风机

罗茨鼓风机的风量和转速成正比,而且不受出口压力变化的影响。罗茨鼓风机转速一定时,风量可大体保持不变,故称之为定容式鼓风机。其输气量范围为2～500 m^3/min,出口表压力一般在80 kPa以内,但以表压力在40 kPa左右时的效率较高。

罗茨鼓风机的出口应安装气体稳压罐(又称缓冲罐),并配置安全阀。出口阀门不能完全关闭,一般采用回流支路调节流量。此外操作温度不宜大于85℃,以免因转子受热膨胀而发生碰撞和摩擦,降低设备的机械效率。

10.3　压缩机

当生产过程中需要将气体压力大幅度提高时,就需要使用压缩机来实现。目前使用的压缩机主要有两种类型:离心式压缩机及往复式压缩机。

10.3.1　往复式压缩机

往复式压缩机的构造、工作原理与往复泵相似。它依靠活塞的往复运动而将气体吸入和压出，主要部件有汽缸、活塞、吸气阀和排气阀。

图 10-6 所示为立式单动、双缸往复压缩机，在机体内装有两个并联的汽缸 1，称为双缸，两个活塞 2 通过连杆相错 180°连接在同一根曲轴 5 上。吸气阀 4 和排气阀 3 都在汽缸的上部。汽缸与活塞顶端之间所组成的封闭容积即为压缩机的工作容积。曲柄连杆机构推动活塞不断在汽缸中做往复运动，使汽缸通过吸气阀和排气阀的控制，循环地进行吸气—压缩—排气—膨胀过程，以达到提高气体压力的目的。汽缸壁上装有散热翅片以进行冷却。

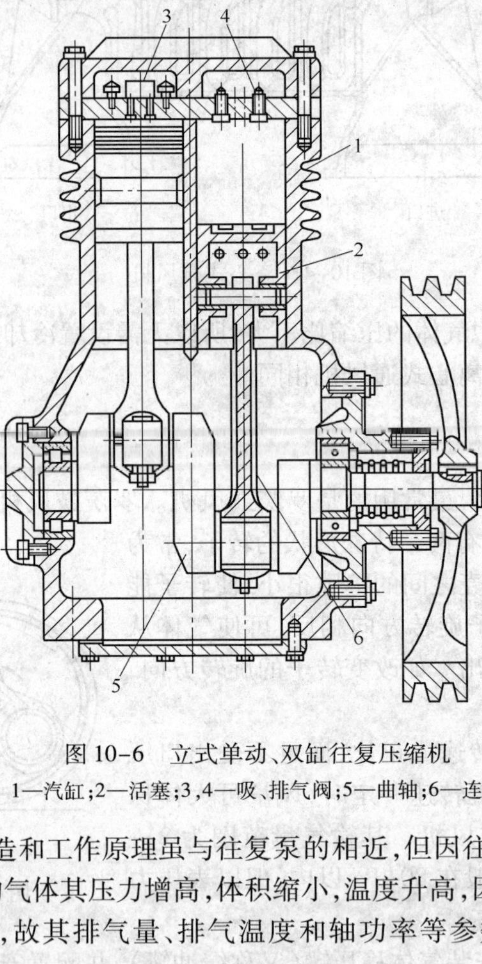

图 10-6　立式单动、双缸往复压缩机

1—汽缸；2—活塞；3，4—吸、排气阀；5—曲轴；6—连杆

往复式压缩机的构造和工作原理虽与往复泵的相近，但因往复式压缩机所处理的是可压缩的气体，经压缩后的气体其压力增高，体积缩小，温度升高，因此往复式压缩机的工作过程与往复泵又有所不同，故其排气量、排气温度和轴功率等参数应用热力学基础知识去解决。

10.3.1.1　往复式压缩机的工作过程

虽然往复压缩机的基本结构和操作原理与往复泵很相近，但因气体的密度小、可压缩，所以在结构上要求吸气阀和排气阀必须更加轻便灵巧，易于启闭。为了移除压轴过程所放出的热量，以降低气体的温度、保证吸气量，必须附设冷却装置。在压出阶段终了时，在保证活塞与汽缸端盖不发生碰撞的前提下，要控制活塞上始点与汽缸端盖之间的间隙容积（称为余隙)尽可能小;各处配合须更加严密等,以提高压缩机的工作效率。

根据上述分析可知,往复式压缩机的工作过程与往复泵有所不同。下面就以单缸往复压缩机为例来说明往复压缩机工作过程中的有关问题。

为了便于分析往复压缩机的工作过程,首先假设被压缩气体为理想气体,气流在流经吸气和排气阀门时的流动阻力可忽略不计,设备密封良好无泄漏。即在吸气过程中汽缸内气体的压力恒等于出口处的压力。图10-7所示为单动往复压缩机有余隙时的压缩循环示意图,图中(a)、(b)、(c)、(d)表示活塞在运动中的位置变化;(e)是表示压缩循环的压容图。现从汽缸的工作容积已经充满压力为 p_1 的低压气体后开始说明,此时如图10-7(a)所示,活塞位于右端点(又称下始点),汽缸的工作容积已经充满压力为 p_1、体积为 V_1(亦即汽缸的工作容积)的气体。汽缸内气体相应的状态点,在 $p-V$ 图上以点1表示。活塞开始向左移动时,由于吸气阀为单向阀,具有止逆作用而自动关闭,而排气阀因为出口管路中的气体压力大于此时汽缸内的压力,故被出口管路中的气体压住而不能开启。所以当活塞开始向左移动时,汽缸内气体的压力升到等于出口管路中的气体压力 p_2 止。此时汽缸内气体的体积被压缩到 V_2,活塞位置如图10-7(b)所示,气体状态为 $p-V$ 图上的点2,此过程称为压缩过程,气体的状态变化过程以 $p-V$ 图上的线段1—2所示。

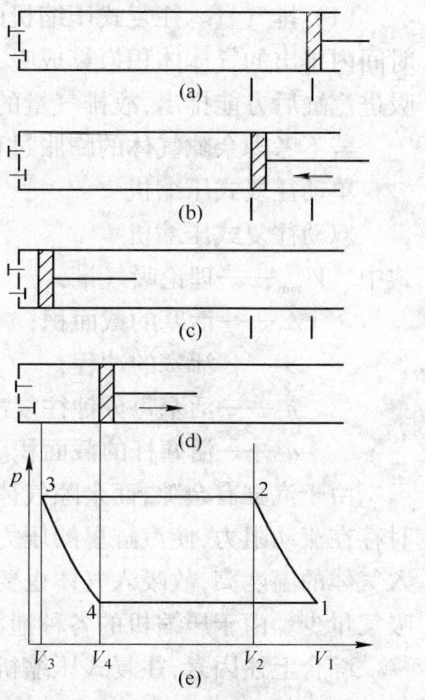

图10-7　单缸往复压缩机的往复循环

当活塞继续向左移动,当汽缸内气体压力稍大于出口管内的气体压力 p_2 时,排气阀被顶开,缸内气体开始排入到出口管路中。活塞继续移动时,缸内气体继续排出,气体体积减小,而压力保持不变,直到活塞移动到左端点(又称上始点)为止。此时,气体的体积称为 V_3,即汽缸的余隙容积,压力可近似认为等于 p_2,活塞位置如图10-7(c)所示,而气体的状态变为 $p-V$ 图上的点3,此过程称为排气过程,气体状态的变化以 $p-V$ 图上 $p=p_2$ 的水平直线2—3所示。

当活塞由左端点开始向右移动时,排气阀自动关闭。此时因余隙容积中的气体的压力大于吸入管路内的压力 p_1,所以吸气阀门仍关闭着。于是余隙容积中的气体随活塞向右移动而逐渐膨胀,同时压力下降,直到气体体积膨胀到 V_4,相应的压力减小为 p_1 为止。此时活塞位置如图10-7(d)所示,气体状态为 $p-V$ 图上的点4,此过程称为余隙气体的膨胀过程,气体的状态变化以 $p-V$ 图上的线段3—4表示。

当活塞自膨胀过程的终点继续向右移动,使得汽缸内气体的压力略小于吸入管路内的气体压力 p_1 时,吸气阀便被吸入管路内的气体顶开,气体随之进入汽缸。汽缸中气体的体积随活塞继续向右移动而逐渐增大,而汽缸内气体的压力可认为保持 p_1 不变,直到活塞移动到右端点为止,此时汽缸内气体的体积为 V_1,活塞位置如图10-7(a)所示,而气体的状态为 $p-V$ 图上点1,此过程称为吸气过程,气体状态的变化以 $p-V$ 图上 $p=p_1$ 的水平线段4—1表示。

综上所述,活塞往复一次,完成一个实际工作循环。而每个实际工作循环由吸气、压缩、排气与余隙气体膨胀四个过程所组成。其工作过程在 $p-V$ 图上可以由封闭曲线1—2—

3—4—1 表示。

10.3.1.2　往复式压缩机的主要性能参数

（1）排气量。往复式压缩机的排气量又称为压缩机的生产能力，通常将压缩机在单位时间内排出的气体体积换算成吸入状态的数值，所以又称为压缩机的输气量。气体只有被吸进汽缸后方能排出，故排气量的计算应从吸气量出发。

若不考虑余隙气体的膨胀过程，则往复式压缩机的理论气量与往复泵类似，即：

单动往复式压缩机　$V'_{\min} = ASn_r$　(10-5)

双动往复式压缩机　$V'_{\min} = (2A - a)Sn_r$　(10-6)

式中　$V'_{\min}$——理论吸气量；

A——活塞的截面积；

S——活塞的冲程；

n_r——活塞每分钟往复次数；

a——活塞杆的截面积。

由于汽缸有余隙，而余隙气体膨胀后要占据汽缸内的部分有效容积，且气体通过吸气阀时存在流动阻力，使汽缸里的压力比吸入气体的压力稍为低一些，同时汽缸内的温度又比吸入气体的温度高，故吸入气体也要膨胀而占去了部分有效容积。所以实际吸气量应比理论吸气量少。由于压缩机的各种泄漏，实际排气量又比实际吸气量要低。

综合上述因素，往复式压缩机的实际排气量 $V_{\min}$ 可近似地用式(10-7)计算：

$$V_{\min} = (0.8 \sim 0.95)\frac{V_1 - V_4}{V_1 - V_3}V'_{\min} \quad (10\text{-}7)$$

（2）轴功率与效率。气体在压缩机中被压缩时，温度和压力都相应增高，这就需要从外界输入机械能。理论和实验都可以证明：压缩机所需的理论功率与流量、压缩比以及系统与外部的换热情况等均有关。

压缩机在工作过程中，由于以下几方面原因，其机械效率 η 一般在 0.7～0.9 之间。

（1）实际吸气量比实际排气量大，凡吸入的气体都要经历压缩过程，故需消耗能量；

（2）为克服气体在汽缸内湍动及通过阀门等的流动阻力，要额外消耗能量；

（3）由于压缩机运动部件的摩擦，也要多消耗能量。

10.3.1.3　多级压缩

上面所介绍的只是气体在一个汽缸内工作的过程，该过程称为单级压缩过程。然而生产过程中常会遇到需将某些气体提高到几十、几百甚至上千个大气压的过程。当压缩比大于 8 时，一般采用多级压缩。多级压缩是将压缩机内的两个或两个以上汽缸进行串联操作的过程，每经过一次的压缩称为一级，连续压缩的次数（或串联的汽缸数）就是级数。

图 10-8 所示为双级压缩机的流程。图中 1、4 为汽缸，其直径逐渐减小，因为每次压缩之后，气体的体积都有所缩小。2 为中间冷却器，它可以将汽缸 1 引出的气体冷却到与进入该汽缸时的温度相近，然后才送入下一个汽缸 4，这样可使气体在压缩过程中的温度不致过高。5 为出口气体冷却器。3、6 为油水分离器，其作用是从被压缩的气体中分出润滑油和冷凝水，以免带入下一个汽缸或其他设备中去。气体在第一个汽缸被压缩后，经过中间冷却器

2、油水分离器3，再送入第二汽缸4进行压缩，从而达到所要求的最终压力。也可以再连续地依次经过若干个汽缸的压缩而达到所要求的最高终压。

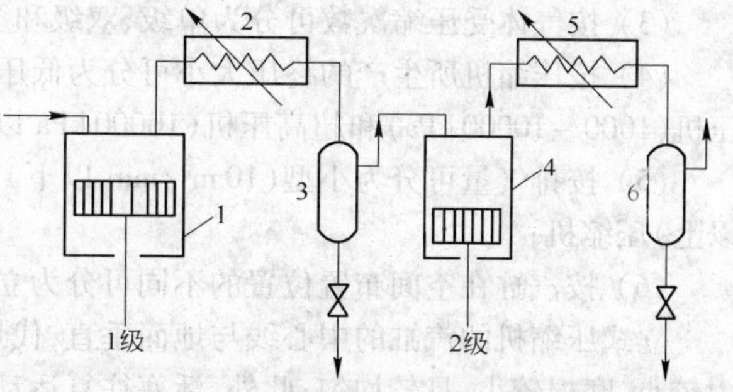

图 10-8　双级压缩流程示意图

1，4—汽缸；2—中间冷却器；3，6—油水分离器；5—出口冷却器

多级压缩与单级压缩相比具有以下优点：

（1）有利于降低排气温度。当气体进口的温度和压力一定时，压缩后气体的温度随压缩比的增加而升高。多级压缩中，每级的压缩比较低，级数选择得当，可使气体的终温不超过工艺要求。在实际生产中，不允许被压缩的气体温度过高。因为，过高的气体温度会使操作恶化，甚至破坏汽缸内润滑的性能，导致润滑油的黏度降低，失去润滑性能，使运动部件间的摩擦加剧，零件磨损加快，增加功耗。当气体温度高于汽缸内润滑油的闪点时（润滑油闪点一般在200～400℃之间），将导致润滑油着火从而引起爆炸，故其排气温度必须在润滑油闪点之下，一般低于闪点20～40℃。

（2）降低功耗。在同样的总压缩比要求下，由于多级压缩采用了中间冷却器，使压缩同样质量的气体所需消耗的功较单级压缩时为少。

（3）提高汽缸容积利用率。当余隙系数一定时，每级的压缩比将随着级数增多而减小，相应各级容积系数增大，从而提高了汽缸容积的利用率。

（4）设备的结构更为合理。若采用单级压缩，为了承受很高终压的气体，汽缸需做得很厚，同时为了能吸入初压很低而体积很大的气体，汽缸又要做得很大。如果采用多级压缩，气体经每级压缩后，压力逐渐增大，体积逐渐缩小，这样汽缸直径可逐渐缩小，而缸壁逐级增厚。此外由于采用了多级压缩，还降低了活塞上的气体力，从而使曲柄连杆尺寸也相应减小，并减少零件的磨损。

综上所述，当要求压缩比大于8时宜采用多级压缩。但是单压缩机的级数愈多，压缩系统的结构愈复杂，冷却器、油水分离器等辅助设备的数量也随级数成比例地增加，而且为克服阀门、管路系统和设备的流动阻力而消耗的能量也增加。因此过多的级数也是不合理的。必须根据具体情况，恰当地确定级数。表10-2列出了生产上级数与终压间的经验关系，以供确定压缩级数时参考。

表 10-2　级数与终压间关系

终压/kPa	<500	500～1000	1000～3000	3000～10000	10000～30000	30000～65000
级　数	1	1～2	2～3	3～4	4～6	5～7

10.3.1.4　往复式压缩机的类型与选用

往复式压缩机的形式很多，根据不同的特点有如下分类方法：

（1）按所压缩的气体种类可分为空气压缩机、氨压缩机、氧压缩机、氢压缩机以及石油气压缩机等；

（2）按汽缸吸、排气口数可分为单动和双动往复式压缩机；

(3) 按气体受压缩次数可分为单级、双级和多级压缩机;

(4) 按压缩机所生产的终压大小可分为低压机(100 kPa)、中压机(100 ~ 1000 kPa)、高压机(1000 ~ 10000 kPa)和超高压机(10000 kPa 以上);

(5) 按排气量可分为小型(10 m^3/min 以下)、中型(10 ~ 30 m^3/min)和大型(30 m^3/min 以上)压缩机;

(6) 按汽缸在空间布置位置的不同可分为立式、卧式、角式和对称平衡式等。

立式压缩机的汽缸的中心线与地面垂直,代号为 Z。由于活塞上下运动,对汽缸的作用力较小,磨损较小,且较均匀;此外,活塞往复运动的惯性力与地面垂直,故振动小,基础小,占地面积小。但其机身高,操作与检修不便。中小型压缩机常采用此形式。

卧式压缩机的汽缸的中心线与地面不平,代号为 P,其特点是机身低而长,运行时水平方向的惯性力大,占地面积大,对基础要求也比较高,但操作与维修方便。大型压缩机多为此类。

角式压缩机,即两个汽缸的中心线按一定的角度排列,有 L 型、V 型、W 型等。角式压缩机最主要的优点在于其活塞往复运动的惯性力可以被转轴上的平衡重量所平衡,其基础比立式的还要小。但由于有的汽缸是倾斜的,检修不便,一般适用于中小型压缩机。

对称平衡式压缩机,即汽缸对称地布置在电动机飞轮两侧,根据电动机与汽缸的相对位置又可分为 H 型和 M 型。对称平衡式压缩机的平衡性能好,运转平稳,操作维修很方便,在大型压缩机中采用。

选用压缩机时,首先应根据输送气体的性质确定压缩机的种类。其次根据生产任务及厂房的具体条件选定压缩机的结构形式,如立式、卧式还是角式。最后根据生产上所要求的排气量和排气压力,在相应的压缩机样本或产品目录中选择合适的型号。应予注意,压缩机样本或产品目录中所列的排气量,一般按 20℃、101.33 kPa 状态下的气体体积计算,单位为 m^3/min,排气压力以 Pa(表压)来表示。如果实际操作状态与其相差较大,则应进行校正。

10.3.2 离心式压缩机

离心式压缩机又称为透平压缩机。其主要特点是转速高(可达 10000 r/min 以上)、运转平稳、气量大、风压较高。随着生产朝着大型化发展,离心式压缩机在大型生产中的应用越来越多,特别是在一些要求压力不太大而排气量很大的情况下,它已具有完全取代往复式压缩机的趋势。根据统计资料介绍,目前发达国家日产在 600 t 以上的合成氨生产工艺中均采用离心式压缩机。而中国在近年引进的大型生产装置中多数也采用离心式压缩机。下面就离心式压缩机的工作原理以及操作等有关的问题作简要介绍。

10.3.2.1 离心式压缩机的结构和工作原理

离心式压缩机的结构和工作原理与离心式鼓风机相似,只是级数更多些(通常在十级以上)、结构更精密些。气体在叶轮带动下做旋转运动,通过离心力的作用气体的压力逐级增高,最后可以达到较高的排气压力。目前离心式压缩机的送气量可以达到 3500 m^3/min,出口最大压力可以达到 70 MPa。

图 10-9 所示为 DA220 - 72 型离心式压缩机的结构,主轴与叶轮均由合金钢制成。气体经吸入管 1 进入到第一个叶轮 2 内,在离心力的作用下,其压力和速度都得到提高,在从一级压向另一级的过程中,气体在蜗形通道中部分动能转化为压力能,进一步提高了气体的

压力;经过逐级增压作用,气体最后将以较大的压力经与蜗壳6相连的压出管向外排出。由于气体的压力增高较多,气体的体积变化较大,所以叶轮的直径应制成大小不同级,每段叶轮的直径和宽度依次缩小。段与段之间设置中间冷却器,以避免气体的温度过高。

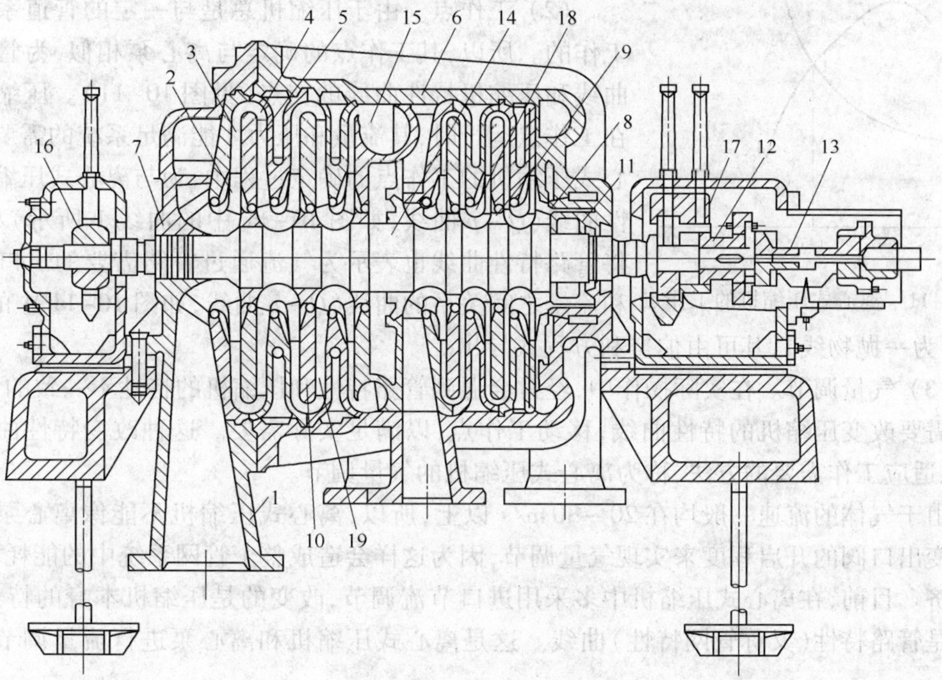

图10-9 离心式压缩机

1—吸入管;2—叶轮;3—扩压管;4—弯道;5—回流器;6—蜗壳;7,8—密封;9—隔板密封;10—轮盖密封;11—平衡盘;12—推力盘;13—联轴节;14—主轴;15—涡室;16—轴承;17—推力轴承;18—隔板;19—导流叶片

与往复式压缩机相比较,离心式压缩机具有体积小、重量轻、占地少、运转平稳、排量大而均匀、操作维修简便等优点,但也存在着制造精度要求高、加工难度大、给气量变动时压力不稳定、负荷不足时效率显著下降等缺点。

10.3.2.2 离心式压缩机的特性曲线、工作点与气量调节

(1) 特性曲线。离心式压缩机的特性曲线通常由 $Q-\varepsilon$、$Q-p$、$Q-\eta$ 三条曲线组成。但在讨论压缩机的工作点及其气量调节中,为了讨论的方便,常用出口压力 p_2 来替代压缩比,即用 $Q-p_2$ 曲线来代替 $Q-\varepsilon$ 曲线。图10-10所示是某离心式压缩机的特性曲线。

与离心泵相似,离心式压缩机的特性曲线是对特定的压缩机、在一定的转速下、通过实验测定的,它表示了该压缩机的压缩比(或排气压力)、功率以及效率随排气量(按进气状态计算)变化而变化的规律。对大多数透平式压缩机而言,$Q-\varepsilon$(或 $Q-p_2$)曲线是一条在气量不为零处有一最高点、呈驼峰状的曲线,在最高点右侧,压缩

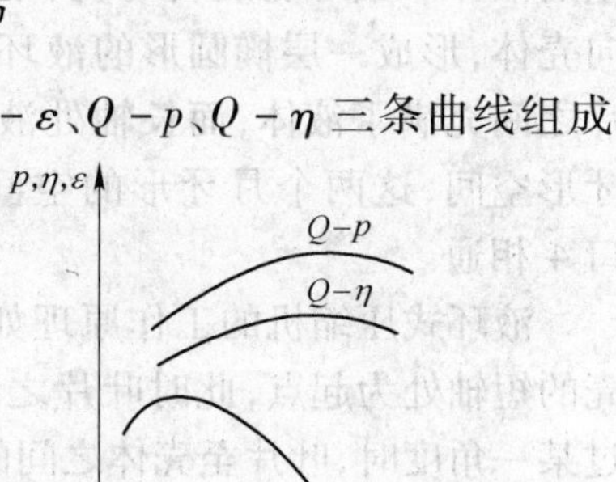

图10-10 离心压缩机的特性曲线

比（或出口压力）随着流量的增大而急剧降低。在一定范围内，透平式压缩机的功率、效率随流量增大而增大，但当增至一定的限度后，却随流量增大而减小。

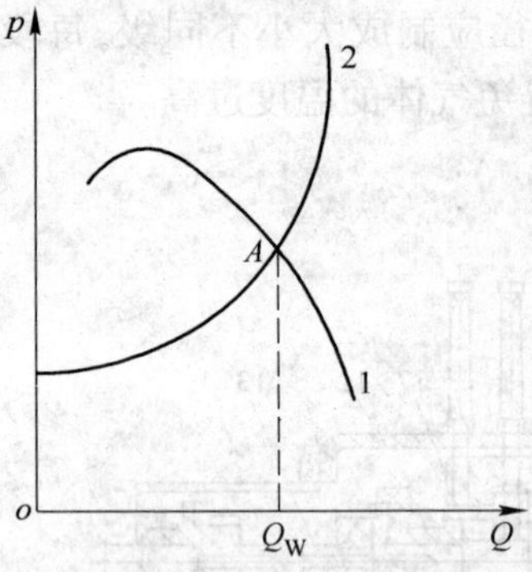

图 10-11　离心式压缩机的工作点

（2）工作点。由于压缩机总是与一定的管道系统一道工作的。所以，其工作点的确定与离心泵相似，为管路特性曲线和压缩机特性曲线的交点（见图 10-11）。压缩机只有在工作点运行时，其流量和压力才能满足系统的需要。在离心式压缩机的工作点的确定过程中，为与离心式压缩机的特性曲线（$Q-p$ 曲线，如图 10-11 中的曲线 1 所示）相一致，将管路特性曲线也表示为气流通过管路需要的出口压力 p_2 和流量之间关系的曲线（$Q-p$ 曲线，如图 10-11 中的曲线 2 所示，为一抛物线），其可由伯努利方程式导出。

（3）气量调节。在实际操作中，经常会遇到管路特性和压缩机的特性不一致的情况，这时就需要改变压缩机的特性曲线，移动工作点，以满足实际需要。这种改变特性曲线的位置，以适应工作需要的方法，称为离心式压缩机的气量调节。

由于气体的流速一般均在 20～30 m/s 以上，所以，离心式压缩机不能像离心泵那样通过改变出口阀的开启程度来实现气量调节，因为这样会造成整个管网系统中的能耗增大，很不经济。目前，在离心式压缩机中多采用进口节流调节，改变的是压缩机本身的特性曲线，而不是管路特性（又称管网特性）曲线。这是离心式压缩机和离心泵进行流量调节的主要区别。

10.3.3　液环式压缩机

生产过程中除了广泛使用往复式压缩机和离心式压缩机之外，在含有腐蚀性气体的生产系统还可能会用到液环式压缩机。液环式压缩机的结构如图 10-12 所示。它是在一个类似椭圆的外壳 1 中，安装一个具有许多前弯形叶片的叶片 2，壳中盛有适量的液体。当叶轮旋转时，由于离心力的作用，液体被抛向壳体，形成一层椭圆形的液环，在椭圆短轴处的叶轮叶片之间充满了液体，而长轴处液体不满，从而形成两个月牙形空间，这两个月牙形的空间均与泵吸入口 3 和压出口 4 相通。

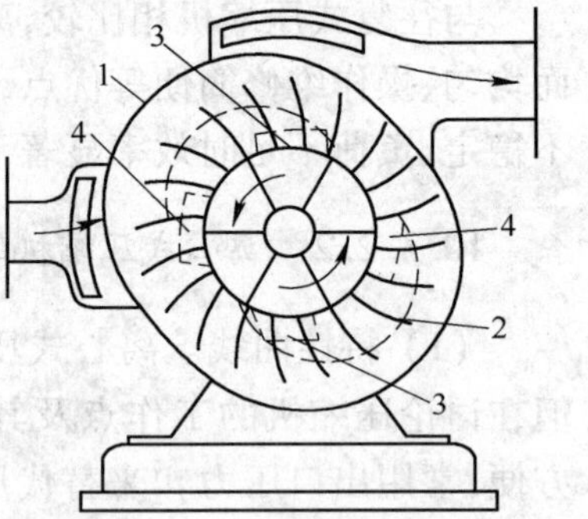

图 10-12　液环式压缩机

1—外壳；2—叶片；3—吸入口；4—压出口

液环式压缩机的工作原理如下：以叶轮片处于椭圆外壳的短轴处为起点，此时叶片之间充满着液体。当叶轮转过某一角度时，叶片至壳体之间的空间开始增大，液层向外移动。随着叶轮的继续旋转，空间逐渐扩大，形成月牙低压空间，气体被吸入。当叶轮转过椭圆外壳长轴顶端之后，叶片间形成的月牙形低压空间逐渐缩小，气体被压缩，并从压出口排出。叶轮旋转一周，压缩机两次吸入和排出气体。

在液环式压缩机中，被压缩的气体只与叶轮而不与外壳接触，因此，在输送腐蚀性气体时，只有叶轮需要用耐腐蚀材料制造，这是液环式压缩机较之往复式压缩机和离心式压缩机的一大优点。液环式压缩机所产生的表压力可达490～588 kPa,但在表压为147～177 kPa间的效率最高。

10.4　真空泵

由于真空条件下液体的沸点下降,可防止热敏性物质的受热分解、降低热量消耗、提高热量综合利用率;同时,真空状态下有利于体积增大的反应过程及解吸等单元操作过程的进行。所以,很多操作常需要在真空状态下进行,而真空泵就是使系统处于真空状态的一种机械设备。

真空泵分干式和湿式两大类。干式真空泵只能从容器中抽出干燥的气体,可以达到96%～99.9%的真空度$\left(\frac{p_a-p}{p_a}\times 100\%\right)$;湿式真空泵在抽吸气体时允许带有较多的液体,但产生真空度只能达到85%～90%。

按照工作原理,真空泵又可分为往复式真空泵、水环真空泵和喷射式真空泵等几种。

10.4.1　往复式真空泵

往复式真空泵是一种干式真空泵,其构造和工作原理与往复式压缩机相同,但它们的用途不同。压缩机是为了提高气体的压力;而真空泵则是为了降低入口气体的压力,从而得到尽可能高的真空度,这就希望机器内部的气体排除得越完全、越彻底越好。因此,往复式真空泵的结构与往复式压缩机相比较有如下不同之处。

(1) 采用的吸、排气阀(俗称“活门”)要求比压缩机更轻巧,启闭更方便,所以,它的阀片较压缩机的要薄,阀片弹簧也较小。

(2) 要尽量降低余隙的影响,提高操作的连贯性,在汽缸左右两端设置平衡气道是一种有效的措施。平衡气道的结构非常简单,可以在汽缸壁面加工出一个凹槽(或在汽缸左右两端连接一根装有连动阀的平衡管),使活塞在排气终结时,让汽缸两端通过凹槽(或平衡管)短暂连通,使得余隙中残留的气体从活塞一侧流向另一侧,从而降低余隙中气体的压力,缩短余隙气体的膨胀时间,提高操作的连贯性。

真空泵和压缩机一样,在汽缸外壁也需采用冷却装置,以除去气体压缩和部件摩擦产生的热量。此外,往复式真空泵是一种干式真空泵,操作时必须采取有效措施防止抽吸气体中带有液体,否则会造成严重的设备事故。

国产的往复式真空泵,以W为其系列代号,有W－1型到W－5型五种规格,其抽气量为60～770 m^3/h,系统绝对压力可降低至10^{-4} MPa以下。

由于往复式真空泵存在转速低、排量不均匀、结构复杂、易于磨损等缺陷,近年来已有被其他形式的真空泵取代的趋势。

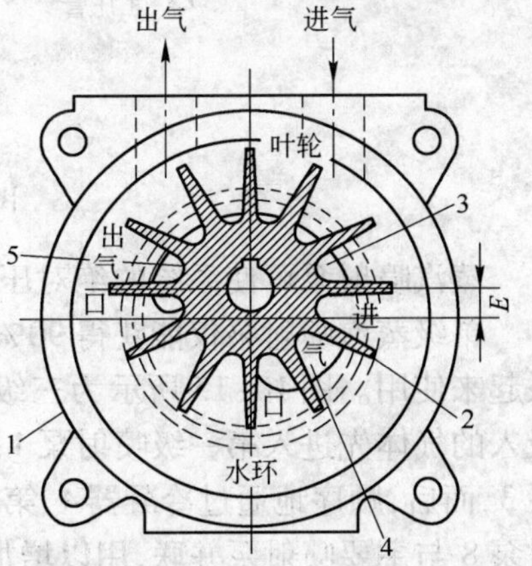

图10-13　水环真空泵

1—外壳;2—叶片;3—水环;4—吸入口;5—排出口

10.4.2　水环真空泵

水环真空泵是一种湿式真空泵,如图10－13所示。其构造是在外壳1内偏心地装有叶轮,叶轮上有辐射状的叶片2。泵壳内约充有一半容积的水,旋转时形成水环3。水环具有液封的作用,与叶片之间形成许多大小不同的密封小室。当小室空间渐增时,气体从吸入口4吸入;当小室空间渐减时,气体由排出口5排出。

水环真空泵可以造成的最高真空度为83.4 kPa左右。它也可作鼓风机用,但所产生的表压力不超过98.07 kPa。当被抽吸的气体不宜与水接触时,泵内可充以其他的液体,故又被称为液环真空泵。

此类型泵的结构较为简单、紧凑,易于制造和维修;由于旋转部分没有机械摩擦,故使用寿命长,操作性能可靠;适宜抽吸含有液体的气体,尤其在抽吸有腐蚀性或爆炸性气体时更为适宜;但其效率较低,约为30% ~50%。此外,该类型泵能形成的真空度受泵体中液体的温度(或饱和蒸气压)所限制。

10.4.3 喷射式真空泵

喷射泵是利用流体流动时的静压能与动能互相转换的原理来吸、排流体的,它既可用于吸送气体,又可用于吸送液体。喷射泵构造简单、紧凑,没有运动部件,可采用各种材料制造,适应性强。但是其效率很低、工作流体消耗量大,且由于系统流体与工作流体相混合,其应用范围受到一定的限制。故一般多作真空泵使用,而不作为输送设备用。在厂中喷射泵常用于抽真空,故又称为喷射式真空泵,其工作流体可以是蒸汽也可以是液体。

10.4.3.1 蒸汽喷射泵

图10-14所示为单级蒸汽喷射泵。工作蒸汽在高压下以很高的速度从喷嘴喷出,在喷射过程中,蒸汽的静压能转变为动能,产生低压,将气体从吸入口吸入。吸入的气体与蒸汽混合后进入扩压管,速度逐渐降低,压力随之升高,而后从压出混合气出口排出。

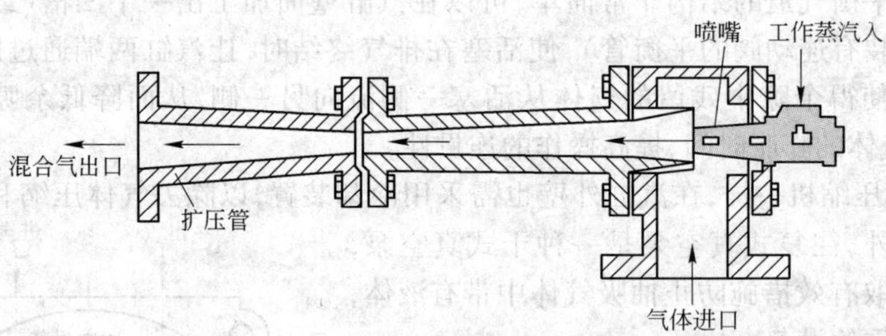

图10-14 单级蒸汽喷射泵

蒸汽喷射泵可使系统的绝对压力低至4 ~5.4 kPa,用于产生高真空较为经济。

单级蒸汽喷射泵仅能获得90%的真空。若要得到95%以上的真空,可将几个喷射泵串联起来使用。图10-15所示为三级蒸汽喷射泵。工作蒸汽经蒸汽吸入口与由气体吸入口吸入的气体先进入第一级喷射泵1;混合气经冷凝器2时蒸汽冷凝,气体则进入第二级喷射泵3,而后,顺序地通过冷凝器4、第三级喷射泵5及冷凝器6,最后由喷射泵7排出。辅助喷射泵8与主要喷射泵并联,用以增加启动速度。当系统达到指定的真空时,辅助喷射泵即可自线路中切断。各冷凝液和冷却水均流入槽9中。

三级蒸汽喷射泵可使系统的绝对压力降低至0.5 ~33 kPa,倘若采用五级蒸汽喷射泵则可使系统的绝对压力降低至 0.007 ~ 0.13 kPa。

10.4.3.2　水喷射真空泵

在生产中，当要求的真空度不太高时，也可以用具有一定压力的水作为工作流体的水喷射泵产生真空，水喷射速度一般在 15 ~ 30 m/s。

图 10-16 所示为水喷射真空泵。利用它可从设备中抽出水蒸气并加以冷凝，使设备内维持真空。水喷射真空泵的效率通常在 30% 以下，但其结构简单，能源普遍。虽比蒸汽喷射泵所产生的真空度低，但由于它具有产生真空度和冷凝蒸汽的双重作用，被广泛用于真空蒸发设备。水喷射真空泵既可作为冷凝器又可作为真空泵，所以也常称其为水喷射泵冷凝器。

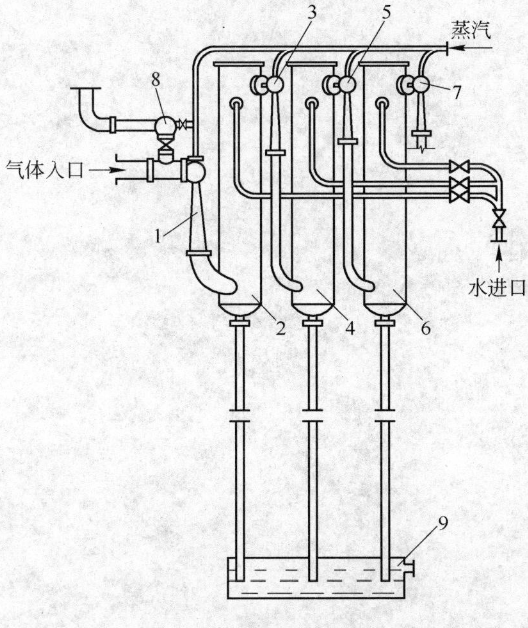

图 10-15　三级蒸汽喷射泵

1—第一级喷射泵；2,4,6—冷凝器；3—第二级喷射泵；5—第三级喷射泵；7—喷射泵；8—辅助喷射泵；9—槽

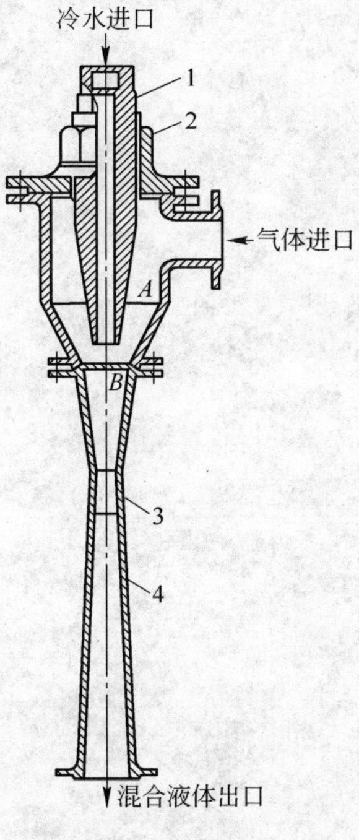

图 10-16　水喷射真空泵

1—喷嘴；2—螺母；3—喉管；4—扩压管

思考题

10-1　何谓离心式通风机的风压？

10-2　往复式压缩机的类型有哪些？如何选用？

10-3　多级压缩的特点有哪些？如何确定级数？

10-4　简述压缩系统中油分与冷却器的作用。

10-5　真空泵主要有哪些类型，各有何特点及适用于什么场合？

习　题

10-1　现需输送温度为200℃、密度为0.17 kg/m^{3}的烟气，要求输送量为12700 m^3/h，全风压为120 mmH_2O。当地大气压为98.7 kPa，工厂仓库中有一台风机，其铭牌上流量为12700 m^3/h，全风压为160 mmH_2O。试问该风机是否可用？

10-2　拟用一风机向某一换热器和常压干燥器系统输送空气，空气温度为293 K，质量流量为30 t/h。若所需的风压为380 mmH_2O，试选一台合适的风机。

10-3　某单级单动往复压缩机的汽缸内径为180 mm，活塞冲程为200 mm，往复次数为240（1/min）。现需向某设备以80 kg/h的流量提供压缩空气，此压缩机能否满足工作要求？

模块3

传　　热

传热是指由于温度差引起的能量转移，又称热传递。由热力学第二定律可知，凡是有温度差存在时，能量就会从高温处传递到低温处。因此传热是自然界和工程技术领域中极普遍的一种传递现象。无论是在能源、宇航、化工、动力、冶金、机械、建筑等工业部门，还是在农业、环境保护等其他部门中，都涉及许多有关传热的问题。

单元11　传热概述

学习目标

(1) 掌握热传导、热对流、热辐射的传热特点，传热基本概念。

(2) 理解定态传热与非定态传热。

传热过程普遍存在于生产中，且具有极其重要的作用。应予指出，热力学和传热学两门学科既有区别又有联系。热力学研究物质的平衡状态，确定系统由一种平衡状态变到另一种平衡状态所需的总能量，不研究引起传热的机理和传热的快慢，而传热学研究能量的传递速率。热力学(能量守恒定律)和传热学(传热速率方程)两者的结合，可解决实际的传热问题。

这里主要讨论热传导、对流传热、热辐射、两种流体传热的基本原理、热量衡算及常用换热设备的设计和选型。

11.1　传热的基本方式

热的传递是由于系统内两部分之间的温度不同而引起的，热量总是自动从高温物体传给低温物体。传热的基本方式有热传导、热对流和热辐射三种。

(1) 热传导。物体中温度较高部分的分子因振动而与相邻的分子相互碰撞，并将能量的一部分传给后者，借此，热能就从物体的一部分传至另一部分。这种传递热量的方式称为热传导，简称导热。在导热过程中，物体中的分子并不发生相对位移，是静止物体内的一种传热方式。对于金属固体而言，导热是由于自由电子的运动而产生的，因此金属的导热能力更为显著。

(2) 热对流。流体内部质点之间发生相对位移和混合所引起的热传递过程称为热对流，简称对流。热对流仅发生在流体中。

对流传热的特点是靠近壁面附近的流体层中依靠热传导方式传热，而在流体主体中则主要依靠对流方式传热，所以对流传热与流体流动状况密切相关。在流体中产生对流的原因有：

1）因流体中各处的温度不同而引起密度的差别，轻者上浮、重者下沉，流体质点产生相对位移，这种对流称为自然对流。

2）因外力所致的质点强制运动，如泵（风机）或搅拌等，这种对流称为强制对流。

工程传热过程中，常遇到的并非单纯对流方式，而是流体热对流和热传导联合作用的传热过程，即热由流体传到固体表面（或反之）的过程，由此可见，虽然热对流是一种基本的传热方式，但是由于热对流往往伴随着热传导，要将两者分开处理是困难的，因此一般并不讨论单纯的热对流，而是着重讨论具有实际意义的对流传热。

（3）热辐射。热能以电磁波的形式传播称为热辐射。绝对零度以上的任何物体（固体、气体和液体）都能以辐射的方式传热，而不借助任何传递介质。在放热处，热能以电磁波的形式转化为辐射能，当此辐射能遇到另一能够吸收辐射能的物体时，则可部分或全部地被吸收并再转变为热能。两物体之间的辐射传热过程是相互辐射和吸收能量的总结果。

物体的热辐射能力与温度有关。物体只要在绝对零度以上，即能发射辐射能，而且温度愈高，辐射能力愈强。

上述三种传热基本方式，一般不单独存在，往往是相互伴随、同时出现。传导、对流和辐射可以通过多种形式组成一个传热过程。例如，热量在设备保温层中的传递，以导热为主，而由保温层外表面向周围空气的散热，则是对流和辐射联合传热的结果。

11.2　传热基本概念

（1）传热推动力与传热阻力。热量从一物体传到另一物体或从物体某部位传到另一部位的过程需要有推动力。热量传递的条件是不同物体或物体的不同部位存在温度差，所以热量传递的推动力为温度差，用 Δt 表示，单位为℃或 K。阻碍热量传递的因素合称为传热阻力或热阻，用 R 表示，单位为℃/W 或 K/W。

（2）传热速率与热通量。传热过程中，热量传递的快慢用传热速率（热流量）表示。传热速率指单位时间内通过传热面的热量，用 Q 表示，单位为 W。传热速率可表示为：

$$Q=\frac{\Delta t}{R} \tag{11-1}$$

热通量（热流密度）指单位时间内通过单位传热面积的热量，用 q 表示，单位为 W/m^2。热通量是反映传热强度的指标，又称热流强度。

$$q=\frac{Q}{S} \tag{11-2}$$

式中　S——传热面积。

（3）定态传热与非定态传热。空间中各点的温度不随时间而变，仅为位置的函数，此时发生的传热称为定态传热。定态传热时在同一热流方向上的传热速率为常数。如果空间中各点的温度不仅是位置的函数，而且随时间的变化而变化，此时发生的传热称为非定态传热。

（4）传热基本方程式。传热过程的温度差在传热面的不同位置上并不相同。因此，通常采用平均温度差进行传热计算，平均温度差用 Δt_m 表示。在定态传热过程中，传热速率与传热面积和两流体的传热平均温度差成正比。

$$Q = KS\Delta t_m \tag{11-3}$$

式中 Q——总传热速率,W;

K——比例系数,又称总传热系数,W/(m^2·K)或W/(m^2·℃);

S——总传热面积,m^2;

Δt_m——两流体平均温度差,℃或K。

式(11-3)称为总传热速率方程式或传热基本方程式,是换热器设计、传热计算中最重要的方程。

思考题

11-1 对流、传导和辐射三种传热方式各有什么特点?

11-2 什么是传热速率?什么是热通量?二者之间有何联系?

11-3 试用传热理论来分析热水瓶中的传热过程及其基本形式。

11-4 何谓定态热传导?

单元12　热　传　导

学习目标

(1) 掌握热传导基本方程式及其在平壁和圆筒壁传导过程中的应用。

(2) 理解导热系数的意义。

(3) 了解温度场与等温面。

12.1　傅里叶定律及导热系数

12.1.1　温度场与等温面

一物体内部,如各点间存在温度差,则热就可由高温点向低温点传导,即产生热流。由传导方式所产生热流的大小,取决于物体内的温度分布。物体中任一点的温度为该点的位置和时间的函数,即

$$t = f(x, y, z, \tau) \tag{12-1}$$

式中　t——温度;

x, y, z——该点的空间坐标;

τ——时间。

在任一时间,物体(或空间)各点温度的分布状况称为温度场。式(12-1)即为温度场的数学表达式。

若温度场内各点的温度随时间而变,即为非定态温度场。反之,若温度场内各点的温度不随时间而变,即为定态温度场。定态温度场的数学表达式为:

$$t = f(x, y, z) \tag{12-2}$$

当物体内温度只沿一个坐标方向发生变化时,即为一维定态温度场,即

$$t = f(x) \tag{12-3}$$

同一时刻,温度场中具有相同温度的各点组成的面称为等温面。因为空间内同一个点不能同时有两个不同的温度,所以温度不同的等温面彼此不会相交。

12.1.2　傅里叶定律

傅里叶定律为热传导的基本定律,表示通过等温面的导热速率与温度梯度及传热面积成正比,即

$$\mathrm{d}Q \propto -\mathrm{d}S \frac{\partial t}{\partial n} \tag{12-4}$$

或

$$\mathrm{d}Q = -\lambda \mathrm{d}S \frac{\partial t}{\partial n} \tag{12-5}$$

式中　Q——导热速率,即单位时间传递的热量,其方向与温度变化的方向相反;

S——等温面的面积,m^2;

λ——比例系数，称为导热系数，W/(m·℃)；

$\dfrac{\partial t}{\partial n}$——温度梯度。

式(12-4)及式(12-5)中的负号表示热流方向与温度梯度的方向相反。应予指出，傅里叶定律与牛顿黏性定律相类似，不是根据基本原理推导得到的。导热系数 λ 与黏度 μ 一样，也是粒子微观运动特性的表现。可见，热量传递和动量传递具有类似性。

12.1.3　导热系数

导热系数 λ 越大，表示物质的导热性越好，所以导热系数是物质导热性能的标志，是物质的物理性质之一。其数值和物质的组成、结构、密度、温度以及压力等有关。

各种物质的导热系数可用实验的方法测得。一般说来，金属的导热系数最大，固体非金属次之，液体较小，气体最小。

(1) 固体的导热系数。在所有固体中，金属是最好的导热体。纯金属的导热系数一般随温度升高而降低。金属的纯度对导热系数影响很大，如纯铜中含有极微量的砷，其导热系数即迅速下降。

非金属的建筑材料或绝热材料，其导热系数与温度、组成及结构的致密程度有关。通常 λ 值随密度增加而加大，亦随温度升高而加大。

大多数均一的固体，其导热系数与温度均成直线关系，即

$$\lambda = \lambda_0(1+\alpha t) \tag{12-6}$$

式中　λ——固体在温度 t(℃)时的导热系数，W/(m·℃)；

λ_0——固体在0℃时的导热系数，W/(m·℃)；

α——温度系数，对大多数金属材料为负值，而对大多数非金属材料则为正值，1/℃。

(2) 液体的导热系数。非金属液体中，水的导热系数最大。除水和甘油外，绝大多数液体的导热系数随温度升高而略有减小。一般说来，纯液体的导热系数比其溶液的导热系数大。

(3) 气体的导热系数。气体的导热系数随温度升高而增大。在相当大的压力变化范围内，气体的导热系数和压力的关系不是很大。气体的导热系数很小，对导热不利，但却对保温和隔热有利。如软木、玻璃棉等就是由于其空隙存在气体，所以导热系数较小。

12.2　平壁的定态热传导

12.2.1　单层平壁的定态热传导

假设平壁面积 S 与厚度 b 所占面积之比 b/S 很大，平壁材料均匀，热导率 λ 不随温度而变化，壁内温度只沿垂直于壁面的 x 方向而变化，即所有等温面垂直于 x 轴的平面，且壁面两侧的温度 $t_1 > t_2$，如图12-1所示。故该平壁的热传导是定态一维热传导。因传热速率 Q 和传热面积 S 都为常数，式(12-5)可简化为：

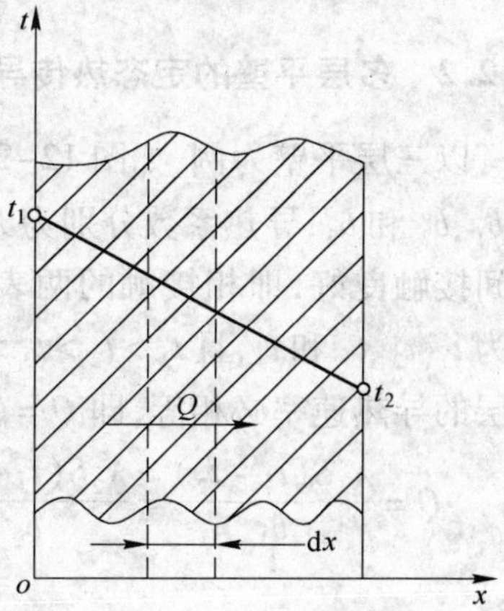

图12-1　单层平壁热传导

$$Q = -\lambda S \frac{dt}{dx} \quad (12\text{-}7)$$

若材料的导热系数不随温度而变化（或取平均导热系数），式（12–7）的边界条件为：

$x = 0$ 时，$t = t_1$

$x = b$ 时，$t = t_2$

又 $t_1 > t_2$，则对式（12–7）积分可得传热速率：

$$Q = -\frac{\lambda}{b}S(t_2 - t_1) \quad (12\text{-}8)$$

或

$$Q = \frac{t_1 - t_2}{\frac{b}{\lambda S}} = \frac{\Delta t}{R} \quad (12\text{-}9)$$

热通量：

$$q = \frac{Q}{S} = \frac{t_1 - t_2}{\frac{b}{\lambda}} = \frac{\Delta t}{R'} \quad (12\text{-}10)$$

$$R = \frac{b}{\lambda S},\ R' = \frac{b}{\lambda}$$

式中　R——导热热阻，℃/W；

R'——导热热阻，℃/（W · m^2）；

b——平壁厚度，mm；

λ——平壁的热导率，W/（m · ℃）；

t_1, t_2——平壁两侧的温度，℃；

Δt——温度差，导热推动力，℃。

必须强调指出，应用热阻的概念，对传热过程分析和计算很有用。由式（12–9）可以看出，热传导的距离越大、传热面积和导热系数越小，则导热热阻越大。

【例 12–1】　平壁厚 500 mm，若内壁温度 900℃，外壁温度 250℃，导热系数 $\lambda = 1.575$ W/（m · ℃），试求传热通量。

解：$q = \lambda(t_1 - t_2)/b$

$= 1.575 \times (900 - 250)/0.5 = 2050\ \text{W/m}^2$

12.2.2　多层平壁的定态热传导

以三层平壁为例，如图 12–2 所示。各层的壁厚分别为 b_1、b_2 和 b_3，导热系数分别为 λ_1、λ_2 和 λ_3。假设层与层之间接触良好，即相接触的两表面温度相同。各表面温度为 t_1、t_2、t_3 和 t_4，且 $t_1 > t_2 > t_3 > t_4$。在定态导热时，通过各层的导热速率必相等，即 $Q = Q_1 = Q_2 = Q_3$。

$$Q = \frac{\lambda_1 S(t_1 - t_2)}{b_1} = \frac{\lambda_2 S(t_2 - t_3)}{b_2} = \frac{\lambda_3 S(t_3 - t_4)}{b_3} \quad (12\text{-}11)$$

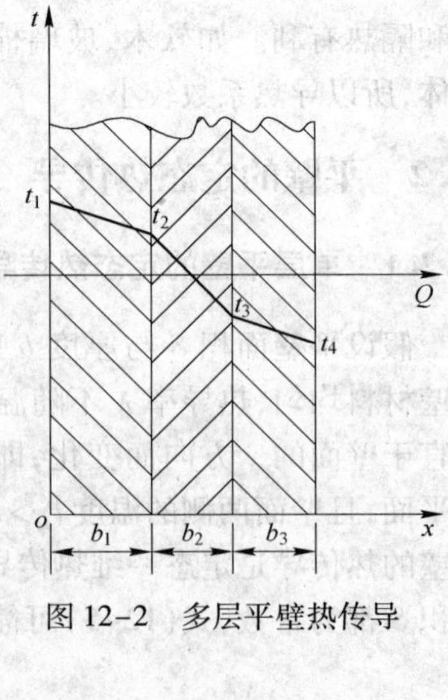

图 12–2　多层平壁热传导

由式（12–11）可得：

$$\Delta t_1 = t_1 - t_2 = Q\frac{b_1}{\lambda_1 S} \tag{12-12}$$

$$\Delta t_2 = t_2 - t_3 = Q\frac{b_2}{\lambda_2 S} \tag{12-13}$$

$$\Delta t_3 = t_3 - t_4 = Q\frac{b_3}{\lambda_3 S} \tag{12-14}$$

将上面的式(12-12)～式(12-14)相加,并整理得:

$$Q = \frac{\Delta t_1 + \Delta t_2 + \Delta t_3}{\frac{b_1}{\lambda_1 S}+\frac{b_2}{\lambda_2 S}+\frac{b_3}{\lambda_3 S}} = \frac{t_1 - t_4}{\frac{b_1}{\lambda_1 S}+\frac{b_2}{\lambda_2 S}+\frac{b_3}{\lambda_3 S}} \tag{12-15}$$

式(12-15)即为三层平壁的热传导速率方程式。

对于 n 层平壁,热传导速率方程式为:

$$Q = \frac{t_1 - t_{n+1}}{\sum_{i=1}^{n}\frac{b_i}{\lambda_i S}} \tag{12-16}$$

式中,下标 i 表示平壁的序号。

由式(12-16)可见,多层平壁热传导总推动力为各层温度差之和,总热阻为各层热阻之和。

【例12-2】 如图12-3所示,有一燃烧炉,炉壁由三种材料组成,最内层为耐火砖,中间为保温砖,最外层为建筑砖。已知,耐火砖:$b_1 = 150$ mm,$\lambda_1 = 1.05$ W/(m·℃);保温砖:$b_2 = 290$ mm,$\lambda_2 = 0.15$ W/(m·℃);建筑砖:$b_3 = 228$ mm,$\lambda_3 = 0.81$ W/(m·℃);炉内壁温度为1016℃,炉外壁温度为34℃。试计算:

(1) 单位面积的热损失;

(2) 耐火砖和保温砖之间的温度。

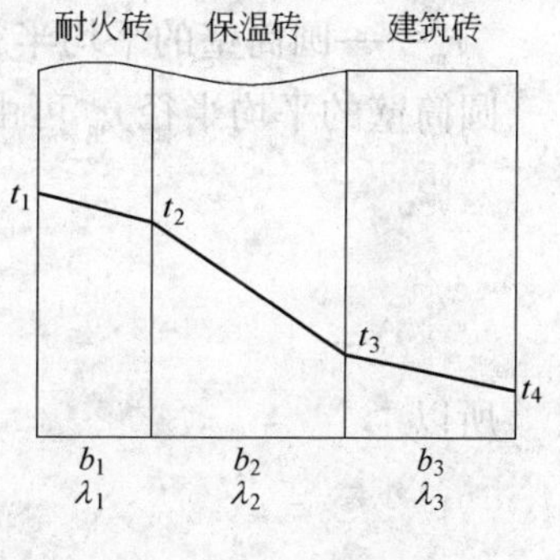

图12-3　燃烧炉

解:(1) 单位面积的热损失 q。

$$q = \frac{Q}{S} = \frac{t_1 - t_4}{\frac{b_1}{\lambda_1}+\frac{b_2}{\lambda_2}+\frac{b_3}{\lambda_3}} = \frac{1016-34}{\frac{0.15}{1.05}+\frac{0.29}{0.15}+\frac{0.228}{0.18}} = 416.5\ \mathrm{W/m^2}$$

(2) 耐火砖和保温砖之间的温度 t_2。

$$\Delta t_1 = R' \times q = 0.15/1.05 \times 416.5 = 59.5℃$$

所以 $$t_2 = t_1 - \Delta t_1 = 1016 - 59.5 = 956.5℃$$

12.3　圆筒壁的热传导

生产中,常用到圆筒形管道和设备。圆筒壁的热传导与平壁热传导的不同点是导热面积沿着半径方向逐渐变化。

12.3.1　单层圆筒壁的定态热传导

如图 12-4 所示的单层圆筒壁，若其导热系数为 λ，长度为 L，内半径为 r_1，外半径为 r_2，内、外表面的温度分别为 t_1 和 t_2，并且 $t_1 > t_2$，沿着圆筒的半径方向进行热传导。由于导热面积沿着半径方向变化，因此需用平均导热面积 S_m 来计算导热速率。

将温度梯度和平均导热面积代入傅里叶定律表达式(12-5)，可得：

$$Q = \frac{\lambda S_m(t_1 - t_2)}{r_2 - r_1} \tag{12-17}$$

式(12-17)称为单层圆筒壁的热传导方程式，将平均导热面积 $S_m = 2\pi r_m L$ 代入，则有：

$$Q = \frac{\lambda 2\pi r_m L(t_1 - t_2)}{r_2 - r_1} \tag{12-18}$$

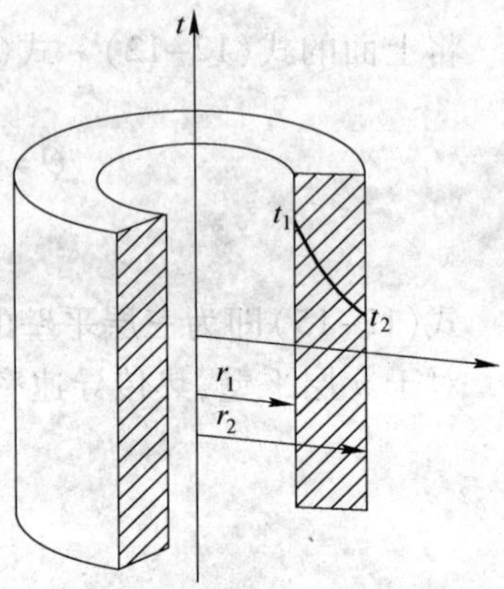

图 12-4　单层圆筒壁热传导

式中　Q——导热速率，W；

λ——圆筒壁的导热系数，W/(m · K)；

L——圆筒的长度，m；

t_1, t_2——圆筒壁内、外表面的温度，K；

r_1, r_2——圆筒壁内、外半径，其差值 $r_2 - r_1$ 为筒壁厚度 δ，m；

r_m——圆筒壁的平均半径，m。

圆筒壁的平均半径 r_m 可由圆筒壁的内、外半径 r_1、r_2 的对数平均值求得。

$$r_m = \frac{r_2 - r_1}{\ln \frac{r_2}{r_1}} \tag{12-19}$$

所以

$$Q = \frac{\lambda 2\pi L(t_1 - t_2)}{\ln \frac{r_2}{r_1}} \tag{12-20}$$

计算中，当 $r_2/r_1 < 2$ 时，可以改用算术平均值求圆筒壁平均半径，即 $r_m = \frac{r_1 + r_2}{2}$。实践证明，在 $r_2/r_1 < 2$ 的条件下，采用算术平均值计算与采用对数平均值计算，其误差小于 4%，所以工程上常做这样的简化。

式(12-20)还可用式(12-21)表示。

$$Q = \frac{t_1 - t_2}{\frac{r_2 - r_1}{\lambda S_m}} = \frac{\Delta t}{R} \tag{12-21}$$

由此可见，圆筒壁的热传导方程式与平壁的热传导方程式在形式上非常相似。需要注意，在平壁导热中，通过各等温面的传热速率 Q 和传热通量 q 均相等；而在圆筒壁的热传导中，由于等温面面积与半径有关，各等温面的面积不等，因此在圆筒的不同半径处通过等温面的传热速率 Q 是相等的，但传热通量 q 不等。

12.3.2　多层圆筒壁的定态热传导

对于层与层间接触良好的多层圆筒壁，如图 12-5（以三层圆筒壁为例）所示，各层的导热系数分别为 λ_1、λ_2 和 λ_3，厚度为 $\delta_1 = r_2 - r_1$，$\delta_2 = r_3 - r_2$，$\delta_3 = r_4 - r_3$。与多层平壁的热传导方程式（12-16）相仿，由式（12-21）可得：

$$Q = \frac{t_1 - t_4}{\dfrac{r_2 - r_1}{\lambda_1 S_{m1}} + \dfrac{r_3 - r_2}{\lambda_2 S_{m2}} + \dfrac{r_4 - r_3}{\lambda_3 S_{m3}}} = \frac{t_1 - t_4}{R_1 + R_2 + R_3} = \frac{\Delta t}{\sum R} \tag{12-22}$$

式中　S_{m1}——第一层圆筒壁的平均导热面积，m^2；

S_{m2}——第二层圆筒壁的平均导热面积，m^2；

S_{m3}——第三层圆筒壁的平均导热面积，m^2。

式（12-22）称为多层圆筒壁的热传导方程式。

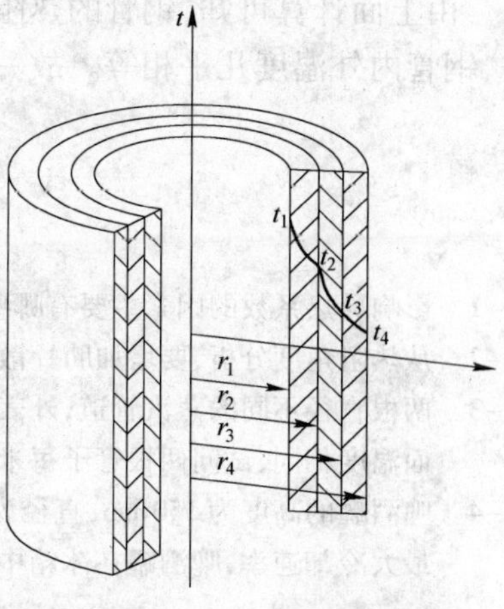

图 12-5　多层圆筒壁热传导

由式（12-22）可以看出，多层圆筒壁的热传导的推动力即为总的温度差，而总的热阻为各层热阻之和，只是式中的导热面积应采用各层相应的平均面积。

将 $S_{m1} = 2\pi r_{m1} L = \dfrac{2\pi L(r_2 - r_1)}{\ln \dfrac{r_2}{r_1}}$（$r_{m1}$ 为第一层圆筒壁的平均半径），$S_{m2} = 2\pi r_{m2} L = \dfrac{2\pi L(r_3 - r_2)}{\ln \dfrac{r_3}{r_2}}$（$r_{m2}$ 为第二层圆筒壁的平均半径），$S_{m3} = 2\pi r_{m3} L = \dfrac{2\pi L(r_4 - r_3)}{\ln \dfrac{r_4}{r_3}}$（$r_{m3}$ 为第三层圆筒壁的平均半径）代入式（12-22），得：

$$Q = \frac{2\pi L(t_1 - t_4)}{\dfrac{1}{\lambda_1}\ln \dfrac{r_2}{r_1} + \dfrac{1}{\lambda_2}\ln \dfrac{r_3}{r_2} + \dfrac{1}{\lambda_3}\ln \dfrac{r_4}{r_3}} = \frac{2\pi L \Delta t}{\sum \dfrac{1}{\lambda_i}\ln \dfrac{r_{i+1}}{r_i}} \tag{12-23}$$

式中，下标 i 为圆筒壁的层数。

【例 12-3】　$\phi 50\ mm \times 5\ mm$ 的不锈钢管，导热系数 $\lambda_1 = 16\ W/(m \cdot K)$，外面包裹厚度为 30 mm、导热系数 $\lambda_2 = 0.2\ W/(m \cdot K)$ 的石棉保温层。若钢管的内表面温度为 623 K，保温层外表面温度为 373 K，试求每米长管道的热损失及钢管外表面的温度。

解：钢管的内半径 $r_1 = (50 - 2 \times 5)/2 = 20\ mm$

钢管的外半径 $r_2 = 50/2 = 25\ mm$

保温层的外半径 $r_3 = 25 + 30 = 55\ mm$

根据式（12-23），每米长管道的热损失为：

$$Q = \frac{2\pi L(t_1 - t_3)}{\dfrac{1}{\lambda_1}\ln \dfrac{r_2}{r_1} + \dfrac{1}{\lambda_2}\ln \dfrac{r_3}{r_2}} = \frac{2\pi \times 1 \times (623 - 373)}{\dfrac{1}{16}\ln \dfrac{25}{20} + \dfrac{1}{0.2}\ln \dfrac{55}{25}} = \frac{1571}{0.014 + 3.94}\ W = 397\ W$$

虽然保温后的管道属于两层圆筒壁的热传导，但由于是定态热传导，故各层传递的热量应该相等，即 Q 不变。因此，在 Q 一定的情况下，可以只考虑单层圆筒壁的热传导。即根据式(12-23),可得到钢管外表面的温度 t_2。

$$t_2 - t_1 = \frac{Q}{2\pi L} \cdot \frac{1}{\lambda_1} \ln \frac{r_2}{r_1} = 623 \times \frac{397}{2\pi \times 1} \times \frac{1}{16} \ln \frac{25}{20} = 622\ \mathrm{K}$$

由上面计算可知,钢管的热阻较石棉保温层的热阻小得多,温降主要集中在石棉保温层内,钢管内外温度几乎相等。故一般在传热计算中,常常只计算保温层热阻。

思 考 题

12-1　影响导热系数的因素主要有哪些?

12-2　从热阻角度分析,要增加肋片散热率,是采用导热系数大的材料还是小的材料做肋片?

12-3　两根直径不同的蒸汽管道,外表面敷设厚度相同、材料相同的绝热层。若管子外表面和绝热层外表面温度相同,试问两根管子每米长的热损失是否相同?

12-4　啤酒罐的高度为 150 mm,直径为 60 mm。其初温为 27℃,现放入温度为 4℃的冰箱中冷却。为获得最大冷却速率,啤酒罐在冰箱中是垂直放置好还是水平放置好?设罐两端面的散热可忽略不计。

习　题

12-1　燃烧炉的内层为 400 mm 厚的耐火砖,外层为 200 mm 厚的绝缘砖。若炉的内表面温度 t_1 为 1400℃,外表面温度 t_3 为 100℃。试求导热的热流密度及两砖间的界面温度。设两层砖接触良好,已知耐火砖的导热系数为 $\lambda_1 = 0.9 + 0.007t$,绝缘砖的导热系数为 $\lambda_2 = 0.3 + 0.003t$。两式中 t 可分别取各层材料的平均温度,单位为℃,λ 单位为 W/(m · ℃)。

12-2　冬天某湖面上结了一层厚度为 200 mm 的冰,其上、下表面温度分别为　15℃和 0℃,冰的导热系数为 2 W/(m · K),试求通过冰层的热流密度 q。如果冰上覆盖了一层厚为 100 mm 的雪,雪的导热系数为 0.4 W/(m · K),此时雪的上表面温度为 −20℃。试确定此时的热流密度。

12-3　设计一燃烧炉,拟用三层砖,即耐火砖、绝热砖和普通砖。耐火砖和普通砖的厚度为 0.45 m 和 0.35 m。三种砖的导热系数分别为 1.02 W/(m · ℃),0.14 W/(m · ℃)和 0.92 W/(m · ℃),已知耐火砖内侧为 1000℃,外壁温度为 35℃。试问绝热砖厚度至少为多少才能保证绝热砖温度不超过 940℃,普通砖不超过 138℃。

12-4　某燃烧炉的平壁由耐火砖、绝热砖和普通砖三种砌成,它们的导热系数分别为 0.2 W/(m · ℃)、0.16 W/(m · ℃)和 0.92 W/(m · ℃),耐火砖和绝热砖厚度都是 0.5 m,普通砖厚度为 0.25 m,已知炉内壁温度为 1000℃,外壁温度为 55℃,设各层砖间接触良好,求每平方米炉壁散热速率。

12-5　某蒸汽管道内表面温度为 150℃。其内外直径分别为 86 mm 和 100 mm,其外包有一层玻璃棉保温层。要求保温层外表面温度不得超过 40℃,且每米长管道热损失不允许超过 50 W/(m · K),试确定保温层厚度。已知玻璃棉和保温管道材料导热系数分别为 0.043 W/(m · K)和 39.2 W/(m · K)。

12-6　三层平壁热传导中,若测得各面的温度 t_1、t_2、t_3 和 t_4 分别为 500℃、400℃、200℃和 100℃,试求各平壁层热阻之比,假定各层里面间接触良好。

12-7　ϕ57 mm × 3.5 mm 钢管,用 40 mm 厚的软木包扎,其外又用 100 mm 厚的保温灰包扎,以作为绝热层。现测得钢管外壁面温度为 −120℃,绝热层外表面温度为 10℃。软木和保温灰的导热系数分别为 0.043 W/(m · ℃)和 0.07 W/(m · ℃),试求每米管长的冷量损失量。

12-8　一烟道内直径 500 mm,内表面温度为 300℃,外表面温度为 40℃,烟道壁由厚度为 150 mm 的耐火砖砌成,其导热系数为 1.05 W/(m · K),试求每米长烟道的热损失。

单元13 对流传热

学习目标

（1）掌握对流传热基本原理与对流传热系数，流体在圆形直管内强制湍流时对流传热系数关联式及其应用。

（2）理解对流传热分析。

（3）了解流体有相变时的对流传热系数计算，液体沸腾对流传热系数计算。

流体流过固体壁面（流体温度与壁面温度不同）时的传热过程称为对流传热。对流传热机理较复杂，其传热速率与很多因素有关。根据流体在传热过程中的状态，对流传热可分为无相变的对流传热和有相变的对流传热两类。

（1）流体无相变的对流传热。流体在传热过程中不发生相变化的对流传热即为无相变的对流传热。依据流体流动原因不同，无相变对流传热可分为两种情况：

1）强制对流传热：流体因外力作用而引起的流动。

2）自然对流传热：仅因温度差产生流体内部密度差而引起的流体流动。

（2）流体有相变的对流传热。流体在传热过程中发生相变化的对流传热即为有相变的对流传热，它分为两种情况：

1）蒸气冷凝：蒸气在传热过程中全部或部分冷凝为液体。

2）液体沸腾：液体在传热过程中沸腾气化，部分液体转变为气体。

上述对流传热过程机理不尽相同，影响对流传热速率的因素也有区别。本单元先介绍对流传热的基本概念。

13.1 对流传热分析

流体的流动形态类型有层流和湍流两种。流体做层流流动时，各层流体平行流动，因此在垂直于流体流动的方向上没有质点的宏观运动，流体层之间的热量传递主要以热传导的方式进行。而当流体做湍流流动时，不管湍流主体的湍动程度多大，紧靠壁面处总有一薄层流体沿壁面做层流流动，称为层流内层。在垂直于流体流动方向上的热量传递仍以热传导方式进行。由于流体的热导率较低，使层流内层中的导热热阻较大，因此该层中的温度差较大，即有较大的温度梯度。在湍流主体中，由于流体质点剧烈运动和混合，各部分的动量与热量传递比较充分，因而传热阻力小，即温度梯度小。在层流内层与湍流主体之间有一过渡区，过渡区内的热量传递是传导与对流共同作用的结果。

如图13-1所示，对流传热的热阻主要集中在层流内层中，因此减小层流层厚度是强化对流传热的重要途径之一。

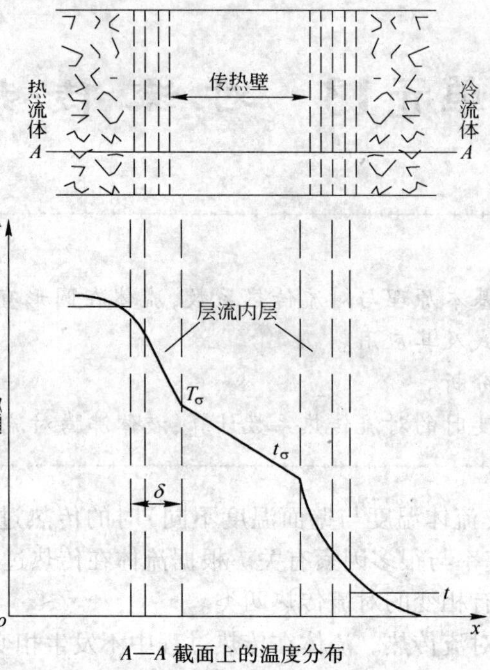

图 13-1　对流传热温度分析

13.2　对流传热速率方程及牛顿冷却定律

13.2.1　对流传热速率方程

对流传热是一个复杂的传热过程。影响对流传热速率的因素很多,而且不同的对流传热情况又有差别,因此对流传热的理论计算是很困难的,目前工程上仍按下述的半经验方法处理。假设流体与固体壁面之间的传热热阻主要集中在靠近壁面处的一层厚度为 δ_t 的有效膜内,即在有效膜外无热阻存在,该膜是集中了全部传热温度差并以导热方式传热的虚拟膜。这一模型称为对流传热的膜理论模型。当流体的湍动程度增大时,有效膜厚度会变薄,对流传热速率增大。根据膜理论模型,在层流内层热量以热传导方式进行,所以导热速率为:

$$Q = \frac{\lambda}{\delta_t} S(t - t_W) \tag{13-1}$$

由于有效膜厚度难以确定,所以令 $\alpha = \lambda/\delta_t$,式(13-1)为:

$$Q = \alpha S \Delta t \tag{13-2}$$

式中　Q——对流传热速率,W;

S——对流传热面积,m^2;

t——换热器的任一截面上热流体的平均温度,℃;

t_W——换热器的任一截面上与热流体相接触一侧的壁面温度,℃;

α——比例系数,又称对流传热系数 $W/(m^2 \cdot ℃)$;

Δt——对流传热温度差,℃。

式(13-2)又称为牛顿冷却定律。

在换热器中,对流传热系数随管长而变化,但是在工程计算中,常使用平均对流传热系数(一般也用 α 表示,应注意与局部对流传热系数的区别),此时牛顿冷却定律可以表示为:

$$Q = \alpha S \Delta t = \frac{\Delta t}{1/(\alpha S)} \tag{13-3}$$

式中　α——平均对流传热系数,$W/(m^2 \cdot ℃)$;

S——总传热面积,m^2;

Δt——流体与壁面(或反之)间温度差的平均值,℃;

$1/(\alpha S)$——对流传热热阻,℃/W。

应注意,流体的平均温度是指将流动横截面上的流体绝对混合后测定的温度。在传热计算中,除另有说明外,流体的温度一般都是指这种横截面上的平均温度。

还应指出,换热器的传热面积有不同的表示方法,可以是管内侧或管外侧表面积。例如,若热流体在换热器的管内流动,冷流体在管间(环隙)流动,则对流传热速率方程式可分别表示为:

$$dQ = \alpha_i (t - t_W) dS_i \tag{13-4}$$

及

$$dQ = \alpha_o (t_W - t) dS_o \tag{13-5}$$

式中　S_i, S_o——换热器管内侧和外侧表面积,m^2;

α_i, α_o——换热器管内侧和外侧流体对流传热系数,$W/(m^2 \cdot ℃)$;

t——换热器任一截面上冷流体的平均温度,℃;

t_W——换热器任一截面与冷流体相接触一侧的壁温,℃。

由式(13-2)可见,对流传热系数必然和传热面积以及温度差相对应。

牛顿冷却定律并非理论推导出的结果,它是一种简化处理方法。它假设通过单位面积的传热量与温度差和对流传热系数 α 成正比。由于对流传热是非常复杂的传热过程,它给出的传热速率的计算式,实质上是将矛盾集中在对流传热系数 α 上,因此如何确定对流传热系数 α 成为关键问题。

13.2.2　对流传热系数及其影响因素

对流传热系数 α 与导热系数 λ 不同,它是受诸多因素影响的一个系数,反映的是对流传热热阻的大小,不是流体的物理性质。对流传热系数的影响因素主要有以下几方面:

(1) 流体的流动状态。在有效膜内集中了全部热阻,有效膜层愈薄对流传热的速率就愈大。当流体呈湍流时,随着湍动程度的增强,有效膜减薄,故对流传热系数也就愈大。而当流体做层流时,整个管径流体都是一层一层地平行流动,此时有效膜的厚度等于管子的半径。显然湍流时的对流传热系数要比层流时大得多。

(2) 自然对流和强制对流。自然对流时质点流速小,对流传热系数 α 较小;强制对流传热时质点流速较大,对流传热系数 α 较大。

(3) 流体的性质。由于流体本身的物理性质不同,各种流体和壁面间的对流传热情况也不同。影响较大的物性主要有流体的比热、导热系数、密度和黏度等。对于同一种流体,这些物性都是温度的函数。

(4) 传热表面的形状、大小和位置。如圆管、套管的环隙、翅片管等不同传热表面形状,管、板或管束,管径,管长,管子排列方式(垂直放置或水平放置)等都会影响对流传热。

(5) 流体的相态变化。流体的相态变化主要有蒸汽冷凝和液体沸腾。发生相变时,由于汽化和冷凝的潜热远大于温度变化的显热,一般情况下,有相变化时对流传热系数较大。

13.3　对流传热中量纲分析法的应用

由于影响对流传热系数 α 的因素很多,要建立一个通式来求各种条件下的 α 是很困难的。目前常用量纲分析法,将众多的影响因素(物理量)组合成若干量纲为一的数群(准数),然后再用实验确定这些数群间的关系,即得到不同情况下求算 α 的关联式。

本节采用白金汉(Buckingham)法来处理对流传热问题。

13.3.1　流体无相变时的强制对流传热过程

根据理论分析及有关实验研究,得知影响对流传热系数 α 的因素有传热设备的特征尺寸 l、流体的密度 ρ、黏度 μ、比定压热容 c_p、导热系数 λ 与流速 u 等物理量。它们可用一般函数关系来表示,即

$$\alpha = f(l, \rho, \mu, c_p, \lambda, u) \tag{13-6}$$

列出物理量的量纲,通过量纲分析,可得到下面的数群关系式:

$$Nu = f(Re, Pr) \tag{13-7}$$

同样,对自然对流传热,仅用浮升力 $\rho g\beta\Delta t$ 代替流速 u,其他影响因素与强制对流传热的相同,即

$$\alpha = f(l, \lambda, c_p, \rho, \mu, \rho g\beta\Delta t) \tag{13-8}$$

式中　β——流体的体积膨胀系数,1/℃;

Δt——温度差,℃;

g——重力加速度,m/s^2。

则自然对流传热数群关系式为:

$$Nu = f(Gr, Pr) \tag{13-9}$$

式(13-7)和式(13-9)中各数群的名称、符号、定义和意义列于表 13-1。

表 13-1　数群的名称、符号、定义及数群中物理量的意义

特征数名称	符号与定义	意　义
努塞尔数(Nusselt)	$Nu = \frac{\alpha l}{\lambda}$	包含对流传热系数的特征数
雷诺数(Reynolds)	$Re = \frac{lu\rho}{\mu}$	流体流动状态和湍流程度对对流传热的影响
普朗特数(Prandtl)	$Pr = \frac{c_p\mu}{\lambda}$	流体物性对对流传热的影响
格拉晓夫数(Grashof)	$Gr = \frac{\beta g\Delta t l^3\rho^2}{\mu^2}$	自然对流对对流传热的影响

13.3.2　应用数群关联式应注意的问题

由实验来确定不同情况下的对流传热系数的具体函数关系方程式时必须注意以下几个问题:

（1）定性温度。无相变的对流传热过程中，流体温度处处不同，流体物性也随之而变。决定数群中各物性的温度称为定性温度。由于流体的各种物性随温度的变化规律不同，所以要找到适合于各种物性的定性温度并不可能。一般定性温度有以下几种取法：

1）取流体的平均温度 $t=(t_1+t_2)/2$ 为定性温度，其中 t_1、t_2 分别为流体进、出口温度。

2）取壁面的平均温度 t_W 为定性温度。

3）取流体和壁面的平均温度（称为膜温）$t_m=(t_W+t)/2$ 为定性温度。

（2）特征尺寸。量纲为 Nu、Re 等数群的计算式中的 l 通常是选取对流体流动和传热产生主要影响的尺寸作为特征尺寸。例如，流体在管内强制对流传热时，对圆管特征尺寸取为管内径，但对非圆形管道常取当量直径。

（3）应用范围。在使用对流传热的经验公式时，还应注意公式的应用条件，例如 Re、Pr 数群等的数值范围。

13.4　流体无相变时的对流传热系数的经验关联式

13.4.1　流体在管内做强制对流

13.4.1.1　流体在圆形管中做强制对流传热

A　流体在圆形直管中做强制湍流时的对流传热系数

对于强制湍流，可忽略自然对流对对流传热系数的影响，即可不考虑格拉晓夫数 Gr。

（1）低黏度流体的对流传热系数。当 $Re>10^4$，$Pr=0.7\sim160$，管长和管径之比 $L/d>60$ 时，流体黏度 $\mu<2\ \text{Pa}\cdot\text{s}$ 时，可用式（13-10）或式（13-11）计算对流传热系数。

$$Nu=0.023Re^{0.8}Pr^n \tag{13-10}$$

或

$$\frac{\alpha d}{\lambda}=0.023\left(\frac{du\rho}{\mu}\right)^{0.8}\left(\frac{c_p\mu}{\lambda}\right)^n \tag{13-11}$$

式中，特征尺寸 l 用管子的内径 d；流体的物理性质，取流体进出口温度的算术平均值下流体物理性质；当流体被加热时，$n=0.4$；当液体被冷却时，$n=0.3$。

对于短管，由于管子入口处扰动较大，α 较高，因此式（13-10）所得结果偏低，当 $L/d=30\sim40$ 时，需乘以校正系数 1.02～1.07。

（2）高黏度液体的对流传热系数。对黏度大的液体，因为接近管壁的液体黏度和管中心的液体黏度相差很大，加热和冷却时的情况又不同，故黏度大的液体在圆形直管中强制湍流时的对流传热系数，应考虑壁温对黏度的影响，加一校正项，并按式（13-12）关联，才能和实验结果相符。

$$Nu=0.027Re^{0.8}Pr^{0.33}\left(\frac{\mu}{\mu_W}\right)^{0.14} \tag{13-12}$$

式中，除 μ_W 取壁温下的液体黏度外，其他物理性质均取流体进口温度下的算术平均值。

【例 13-1】　常压下，空气在直径为 25.4 mm 的管中流动，温度由 180℃升高到 220℃，若空气流速为 15 m/s，试求空气与管内壁之间的对流传热系数。

解：在 $(180+220)/2=200$℃下，空气的物性为：$c_p=1.026\ \text{kJ/(kg}\cdot℃)$，$\lambda=0.03928\ \text{W/(m}\cdot℃)$，$\mu=2.6\times10^{-5}\ \text{kg/(m}\cdot\text{s)}$，$\rho=0.746\ \text{kg/m}^3$。所以有：

$$Pr=\frac{c_p\mu}{\lambda}=\frac{0.0254\times10^3\times2.6\times10^{-5}}{0.03928}=0.679$$

$$Re=\frac{lu\rho}{\mu}=\frac{0.0254\times15\times0.746}{2.6\times10^{-5}}=10930$$

流动为湍流，应用式(13-10)得：

$$Nu=0.023Re^{0.8}Pr^{0.4}=0.023(10930)^{0.8}(0.679)^{0.4}$$
$$=0.023\times1700\times0.856=33.5$$

$$\alpha=\frac{\lambda}{d}Nu=\frac{0.03928}{0.0254}\times33.5\ \mathrm{W/(m^2\cdot℃)}=51.8\ \mathrm{W/(m^2\cdot℃)}$$

(3) 流体在短管中的对流传热系数。当管道的管长和管径之比 $L/d>60$ 时为短管，此时对流传热系数可将式(13-11)中的 α 乘以校正系数 f 加以校正。

$$f=1+\left(\frac{d}{l}\right)^{0.7}>1$$

(4) 流体在过渡区时的对流传热系数。当雷诺数 Re 在 2300 ~ 100000 之间时，流体处于过渡区，此时可按湍流计算对流传热系数，计算结果乘以校正系数 f'。

$$f'=1.0-\frac{6\times10^5}{Re^{1.8}}<1$$

B 流体在圆形直管中做强制层流时的对流传热系数

流体在圆形直管中做强制层流时，影响传热系数的因素较复杂，所以强制层流时的对流传热系数关联式的误差要比湍流时的大。

另外，流体做层流时的流速较慢，Re 数的影响减弱，而自然对流的影响不能忽略。自然对流的影响，因管子水平或垂直以及流体向上或向下流动方向不同又有所差别。

当管径较小、流体与管壁之间的温度差较小且流体黏度较大时，即当 $Gr<2.5\times10^4$ 时，可忽略自然对流的影响，此时对流传热系数可采用西德尔－泰特关联式计算：

$$Nu=1.86\left(RePr\frac{d}{l}\right)^{\frac{1}{3}}\left(\frac{\mu}{\mu_W}\right)^{0.14} \tag{13-13}$$

式(13-13)的适用范围为 $Re<2300$，$\left(RePr\frac{d}{l}\right)^{\frac{1}{3}}>10$，$l/d>60$，$0.6<Pr<6700$；特征尺寸为管内径 d，流体的物理性质，取壁温 t_W 和流体进、出口平均温度 $t_m=(t_1+t_2)/2$ 的平均值，即膜温 $(t_W+t_m)/2$ 时的物理性质。工程上可用下法近似处理：

对于液体　加热时 $\left(\frac{\mu}{\mu_W}\right)^{0.14}=1.05$

　　　　　冷却时 $\left(\frac{\mu}{\mu_W}\right)^{0.14}=0.95$

对于气体　$\left(\frac{\mu}{\mu_W}\right)^{0.14}\approx1.0$

当 $Gr>2.5\times10^4$ 时，若忽略自然对流的影响就会造成很大误差，此时由式(13-13)计算的 α 值，应乘以校正系数 $f=0.8(1+0.015Gr^{\frac{1}{3}})$ 加以校正。

必须指出，由于强制层流时对流传热系数很低，故在换热器设计中应尽量避免在强制层流条件下进行传热。

C 流体在弯曲管道内流动时的对流传热系数

流体在弯管内流动时，由于受离心力作用扰动加剧，结果使对流传热系数加大，弯管中的对流传热系数约为直管中的$(1+1.77d/R)$倍，即

$$\alpha'=\alpha\left(1+1.77\frac{d}{R}\right) \tag{13-14}$$

式中 α'——弯管中的对流传热系数，W/(m·℃)；

d——管内径，m；

R——管子的曲率半径，m。

13.4.1.2 流体在非圆形管道中的对流传热系数

流体在非圆形管道中的对流传热系数的计算，可采用圆形管道中相应流型对流传热系数计算关联式，只要将式中的管内径改为当量直径即可。当量直径按式(13-15)计算：

$$d_e=\frac{4\times(\text{流体流动截面积})}{\text{湿润周边}} \tag{13-15}$$

以套管的环隙为例，如果内管外径为d_1，外管内径为d_2，那么当量直径为：

$$d_e=\frac{4\times\frac{\pi}{4}(d_2^2-d_1^2)}{\pi(d_2+d_1)} \tag{13-16}$$

对套管环隙，亦可由实验数据关联求得对流传热系数的计算式。例如在$Re=12000\sim220000$，$d_2/d_1=1.65\sim17$范围内，用水和空气进行实验，并关联得式(13-17)：

$$\alpha d_e/\lambda\approx0.02(d_2/d_1)^{0.53}Re^{0.8}Pr^{\frac{1}{3}} \tag{13-17}$$

式(13-17)亦可用于计算其他流体在环隙中做强制湍流时的对流传热系数。表13-2列出不同流速下空气和水的对流传热系数(在圆形直管内)，以供参考。

表13-2 不同流速下空气和水的对流传热系数

空气			水		
管内径/mm	流速/m·s^{-1}	对流传热系数/W·(m^2·℃)$^{-1}$	管内径/mm	流速/m·s^{-1}	对流传热系数/W·(m^2·℃)$^{-1}$
25	6.1	34.1	25	0.61	2498
	24.4	101.1		1.22	4372
	42.7	159.0		2.44	7609
	61.0	210.1			
50	6.1	29.5	50	0.61	2158
	24.4	89.7		1.22	3804
	42.7	137.4		2.44	6586
	61.0	184			
75	6.1	26.1	75	0.61	2044
	24.4	80.6		1.22	3520
	42.7	126.1		2.44	6132
	61.0	169.2			

由表可见，水的 α 值较空气的 α 值大得多。

13.4.2　流体在管外做强制对流

流体在管外垂直流动，可分为垂直流过单管和管束两种情况。由于工业中所用的换热器大多为流体垂直流过管束，其流动的特性及传热过程较单管复杂得多。在此仅介绍垂直流过管束的对流传热系数的计算。

13.4.2.1　流体在管束外强制垂直流动

管子的排列方式分为直列和错列两种。错列中又有正方形和等边三角形两种，如图 13-2 所示。流体在错列管束外流过时，平均对流传热系数可用式(13-18)计算，即

$$Nu = 0.33Re^{0.6}Pr^{0.33} \tag{13-18}$$

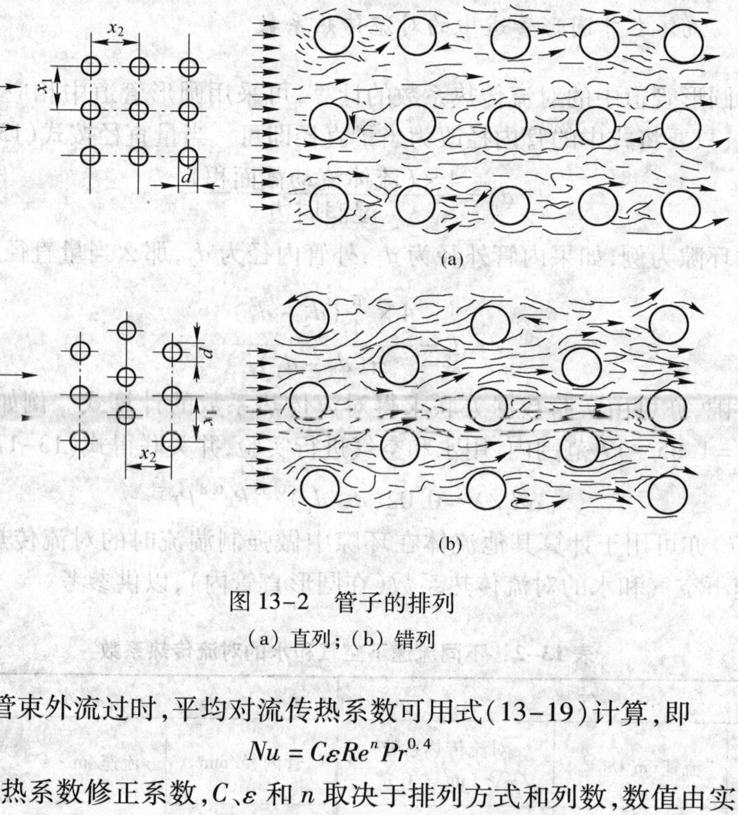

图 13-2　管子的排列

(a) 直列；(b) 错列

流体在直列管束外流过时，平均对流传热系数可用式(13-19)计算，即

$$Nu = C\varepsilon Re^{n}Pr^{0.4} \tag{13-19}$$

式中，C 和 ε 为传热系数修正系数，C、ε 和 n 取决于排列方式和列数，数值由实验测定，具体取值见表 13-3。

表 13-3　流体垂直于管束时不同的 C、ε 和 n

列 数	直列		错列		C
	n	ε	n	ε	
1	0.6	0.171	0.6	0.171	$\frac{x_1}{d}=1.2\sim3$ 时，$C=1+0.1\frac{x_1}{d}$
2	0.65	0.157	0.6	0.228	
3	0.65	0.157	0.6	0.290	$\frac{x_1}{d}>3$ 时，$C=1.3$
4	0.65	0.157	0.6	0.290	

由表看出，对于直列的前两列和错列的前三列而言，各列的 ε、n 不同，因此 α 也不同。排列方式不同时，对于相同的列数，ε、n 不同，α 也不同。

式(13-19)的应用范围为：$5000 < Re < 70000$，$x_1/d = 1.2 \sim 5$。特征尺寸为管外径 d_0，流速取流体通过每排管子中最狭窄通道处的速度。

13.4.2.2 流体在换热器的管间流动

常用的列管式换热器，壳体是圆筒，管束中各列的管子数目不等，而且一般都没有折流挡板。因此流体在换热管间流动时，流速和流向均不断变化。一般在 $Re > 100$ 时即可能达到湍流，使对流传热系数加大。折流挡板的形式一般分圆缺形和圆盘形两种，其中以圆缺形挡板最为常用。

换热器内有圆缺形挡板（缺口面积为25%的壳体内截面积）时，壳方流体的对流传热系数的关联式如下：

$$Nu = 0.36Re^{0.55}Pr^{\frac{1}{3}}\left(\frac{\mu}{\mu_W}\right)^{0.14} \tag{13-20}$$

或

$$\alpha = 0.36\left(\frac{\lambda}{d_e}\right)\left(\frac{d_e u_0 \rho}{\mu}\right)^{0.55}Pr^{\frac{1}{3}}\left(\frac{\mu}{\mu_W}\right)^{0.14} \tag{13-21}$$

式(13-20)和式(13-21)的应用范围为：$Re = 2\times10^3 \sim 1\times10^6$；特征尺寸为：当量直径 d_e，定性温度是除 μ_W 取壁温外，其他物理性质均取流体进、出口温度的算术平均值。当量直径 d_e 可根据图13-3所示的管子排列情况分别用不同公式进行计算。应当注意，这里当量直径用式(13-15)计算。

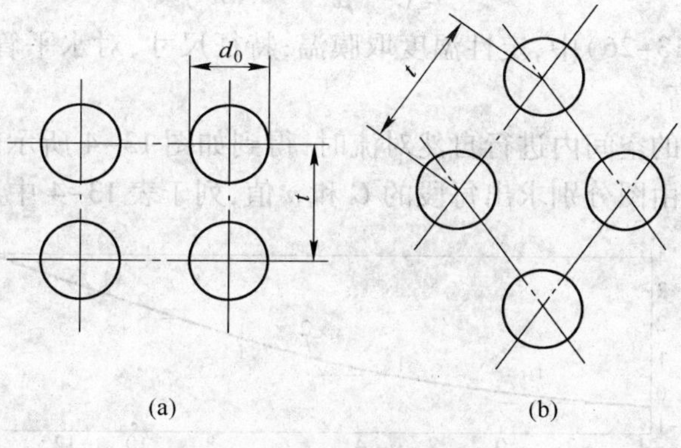

图13-3 管子排列

(a) 正方形；(b) 正三角形

若管子为正方形排列，则

$$d_e = \frac{4\left(t^2 - \frac{\pi}{4}d_0^2\right)}{\pi d_0} \tag{13-22}$$

管子以正三角形排列时，则

$$d_e = \frac{4\left(\frac{\sqrt{3}}{2}t^2 - \frac{\pi}{4}d_0^2\right)}{\pi d_0} \tag{13-23}$$

式中　t——相邻两管之中心距，m；

d_0——管外径，m。

式(13-20)及式(13-21)中的流速 u_0 根据流体流过管间最大截面积 S 计算，即

$$S = hD\left(1 - \frac{d_0}{t}\right) \tag{13-24}$$

式中　h——两挡板间的距离，m；

D——换热器的外壳内径，m。

式(13-20)及式(13-21)中，$\frac{\mu}{\mu_W}$ 值可近似取为：对气体，$\left(\frac{\mu}{\mu_W}\right)^{0.14} = 1.0$；加热液体时，$\left(\frac{\mu}{\mu_W}\right)^{0.14} = 1.05$；冷却液体时，$\left(\frac{\mu}{\mu_W}\right)^{0.14} = 0.95$。这些假设一般与实际值相当接近，可不再核算。

此外，若换热器的管间无挡板，管外流体沿管束平行流动，则仍可用管内强制对流的公式计算，但需将式中的管内径改为管间的当量直径。

13.4.3　自然对流

自然对流时的对流传热系数仅与反映流体自然对流状况的 Gr 数及 Pr 数有关，其数群关系式为：

$$Nu = C(Gr \times Pr)^n \tag{13-25}$$

或

$$\alpha = C\frac{\lambda}{L}\left(\frac{\beta g \Delta t \rho^2 L^3}{\mu^2} \times \frac{c_p \mu}{\lambda}\right)^n \tag{13-26}$$

式(13-25)及式(13-26)中，定性温度取膜温；特征尺寸，对水平管取管外径，对垂直管或垂直板取管长或板高。

通过实验，在很大的空间内进行自然对流时，得到如图 13-4 所示的曲线。该曲线可以划分为三段直线，并可由图分别求出每段的 C 和 n 值，列于表 13-4 中。

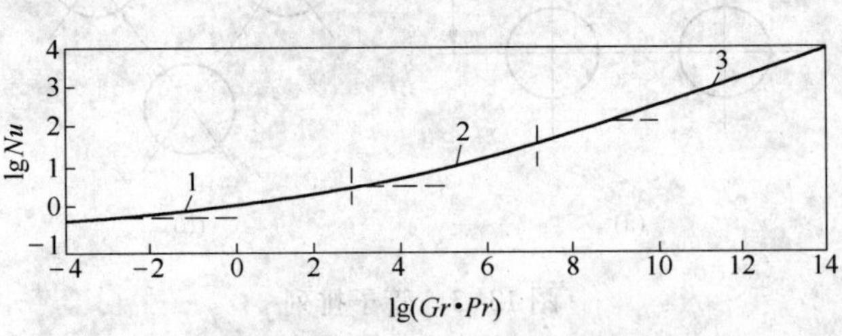

图 13-4　自然对流的对流传热系数曲线

表 13-4　自然对流时 α 计算公式中的 C 和 n 值

段　数	$Gr \times Pr$	C	n
1	$1 \times 10^3 \sim 5 \times 10^2$	1.18	1/8
2	$5 \times 10^2 \sim 2 \times 10^7$	0.54	1/4
3	$2 \times 10^7 \sim 1 \times 10^{13}$	0.135	1/3

图 13-3 中线段的范围,实际上是逐渐过渡的,因此不同研究者所得的数据稍有出入。

13.5　流体有相变时的对流传热系数

蒸气冷凝和液体沸腾都是伴有相变化的对流传热过程。这类过程的特点是相变流体要放出或吸收大量的潜热,但流体温度不发生变化。因此在壁面附近流体层中温度梯度较大,从而对流传热系数较无相变时更大。例如水的沸腾或水蒸气冷凝时的传热系数较水单相流动的传热系数要大很多。

13.5.1　蒸气冷凝

13.5.1.1　蒸气冷凝过程的对流传热

当饱和蒸气与温度较低的壁面接触时,蒸气放出潜热并在壁面上形成液体。按照冷凝液能否润湿壁面,蒸气冷凝可分为膜状冷凝和滴状冷凝两种情况。

若壁面能被冷凝液润湿,在壁面上形成一完整的液膜,称为膜状冷凝。随冷凝过程的进行,壁面上的液膜不断加厚,随之在重力作用下向下流动,其最终在壁面上形成一上薄下厚的液膜,如图 13-5(a)、(b)所示。

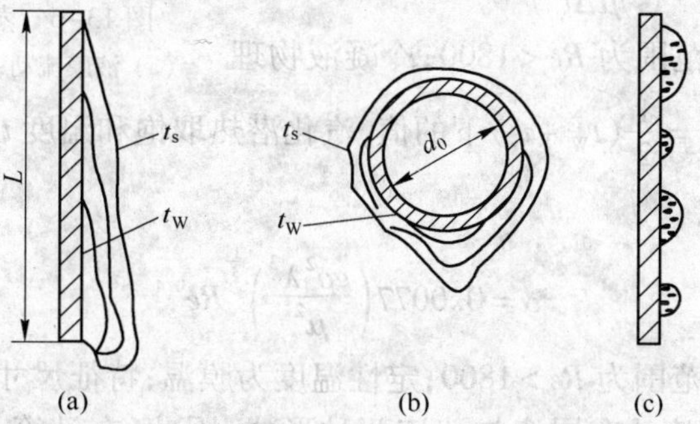

图 13-5　膜状冷凝和滴状冷凝

(a) 垂直管(板)上的膜状冷凝;(b) 水平圆管外的膜状冷凝;(c) 滴状冷凝

若凝液不能润湿壁面,则因表面张力的作用凝液形成液滴,并沿壁面落下,这种冷凝称为滴状冷凝,如图 13-5(c)所示。由于液滴下落时可使壁面暴露于蒸气中,蒸气可直接将热量传递给壁面,因而滴状冷凝的传热膜系数比膜状冷凝时的大,通常可大 5~10 倍。工业中遇到的大多是膜状冷凝,所以工业冷凝器的设计皆按膜状冷凝来处理,下面仅介绍纯饱和蒸气膜状冷凝时的对流传热系数计算。

蒸汽冷凝时的对流传热系数常整理为数群关联式的形式。各数群间的函数关系表示如下:

$$Nu = f(Ga \cdot Pr \cdot Kd)$$

式中　$Ga = \dfrac{gL^3\rho^2}{\mu^2}$ ——伽利略数,其中 μ、ρ 分别为冷凝液黏度和密度,L 为传热面的特征尺寸;

$Kd = \dfrac{r}{c_p \cdot \Delta t}$——冷凝数，其中 c_p 为冷凝液的比定压热容，r 为蒸气的冷凝潜热，Δt 为蒸气与壁面之间的温度差；

$Pr = \dfrac{c_p \mu}{\lambda}$——普朗特数，其中 c_p、μ、λ 为冷凝液的比定压热容、黏度及导热系数。

当应用于各种不同冷凝过程时，应根据具体操作条件，分别选用不同关联式。

13.5.1.2　蒸气在垂直管（或板）外冷凝

当蒸气在垂直管或板上冷凝时，最初冷凝液沿壁面以层流形式向下流动，同时由于蒸气不断在液膜表面冷凝，新的冷凝液不断加入，形成一个流量逐渐增加的液膜流，相应的液膜厚度加大，局部对流传热系数减小；当板或管足够高时，其下部可能发展为湍流流动，局部的对流传热系数反而增加，如图 13-6 所示。

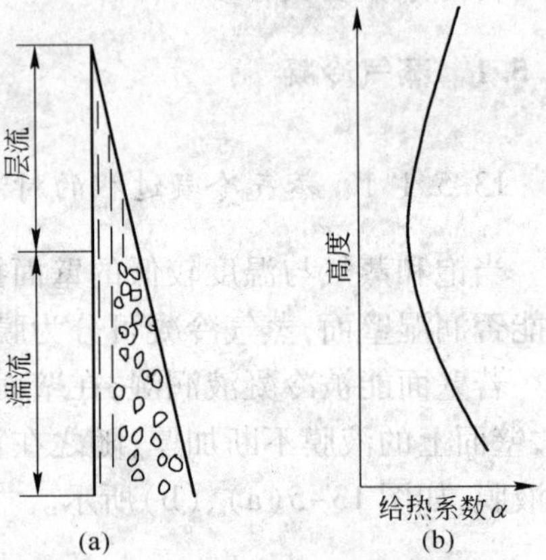

图 13-6　蒸气在垂直壁上的冷凝
(a) 液膜流动；(b) 对流传热系数示意图

层流时 α 的计算式为：

$$\alpha = 1.13\left(\frac{r\rho^2 g\lambda^3}{l\mu\Delta t}\right)^{\frac{1}{4}} \tag{13-27}$$

式(13-27)的适用范围为 $Re < 1800$；冷凝液物理性质取液膜平均温度 $t_m = \frac{1}{2}(t_W + t_s)$ 下的值，汽化潜热取饱和温度 t_s 下的值。

湍流时 α 的计算式

$$\alpha = 0.0077\left(\frac{g\rho^2\lambda^3}{\mu^2}\right)^{\frac{1}{3}} Re^{0.4} \tag{13-28}$$

式(13-28)的适用范围为 $Re > 1800$；定性温度为膜温；特征尺寸 l 为管高或板高 H。

由于冷凝液的液膜流动有层流与湍流两种形式，因此，在计算 α 时应先假设液膜的流动形式，求出 α 值后，需再计算雷诺数，然后校核其是否在所假设的流动形式范围内。

13.5.1.3　蒸气在水平管外冷凝

蒸气在水平管外冷凝时的对流传热系数按式(13-29)计算。即当 $Ga \cdot Kd \cdot Pr < 10^{15}$ 即液膜为层流时，

$$\alpha = 0.725\left(\frac{r\rho^2 g\lambda^3}{n^{\frac{2}{3}}\mu d_0\Delta t}\right)^{\frac{1}{4}} \tag{13-29}$$

式中　n——水平管束在垂直列上的管子数量，若为单根管子，则 $n = 1$；
r——汽化潜热，kJ/kg；
ρ——冷凝液的密度，kg/m^3；
λ——冷凝液的热导率，W/(m · K)；
μ——冷凝液的黏度，Pa · s。

传热推动力 $\Delta t = t_s - t_W$；特征尺寸 l 为管高或板高 H；冷凝液物理性质取液膜平均温度

$t_m = \frac{1}{2}(t_W + t_s)$下的值，汽化潜热取饱和温度 t_s 下的值。

13.5.1.4 影响冷凝传热的因素

冷凝传热的热阻主要集中在液膜内，所以凡有利于减薄液膜厚度的因素都可提高冷凝对流传热系数。这些因素主要有不凝性气体、冷凝液膜两侧的温度差、蒸气流速和流向、冷凝物性、冷凝壁面的形状及布置方式等。

13.5.2 液体沸腾

液体被加热时，其内部伴有由液相变为气相产生气泡的过程，称为沸腾。因液体沸腾时壁面有流体流动，所以沸腾传热过程属于对流传热。工业生产中通常有两种液体沸腾方式：一是加热壁面浸没在液体中，液体在壁面处受热沸腾，称为大容器沸腾；另一是液体在管内流动时受热沸腾，称为管内沸腾。管内沸腾的传热机理比大容器沸腾更为复杂。本节仅讨论大容器沸腾传热过程。

13.5.2.1 液体沸腾曲线

液体的主体温度等于饱和温度时，称为饱和沸腾。加热壁面与液体主体的温度差称为沸腾温度差。随着沸腾温度差的变化，液体沸腾出现三种不同的类型，如图13-7所示。

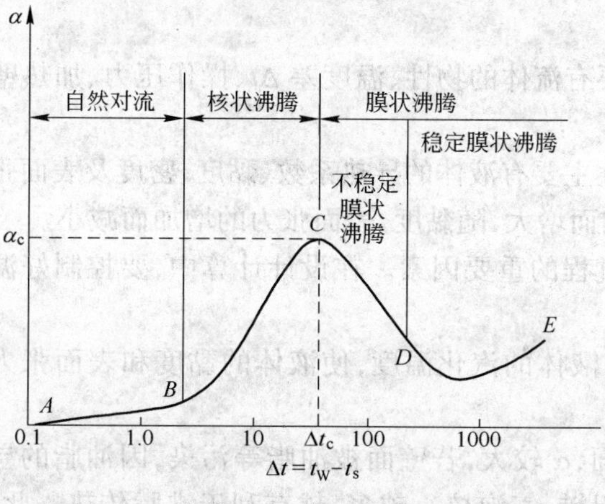

图13-7 沸腾时 α 和温差 Δt 的对数关系

当 $\Delta t \leqslant 5$℃时，加热表面上的液体略微过热，液体内产生自然对流，但无气泡产生，汽化仅在液体表面进行。此阶段的 α 和热流密度 q 均小，如图13-7中 AB 段所示。

当 Δt 在 5～25℃时，加热表面上局部地方产生气泡，产生气泡的局部位置称为汽化核心。气泡产生的速度随 Δt 增加而增加。此时气泡不断产生并离开加热表面，通过液体上升到蒸气空间，使液体受到剧烈的扰动，因而 α 和 q 都急剧增大，如图13-7中 BC 段所示。此段称为泡核沸腾或核状沸腾。

当 $\Delta t > 25$℃时，气泡产生的速度高于脱离加热面的速度。气泡在加热表面上将形成一层不稳定的蒸气膜，使液体与加热表面不能直接接触。因蒸气的导热系数小，α 和 q 都急剧下降。此阶段称为膜状沸腾，如图13-7中 CD 段所示。由泡核沸腾向膜状沸腾过渡的转折点 C 称为临界点。临界点上的温度差、沸腾传热系数和热量分别称为临界温度差 Δt_c、临界沸腾传热系数 α_c 和临界热流密度 q_c。当达到 C 点时，加热面几乎全部被气膜覆盖，开始形成稳定的气膜。以后，随着 Δt 的增加，α 基本不变，而 q 值却又上升，这一方面是由于传热推动力加大，另一方面是由于壁温升高，辐射传热的影响显著增加所致，如图13-7中 DE 段所示。

13.5.2.2　沸腾传热系数的计算

沸腾传热机理极为复杂，各种经验公式很多，但都不够完善，至今尚无可靠的一般关联式。下面仅介绍水沸腾时 α 的计算。

在双对数坐标图上，核状沸腾阶段的对流传热系数 α 与温度差 Δt 呈直线关系，故可用式(13-30)表示

$$\alpha = C\Delta t^{m} \tag{13-30}$$

式中，C 与 m 由实验测定。对于不同的液体和加热面材料，C 与 m 值不同。

若考虑压力的影响，式(13-30)改为

$$\alpha = C\Delta t^{m} p^{n} \tag{13-31}$$

对于水，在 $1\times10^{5}\sim4\times10^{6}$ Pa 压力(绝对压力)范围内，有下列经验公式：

$$\alpha = 0.123\Delta t^{2.33} p^{0.5} \tag{13-32}$$

$$\Delta t = t_{\mathrm{W}} - t_{\mathrm{s}} \tag{13-33}$$

式中　p——沸腾绝对压力，Pa；

t_{W}——加热壁面温度；

t_{s}——沸腾液面的饱和温度。

13.5.2.3　影响沸腾传热的因素

对沸腾传热系数有较大影响的因素主要有流体的物性、温度差 Δt、操作压力、加热壁面的材料和粗糙度等。

(1) 流体的物性。影响沸腾传热的物性主要有液体的导热系数、黏度、密度及表面张力等。一般情况下，α 随导热系数、密度的增加而增大，随黏度、表面张力的增加而减小。

(2) 温度差。温度差是影响沸腾传热过程的重要因素。在设计计算中，要控制好温度差，使传热尽可能在泡核沸腾下进行。

(3) 操作压力。提高操作压力，将提高液体的汽化温度，使液体的黏度和表面张力减小，从而使 α 增大。

(4) 沸腾壁面状况。新的或清洁的壁面，α 较大，若壁面被油脂等污染，因油脂的导热性能较差，会使 α 急剧下降。此外，壁面越粗糙，气泡核心越多，越有利于沸腾传热。此外，加热面的布置情况，对沸腾传热也有明显的影响。

思考题

13-1　试说明流体有相变时的对流传热系数大于无相变时的对流传热系数的理由。

13-2　在蒸气管道中通入一定流量和压力的饱和水蒸气，试分析：

(1) 在夏季和冬季中，管道的内壁和外壁温度有何变化？

(2) 若将管道保温，保温前、后管道的内壁和最外侧壁面温度有何变化？

13-3　室内暖气片的安装高度和表面温度对对流换热表面传热系数是否有影响？为什么？

13-4　试简述强化管内强制对流换热的措施。

13-5　自然对流换热有何特点？

13-6　何为膜状冷凝和滴状冷凝？它们形成的条件是什么？哪种冷凝形成的换热强度大？

13-7　可以采用哪些措施强化冷凝换热？

习　题

13-1　96%的硫酸在套管换热器中从90℃冷却至30℃。硫酸在直径为$\phi 25\,mm \times 2.5\,mm$，长度为3 m的内管中流过，质量流量为800 kg/h。已知在管内壁平均温度下流体的黏度为9.3 cP。试求硫酸对管壁的传热膜系数。

13-2　竖直蒸气管，管径100 mm，管长3.5 m，管外壁温度110℃，若周围空气温度为30℃，试计算单位时间内散失于周围空气中的热量。

13-3　流体在圆管内做单相流体湍流强制对流换热（设已充分发展），为使表面传热系数增加到原来的10倍，流速应增加到原来的多少倍？

单元14 传热计算

学习目标

(1) 掌握热负荷计算及总传热速率方程。

(2) 熟悉总传热系数的计算、平均温度差计算及传热面积计算。

(3) 了解总传热系数的数值范围及污垢热阻。

本单元讨论冷热两流体通过间壁两侧的传热过程,这种传热过程在工业换热中应用最为广泛。

工程上传热过程的计算主要有两类。一类是设计计算,根据生产任务的要求,确定换热器的传热面积及其他有关尺寸,以设计和选择换热器;另一类是校核计算,即判断一个换热器能否满足生产要求或预测生产中某些参数(如流体流量和温度)的变化对换热器传热能力的影响等。两种计算都以换热器的热量衡算和总传热速率方程为计算基础。

14.1 热负荷计算

对间壁式换热器作热量衡算,假定换热器保温良好,热损失可忽略,则在单位时间内热流体放出的热量等于冷流体吸收的热量,即

$$Q = W_h(H_{h1} - H_{h2}) = W_c(H_{c2} - H_{c1}) \tag{14-1}$$

式中 Q——换热器的热负荷,kJ/h 或 kW;

W——流体的质量流量,kg/h;

H——单位质量流体的焓,kJ/kg。

下标 c 和 h 分别表示冷流体和热流体,下标 1 和 2 表示换热器的进口和出口。

若换热器中两流体无相变化,且流体的比热可视为不随温度变化或可取平均温度下的比热时,式(14-1)可表示为:

$$Q = W_h c_{ph}(T_1 - T_2) = W_c c_{pc}(t_2 - t_1) \tag{14-2}$$

式中 c_p——流体的平均比定压热容,kJ/(kg·℃);

T——热流体的温度,℃;

t——冷流体的温度,℃。

若流体在换热器中有相变化,例如饱和蒸气冷凝,而冷流体无相变化,则式(14-2)可表示为:

$$Q = W_h r = W_c c_{pc}(t_2 - t_1) \tag{14-3}$$

式中 W_h——饱和蒸气的冷凝速率,kg/h;

r——饱和蒸气的冷凝潜热,kJ/kg。

式(14-3)的应用条件是冷凝液在饱和温度下离开换热器。

14.2 总传热速率方程

当应用前述的热传导速率方程或对流传热速率方程来计算过程的传热速率时,都需已

知固体壁面的温度。而实际上壁面的温度往往是未知的。为了计算方便,避开壁温,直接使用冷、热流体的温度,引出了间壁两侧流体间换热的总传热速率方程。如图14-1所示,两侧流体间通过间壁换热器任一微元面积 dS 进行热交换的总传热速率方程,可以仿照对流传热速率方程写出,即

$$dQ=K(T-t)dS=K\Delta t dS \qquad (14-4)$$

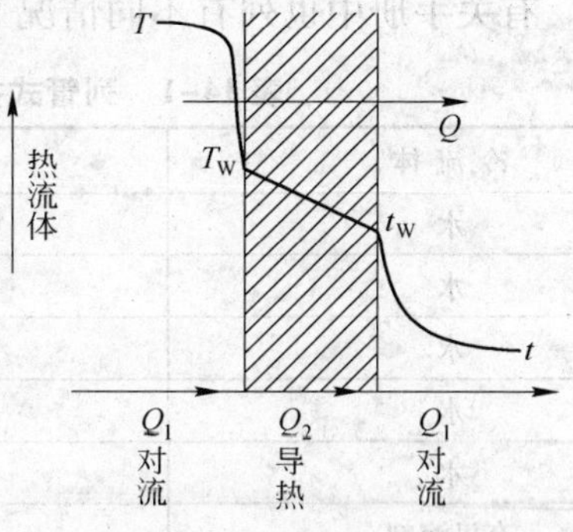

图14-1 间壁两侧流体的热量

式中 dQ——通过微元传热面积 dS 的传热速率,W;

K——局部总传热系数,W/(m^2·℃);

Δt——局部传热温度差,℃;

T——换热器任一截面上热流体的平均温度,℃;

t——换热器任一截面上冷流体的平均温度,℃。

式(14-4)为总传热速率微分方程式,也是总传热系数 K 的定义式。总传热系数在数值上等于平均温度差下的总传热热流密度。总传热系数的倒数 $1/K$ 代表间壁两侧流体传热过程的总热阻。

由于换热器中沿程流体的温度、物性都是变化的,因此式(14-4)中的温度差 Δt 和总传热系数 K 一般也是变化的,具有局部性质。工程计算中,在沿程温度与物性变化不是很大时,通常取 Δt 与 K 在整个换热器的平均值。对式(14-4)进行积分得:

$$Q=KS\Delta t_m \qquad (14-5)$$

式中 K——总传热系数,W/(m^2·℃);

Δt_m——换热器间壁两侧流体的平均温度差,℃。

应当指出,总传热系数必须和所选择的传热面积相对应,因此式(14-4)可表示为:

$$dQ=K_o(T-t)dS_o=K_i(T-t)dS_i=K_m(T-t)dS_m \qquad (14-6)$$

式中 K_o,K_i,K_m——基于管外表面积、管内表面积和内外侧平均面积的传热系数,W/(m^2·℃);

S_o,S_i,S_m——换热器外表面积、内表面积和内外侧的平均面积,m^2。

由于 dQ 与 $T-t$ 和选择的基准无关,故:

$$\frac{K_o}{K_i}=\frac{dS_i}{dS_o}=\frac{d_i}{d_o} \qquad (14-7)$$

或

$$\frac{K_o}{K_m}=\frac{dS_m}{dS_o}=\frac{d_m}{d_o} \qquad (14-8)$$

式中 d_o,d_i,d_m——换热管外径、内径和内外径的平均直径,m。

由此可见,在总传热速率方程中,应注意 K 和 S 的对应关系。若选择的传热面积不同,K 值也不同。通常换热器的标准是指管外表面积,因此 K_o 应用较多。手册中所列的 K 值,若无特别的说明,可视为基于管外表面积的 K_o。对于平壁和薄管壁,则不必考虑 K 和 S 的对应关系。

14.2.1 总传热系数的数值范围

换热器的总传热系数 K 值主要决定于流体的特性、传热过程的操作条件及换热器的类

型,因而 K 值变化范围很大。在某些情况下,列管式换热器中的总传热系数 K 的经验值见表 14-1。有关手册中也列有不同情况下 K 的经验值,可供设计计算时参考。

表 14-1 列管式换热器中的总传热系数 K 的范围

冷流体	热流体	总传热系数 K/$W \cdot (m^2 \cdot ℃)^{-1}$
水	水	850 ~ 1700
水	气体	17 ~ 280
水	有机溶剂	280 ~ 850
水	轻油	340 ~ 910
水	重油	60 ~ 280
有机溶剂	有机溶剂	115 ~ 340
水	水蒸气冷凝	1420 ~ 4250
气体	水蒸气冷凝	30 ~ 300
水	低沸点烃类冷凝	455 ~ 1140
水沸腾	水蒸气冷凝	2000 ~ 4250
轻油沸腾	水蒸气冷凝	455 ~ 1020

14.2.2 总传热系数的计算

两流体通过管壁的传热包括以下过程:

(1) 热流体在流动过程中把热量传给管壁的对流传热;

(2) 通过管壁的热传导;

(3) 管壁与流动中的冷流体之间的对流传热。

通过管壁任一截面的热传导速率为:

$$dQ = \frac{\lambda (T_W - t_W)}{b} dS_m \tag{14-9}$$

式中 $T_W - t_W$——管壁任一截面两侧的温度差,℃;

b——管壁的厚度,m;

λ——管壁材料的导热系数,$W/(m^2 \cdot ℃)$;

S_m——管壁内、外侧的平均面积,m^2。

由三过程的热传导和热对流方程式得:

$$(T - T_W) + (T_W - t_W) + (t_W - t) = T - t = \Delta t = dQ\left(\frac{1}{\alpha_i dS_i} + \frac{1}{\lambda dS_m} + \frac{1}{\alpha_o dS_o}\right) \tag{14-10}$$

由式(14-10)解得 dQ,然后在公式两边均除以 dS_o,便可得:

$$\frac{dQ}{dS_o} = \frac{T - t}{\frac{dS_o}{\alpha_i dS_i} + \frac{b dS_o}{\lambda dS_m} + \frac{1}{\alpha_o}} \tag{14-11}$$

因为

$$\frac{dS_o}{dS_i} = \frac{d_o}{d_i}, \quad \frac{dS_o}{dS_m} = \frac{d_o}{d_m} \tag{14-12}$$

所以

$$\frac{dQ}{dS_o} = \frac{T - t}{\frac{d_o}{\alpha_i d_i} + \frac{b d_o}{\lambda d_m} + \frac{1}{\alpha_o}} \tag{14-13}$$

比较式(14-6)和式(14-13)得:

$$K_o = \frac{1}{\dfrac{d_o}{\alpha_i d_i} + \dfrac{b d_o}{\lambda d_m} + \dfrac{1}{\alpha_o}} \qquad (14-14)$$

同理可得

$$K_i = \frac{1}{\dfrac{1}{\alpha_i} + \dfrac{b d_i}{\lambda d_m} + \dfrac{d_i}{\alpha_o d_o}} \qquad (14-15)$$

$$K_m = \frac{1}{\dfrac{d_m}{\alpha_i d_i} + \dfrac{b}{\lambda} + \dfrac{d_m}{\alpha_o d_o}} \qquad (14-16)$$

式(14-14)~式(14-16)即为总传热系数的计算式。总传热系数也可以表示为热阻的形式,由式(14-14)得

$$\frac{1}{K_o} = \frac{d_o}{\alpha_i d_i} + \frac{b d_o}{\lambda d_m} + \frac{1}{\alpha_o} \qquad (14-17)$$

14.2.3　污垢热阻

换热器的实际操作中,传热表面上常有污垢积存,对传热产生附加热阻,使总传热系数降低。若管壁内、外侧表面上的污垢热阻分别用 R_{si} 和 R_{so} 表示,则式(14-17)变为

$$\frac{1}{K_o} = \frac{d_o}{\alpha_i d_i} + R_{si}\frac{d_o}{d_i} + \frac{b d_o}{\lambda d_m} + R_{so} + \frac{1}{\alpha_o} \qquad (14-18)$$

式中　R_{si},R_{so}——管内和管外的污垢热阻,又称污垢系数,$m^2 \cdot ℃/W$。

表 14-2 列出了某些常见流体的污垢热阻的经验值,或可查手册。

表 14-2　某些常见流体的污垢热阻的经验值

流体		污垢热阻 $/m^2 \cdot ℃ \cdot kW^{-1}$	流体		污垢热阻 $/m^2 \cdot ℃ \cdot kW^{-1}$
水($t<47℃$)	蒸馏水	0.09	溶液和油品	处理过的盐水	0.264
	清净的河水	0.21			
	未处理的凉水塔用水	0.58		有机物	0.176
	已处理的凉水塔用水	0.26		燃料油	1.056
	已处理的锅炉用水	0.26			
	硬水、井水	0.58		焦油	1.76
水蒸气	优质(不含油)	0.052	气体	空气	0.26~0.53
	劣质(不含油)	0.09			
	往复机排出	0.176		溶剂蒸气	0.14

14.2.4　提高总传热系数途径的分析式

式(14-18)表明,间壁两侧流体间传热的总热阻等于两侧流体的对流传热热阻、污垢热阻及管壁热传导热阻之和。

若传热面为平壁或薄管壁时，d_o、d_i 和 d_m 相等或近似相等，则式(14-18)可简化为：

$$\frac{1}{K}=\frac{1}{\alpha_i}+R_{si}+\frac{b}{\lambda}+R_{so}+\frac{1}{\alpha_o} \tag{14-19}$$

当管壁热阻和污垢热阻均可忽略时，式(14-19)可简化为：

$$\frac{1}{K}=\frac{1}{\alpha_i}+\frac{1}{\alpha_o} \tag{14-20}$$

若 $\alpha_i \gg \alpha_o$，则$\frac{1}{K}\approx\frac{1}{\alpha_o}$，由此可知，总热阻是由热阻大的那一侧的对流传热所控制。

【例 14-1】　某列管换热器由 ϕ25 mm×2.5 mm 的钢管组成。热空气流经管程，冷却水在管间与空气呈逆流流动。已知管内侧空气的 α_i 为 50 W/(m² · ℃)，管外侧水的 α_o 为 1000 W/(m² · ℃)，钢的 λ 为 45 W/(m · ℃)。试求：基于管外表面积的总传热系数 K_o 及按平壁计的总传热系数。

解：由表 14-2，取空气侧的污垢热阻 $R_{si}=0.5\times10^{-3}$ m² · ℃/W，水侧的污垢热阻 $R_{so}=0.2\times10^{-3}$ m² · ℃/W。由式(14-19)知：

$$\begin{aligned}\frac{1}{K_o}&=\frac{d_o}{\alpha_i d_i}+R_{si}\frac{d_o}{d_i}+\frac{bd_o}{\lambda d_m}+R_{so}+\frac{1}{\alpha_o}\\&=\frac{0.025}{50\times0.02}+0.5\times10^{-3}\times\frac{0.025}{0.02}+\frac{0.0025\times0.025}{45\times0.0225}+0.2\times10^{-3}+\frac{1}{1000}\\&=0.0269\ \text{m}^2\cdot℃/\text{W}\end{aligned}$$

所以　$K_o=37.2\ \text{W}/(\text{m}^2\cdot℃)$

若按平壁计算，由式(14-19)知：

$$\begin{aligned}\frac{1}{K}&=\frac{1}{\alpha_i}+R_{si}+\frac{b}{\lambda}+R_{so}+\frac{1}{\alpha_o}\\&=\frac{1}{50}+0.5\times10^{-3}+\frac{0.0025}{45}+0.2\times10^{-3}+\frac{1}{1000}\\&=0.0218\ \text{m}^2\cdot℃/\text{W}\end{aligned}$$

所以　$K=46\ \text{W}/(\text{m}^2\cdot℃)$

在该题条件下，由于管径较小，若按平壁计算 K，误差稍大，为：

$$\frac{K-K_o}{K_o}\times100\%=\frac{46-37.2}{37.2}\times100\%=23.7\%$$

14.3　平均温度差法

总传热速率的微分方程式，积分后才有实际意义。积分结果是用平均温差代替局部温度差，为此必须考虑两流体在换热器中的温度变化情况以及流体的流动方向。为了积分，应作以下简化假定：

(1) 传热为定态操作过程；

(2) 两流体的比热容均为常量(可取为换热器进、出口状态的平均值)；

(3) 总传热系数 K 为常量，即 K 值不随换热器的管长而变化；

(4) 换热器的热损失可以忽略。

14.3.1 恒温传热

蒸发是恒温传热最典型的例子。设在间壁的一侧,液体在恒定温度 t 下沸腾,在间壁的另一侧,加热饱和蒸气在一定温度 T 下冷凝。此时温度差 $T-t$ 为定值,其传热量计算,可用式(14-21)。

$$Q=KS(T-t) \tag{14-21}$$

14.3.2 变温传热

14.3.2.1 *逆流和并流时的平均温度差*

两种流体的流向不同,温度差也不同。图 14-2 为逆流和并流流程温差示意图。

图 14-2(a)为一套管式换热器,热流体走套管环隙,温度由 T_1 降低到 T_2,冷流体则走管内,温度由 t_1 升高到 t_2,冷热流体流向相反,即逆流的情况。图 14-2(b)是与图 14-2(a)相同的套管换热设备,只是冷热两流体的流向相同,即并流的情况。

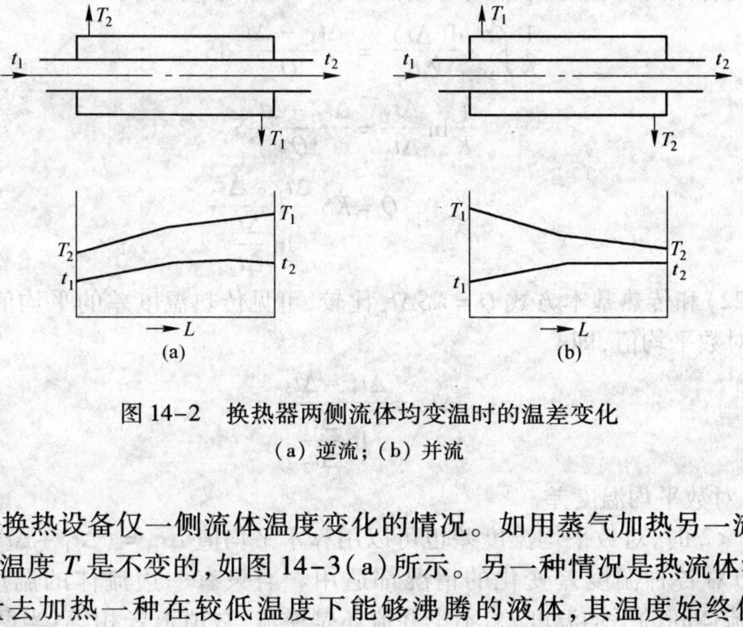

图 14-2 换热器两侧流体均变温时的温差变化

(a) 逆流; (b) 并流

图 14-3 是换热设备仅一侧流体温度变化的情况。如用蒸气加热另一流体,蒸气冷凝放出潜热,冷凝温度 T 是不变的,如图 14-3(a)所示。另一种情况是热流体温度从 T_1 下降到 T_2,放出热量去加热一种在较低温度下能够沸腾的液体,其温度始终保持沸点 t,如图 14-3(b)所示。

图 14-3 换热器一侧流体变温时的温差变化

由图 14-2 和图 14-3 可见，沿整个管长各点的温度是变化的，所以需要求平均温度差。设热流体的质量流量为 W_h，比定压热容为 c_{ph}，冷流体的质量流量为 W_c，比定压热容为 c_{pc}，根据热量衡算的微分式，得：

$$dQ = W_h c_{ph} dT = W_c c_{pc} dt \tag{14-22}$$

在稳定操作时，W_h、W_c 是常数，流体的比热用平均温度下的数值，也可作常数处理 $dQ/dT = W_h c_{ph}$ = 常数，Q 和热流体的温度呈直线关系；同理 $dQ/dT = W_c c_{pc}$ = 常数，Q 和冷流体的温度也呈直线关系。所以，Q 和冷热流体之间的温度差 $\Delta t = T - t$ 必然也是呈直线关系，而且这一直线的斜率是：

$$\frac{d(\Delta t)}{dQ} = \frac{\Delta t_1 - \Delta t_2}{Q} \tag{14-23}$$

将传热基本方程式 $dQ = KdS\Delta t$ 代入得：

$$\frac{d(\Delta t)}{KdS\Delta t} = \frac{\Delta t_1 - \Delta t_2}{Q} \tag{14-24}$$

或

$$\frac{d(\Delta t)}{K\Delta t} = \frac{\Delta t_1 - \Delta t_2}{Q} dS \tag{14-25}$$

如换热器内各点的 K 值作为常数处理，对式（14-25）积分，得：

$$\frac{1}{K}\int_{\Delta t_2}^{\Delta t_1} \frac{d(\Delta t)}{\Delta t} = \frac{\Delta t_1 - \Delta t_2}{Q} dS \tag{14-26}$$

$$\frac{1}{K}\ln\frac{\Delta t_1}{\Delta t_2} = \frac{\Delta t_1 - \Delta t_2}{Q} S \tag{14-27}$$

$$Q = KS\frac{\Delta t_1 - \Delta t_2}{\ln\dfrac{\Delta t_1}{\Delta t_2}} \tag{14-28}$$

将式（14-22）和传热基本方式 $Q - KS\Delta t_m$ 比较，可见传热温度差的平均值为换热器进出口处温度差的对数平均值，即

$$\Delta t_m = \frac{\Delta t_1 - \Delta t_2}{\ln\dfrac{\Delta t_1}{\Delta t_2}} \tag{14-29}$$

式中　Δt_m——对数平均温度差。

当 $\Delta t_1/\Delta t_2 < 2$ 时，对数平均温度差也可以用算术平均值 $\Delta t_m = (\Delta t_1 + \Delta t_2)/2$ 代替。

式（14-29）对各种温度差变化的情况都适用。当只有一边流体的温度有变化时，如图 14-3 所示，流体间的平均温度差，不论并流还是逆流，数值上皆相等：当两边流体的温度都有变化时，如图 14-2 所示，由于流动的方向不同，换热器两端的温度差不同，因此并流和逆流时的对数平均温度差亦不同。

【例 14-2】　用一换热器加热原油。原油在管外流动进口温度为 120℃，出口温度 160℃；机油在管内流动，进口温度为 245℃，出口温度为 175℃。试分别计算并流和逆流时的平均温度差。又若单位时间内传递的热量一定，问逆流和并流所需要的传热面积相差多少？

解：

$$\Delta t_{m逆} = \frac{\Delta t_1 - \Delta t_2}{\ln\dfrac{\Delta t_1}{\Delta t_2}} = \frac{(245-160)-(175-120)}{\ln\dfrac{85}{55}} = 69℃$$

$$\Delta t_{m并}=\frac{\Delta t_1-\Delta t_2}{\ln\dfrac{\Delta t_1}{\Delta t_2}}=\frac{(245-120)-(175-160)}{\ln\dfrac{125}{15}}=52℃$$

并流和逆流时的传热系数大致相同,因此,在传热量相同时：

$$\frac{S_{并}}{S_{逆}}=\frac{\dfrac{Q}{K\Delta t_{m并}}}{\dfrac{Q}{K\Delta t_{m逆}}}=\frac{\Delta t_{m逆}}{\Delta t_{m并}}=\frac{69}{52}=1.33$$

由例14-2可见,当两流体的进、出口温度已确定时,逆流的平均温度差比并流大,因此逆流所需的传热面积比并流小。

逆流的另一优点是可以节省冷却剂或加热剂的用量。大部分情况下逆流比并流优越,所以一般均采用逆流。

【例14-3】 用柴油和原油换热,已知原油进口温度为393 K,出口温度为433 K;柴油进口温度为518 K,出口温度为448 K,质量流量为5 kg/s,比定压热容为3 kJ/(kg·K),换热器的传热系数为100 W/(m²·K),试分别计算逆流传热和并流传热两种情况下所需换热器的传热面积。

解:换热器传热面积的计算,可以通过传热速率方程式得出：

$$S=\frac{Q}{K\Delta t_m}$$

传热速率 $Q=W_2c_{p2}(t_2-t_1)=5\times3\times10^3\times(433-393)=6\times10^5$ W

逆流传热时有：

柴油　518 K→448 K

原油　433 K→393 K

$$\Delta t_{1逆}=85\text{ K},\ \Delta t_{2逆}=55\text{ K}$$

$$\Delta t_{m逆}=\frac{\Delta t_{1逆}-\Delta t_{2逆}}{\ln\dfrac{\Delta t_{1逆}}{\Delta t_{2逆}}}=\frac{85-55}{\ln\dfrac{85}{55}}=68.9\text{ K}$$

并流传热时有：

柴油　518 K→448 K

原油　393 K→433 K

$$\Delta t_{1并}=125\text{ K},\ \Delta t_{2并}=15\text{ K}$$

$$\Delta t_{m并}=\frac{\Delta t_{1并}-\Delta t_{2并}}{\ln\dfrac{\Delta t_{1并}}{\Delta t_{2并}}}=\frac{125-15}{\ln\dfrac{125}{15}}=51.9\text{ K}$$

逆流传热所需要换热器的传热面积为：

$$S_{逆}=\frac{6\times10^5}{100\times68.9}=87.1\text{ m}^2$$

并流传热所需要换热器的传热面积为：

$$S_{并} = \frac{6 \times 10^5}{100 \times 51.9} = 115.6\ \mathrm{m}^2$$

可见，换热器的传热速率一定时，由于逆流传热具有的平均温度差比并流大，所以逆流传热所需的换热器的传热面积比并流小。这样既可以节省制造费用，又可使设备紧凑。

14.3.2.2　错流和折流时的平均温度差

在大多数列管换热器中，两流体并非做简单的并流和逆流，而是做比较复杂的多程流动，或互相垂直的交叉流动，如图 14-4 所示。

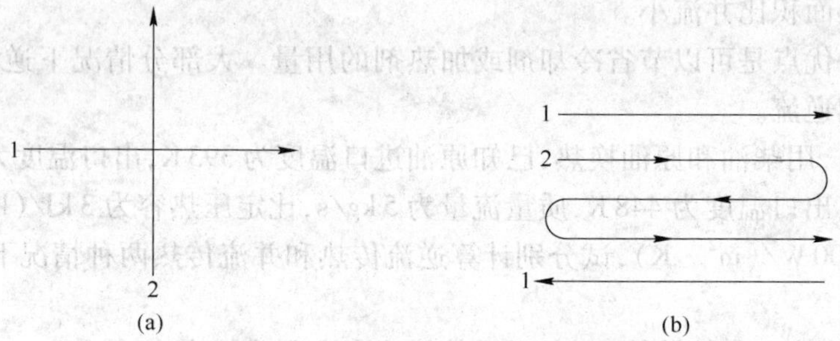

图 14-4　换热器中流体错流和折流流向

(a) 错流；(b) 折流

在图 14-4(a)中，两流体的流向互相垂直，称为错流。在图 14-4(b)中，一流体只沿一个方向流动，而另一流体反复折流，称为简单折流。若两流体均做折流，或既有折流又有错流，则称为复杂流。

对于错流和折流时的平均温度差，可采用安德伍德(Un-JerMod)和鲍曼(Bowman)提出的图算法进行计算。该法是先按逆流计算对数平均温度差，再乘以考虑流动方向的校正因素，即

$$\Delta t_m = \phi_{\Delta t} \Delta t'_m \tag{14-30}$$

式中　$\Delta t'_m$——按逆流计算的对数平均温度差，℃；

$\phi_{\Delta t}$——温度差校正系数，量纲为一。

温度差校正系数 $\phi_{\Delta t}$ 与冷、热流体的温度变化的关系，是 P 和 R 两因数的函数，即

$$\phi_{\Delta t} = f(P, R) \tag{14-31}$$

$$P = \frac{t_2 - t_1}{T_1 - t_1}$$

$$R = \frac{T_1 - T_2}{t_2 - t_1}$$

式中　$t_2 - t_1$——冷流体的温升；

$T_1 - t_1$——两流体的最初温差；

$T_1 - T_2$——热流体的温降。

温度差校正系数 $\phi_{\Delta t}$ 值可根据 P 和 R 两因数从图 14-5 中查得。图 14-5(a)、(b)分别适用于壳程为 1、2 程，每个单壳程内的管程为 2、4、6 或 8 程；图 14-5(c)适用于 1～3 折流

及1壳程，3管程；图14-5（d）适用于错流。

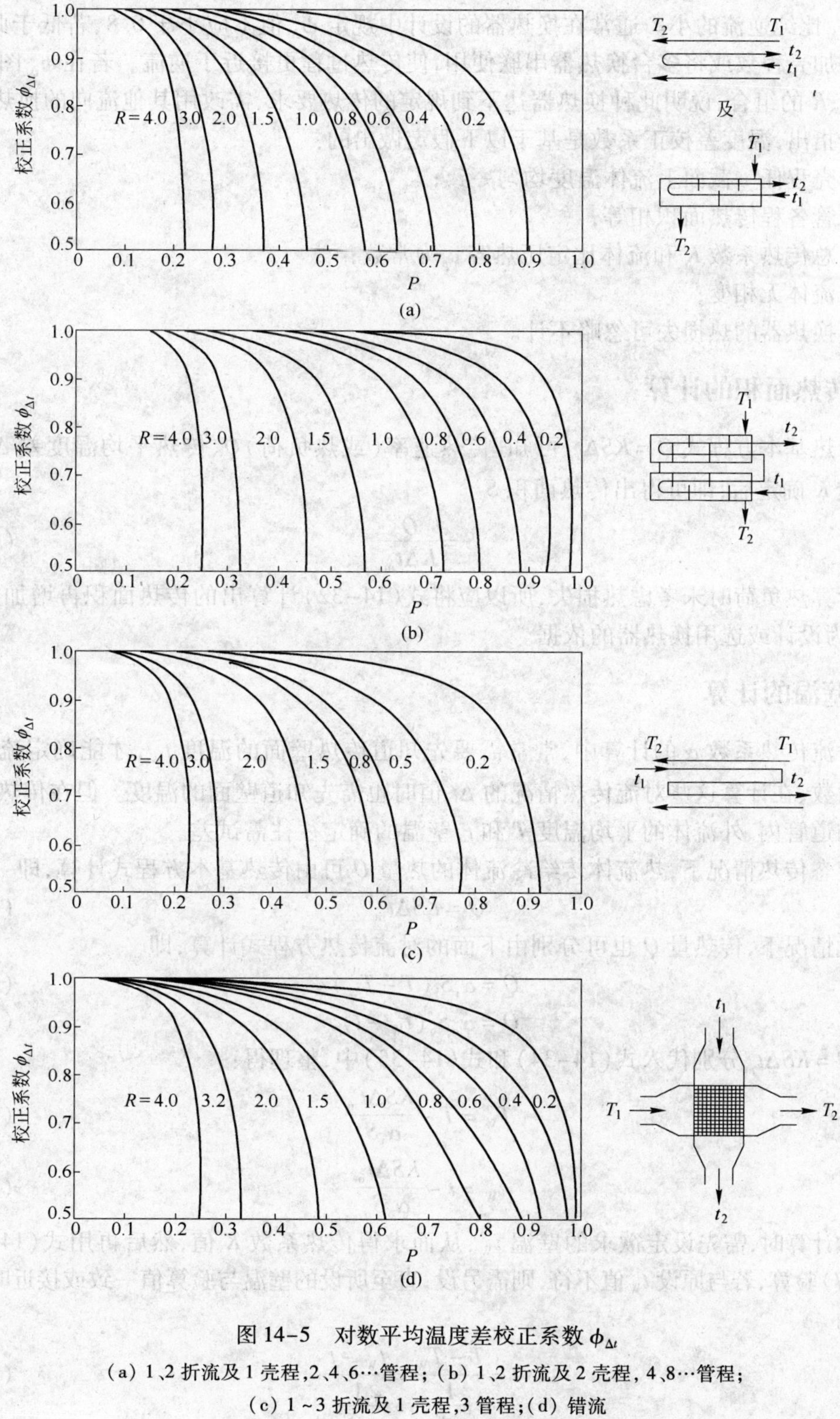

图14-5　对数平均温度差校正系数 $\phi_{\Delta t}$

（a）1、2折流及1壳程，2、4、6…管程；（b）1、2折流及2壳程，4、8…管程；

（c）1～3折流及1壳程，3管程；（d）错流

对于其他流向的 $\phi_{\Delta t}$ 值,可查手册或其他传热图书。

由图 14-5 可见 $\phi_{\Delta t}$ 值恒小于 1,这是由于各种复杂流动中同时存在逆流和并流。因此它们的 $\phi_{\Delta t}$ 比纯逆流的小。通常在换热器的设计中规定 $\phi_{\Delta t}$ 值不应小于 0.8,若低于此值,则应考虑增加壳程数或将多台换热器串联使用,使传热过程更接近于逆流。若在 $\phi_{\Delta t}$ 图上找不到某种 P、R 的组合,说明此种换热器达不到规定的传热要求,需改用其他流向的换热器。

应予指出,温度差校正系数是基于以下假定做出的:

(1) 壳程任一截面上流体温度均匀一致;

(2) 管各程传热面积相等;

(3) 总传热系数 K 和流体比定压热容 c_p 为常数;

(4) 流体无相变;

(5) 换热器的热损失可忽略不计。

14.4 传热面积的计算

由传热基本方程式 $Q=KS\Delta t_m$ 可知,传热速率(或热负荷)Q、传热平均温度差 Δt_m 及总传热系数 K 确定后,即可得出传热面积 S

$$S=\frac{Q}{K\Delta t_m} \tag{14-32}$$

因计算热负荷时未考虑热损失,所以应将式(14-32)计算出的传热面积再增加 10% ~ 20%,作为设计或选用换热器的依据。

14.5 壁温的计算

在对流传热系数 α 的计算中,常常需要先知道传热壁面的温度 t_W,才能确定流体的有关物性常数,在计算这些对流传热情况的 Δt 值时也需先知道壁面的温度。但在传热计算中一般只知道管内、外流体的平均温度 T 和 t,壁温的确定往往需试差。

在定态传热情况下,热流体传给冷流体的热量 Q 可由传热基本方程式计算,即

$$Q=KS\Delta t_m \tag{14-33}$$

在此情况下,传热量 Q 也可分别由下面的对流传热方程式计算,即

$$Q=\alpha_i S_i(T-T_W) \tag{14-34}$$

$$Q=\alpha_o S_o(t_W-t) \tag{14-35}$$

将 $Q=KS\Delta t_m$ 分别代入式(14-34)和式(14-35)中,整理得:

$$T_W=T-\frac{KS\Delta t_m}{\alpha_i S_i} \tag{14-36}$$

$$t_W=t-\frac{KS\Delta t_m}{\alpha_o S_o} \tag{14-37}$$

通常计算时,需先设定欲求的壁温 t_W,从而求得传热系数 K 值,然后再用式(14-36)和式(14-37)验算,若与原设 t_W 值不符,则需另设,直至所设的壁温与验算值一致或接近时为止。

又由

$$Q=\frac{T-T_W}{\dfrac{1}{\alpha_i S_i}}=\frac{t_W-t}{\dfrac{1}{\alpha_o S_o}} \tag{14-38}$$

可知壁温 t_W 值在 T 与 t 之间，且接近于 α 值较大一边的流体温度。

思 考 题

14-1　试述热负荷的概念，热负荷与传热速率的区别。

14-2　影响传热速率的因素有哪些？

14-3　从传热学的角度进行分析，热电厂的冷却用水为什么要采用经过软化的水？

14-4　每小时有一定量的气体在套管换热器中从 T_1 冷却到 T_2，冷水进出口温度分别为 t_1 和 t_2，两流体呈逆流流动，并均为湍流。若换热器尺寸已知，气体向管壁的对流传热系数比管壁向水的对流传热系数小得多，污垢热阻和管壁热阻均可忽略不计。试讨论以下各项：

(1) 若气体的生产能力加大10%，如仍用原换热器，而且要维持原有的冷却程度和冷却水进口温度不变，试问应采取什么措施？并说明理由。

(2) 若因气候变化，冷水进口温度下降至 t_1'，现仍用原换热器并维持原冷却程度，则应采取什么措施？说明理由。

(3) 在原换热器中，若将两流体改为并流流动，如要求维持原有的冷却程度和加热程度，是否可能？为什么？如不可能，试说明应采取什么措施（设 $T_2 > t_2$）。

习　题

14-1　在一石油热裂装置中，所得热裂物的温度为300℃。今拟设计一换热器，用来预热石油，它的进口温度为25℃，拟预热到180℃，热裂物的终温不得低于200℃，试分别计算热裂物与石油在换热器中采用逆流与并流时的平均温差。

14-2　98%的硫酸以0.6 m/s的流速在套管换热的环隙间流动。硫酸的平均温度为70℃；内管外壁的平均温度为60℃。换热器内管直径为 ϕ25 mm × 2.5 mm，外管直径是 ϕ51 mm × 3 mm。试求单位传热面积的传热速率。

14-3　一套管换热器，用热柴油加热原油，热柴油与原油进口温度分别为155℃和20℃。已知逆流操作时，柴油出口温度50℃，原油出口60℃，若采用并流操作，两种油的流量、韧性数据、初温和传热系数皆与逆流时相同，试问并流时柴油可冷却到多少度？

14-4　在并流换热器中，用水冷却油。水的进、出口温度分别为15℃和40℃，油的进、出口温度分别为150℃和100℃。现因生产任务要求油的出口温度降至80℃，假设油和水的流量、进口温度及物性均不变，原换热器的管长为1 m，试求此换热器的管长增至若干米才能满足要求。设换热器的热损失可忽略。

14-5　在逆流换热器中，用初温为20℃的水将1.25 kg/s的液体（比热容为1.9 kJ/(kg·℃)，密度为850 kg/m³），由80℃冷却到30℃。换热器的列管直径为 ϕ25 mm × 2.5 mm，水走管程。水侧和液体侧的对流传热系数分别为0.85 kW/(m²·℃)和1.70 kW/(m²·℃)，污垢热阻可忽略。若水的出口温度不能高于50℃，试求换热器的传热面积。

14-6　在列管式换热器中用冷水冷却油。水在直径为 ϕ19 mm × 2 mm 的列管内流动。已知管内水侧对流传热系数为3490 W/(m²·℃)，管外油侧对流传热系数为258 W/(m²·℃)。换热器在使用一段时间后，管壁两侧均有污垢形成，水侧污垢热阻为0.00026 m²·℃/W，油侧污垢热阻为0.000176 m²·℃/W。管壁导热系数为45 W/(m·℃)，试求：

（1）基于管外表面积的总传热系数；

（2）产生污垢后热阻增加的百分数。

14-7　一套管换热器，冷、热流体的进口温度分别为 55℃和 115℃。并流操作时，冷、热流体的出口温度分别为 75℃和 95℃。试问逆流操作时，冷、热流体的出口温度分别为多少？假定流体物性数据与传热系数均为常数。

14-8　每小时 500 kg 的常压苯蒸气，用直立管壳式换热器加以冷凝，并冷却至 30℃，冷却介质为 20℃的冷水，冷却水的出口温度不超过 45℃，冷、热流体呈逆流流动。已知苯蒸气的冷凝温度为 80℃，汽化潜热为 390 kJ/kg，平均比热容为 1.86 kJ/(kg·K)，并估算出冷凝段的传热系数为 500 W/(m^2·K)，冷却段的传热系数为 200 W/(m^2·K)，试求所需要的传热面积及冷却水用量为多少，若采用并流方式所需的最小冷却水用量为多少？

14-9　有一列管换热器，热水走管内，冷水在管外，逆流操作。经测定，热水的流量为 200 kg/h，热水进出口温度分别为 323 K、313 K，冷水的进出口温度分别为 283 K、296 K，换热器的传热面积为 1.85 m^2。试求该操作条件的传热系数 K 值。

14-10　利用管外的水蒸气冷凝来加热管内的轻油。已知水蒸气冷凝的传热膜系数 α_1 为 10000 W/(m^2·K)。轻油加热的传热膜系数 α_2 为 200 W/(m^2·K)。若钢管是 ϕ57 mm×3.5 mm 的无缝钢管，其导热系数为 46.5 W/(m·K)，求传热系数 K。若考虑污垢热阻，已知水蒸气冷凝一侧的污垢热阻 R_{s1} 为 0.09 m^2·K/kW，轻油一侧的污垢热阻 R_{s2} 为 1.06 m^2·K/kW，求传热系数 K。

14-11　在一单程列管换热器中，用饱和蒸汽加热原料油。温度为 160℃的饱和蒸汽在壳程冷凝（排出时为饱和液体），原料油在管程流动，并由 20℃加热到 106℃。列管直径为 ϕ19 mm×2 mm，管长为 4 m，共有 25 根管子，若换热器的传热量为 125 kW，蒸气冷凝传热系数为 7000 W/(m^2·℃)，油侧污垢热阻取为 0.0005 m^2·℃/W，管壁热阻和蒸气侧垢层热阻可忽略，试求管内油侧对流传热系数。又若油的流速增加一倍，此时若换热器的总传热系数为原来总传热系数的 1.75 倍，试求油的出口温度。假设油的物性不变。

单元15　辐射传热

学习目标

(1) 掌握热辐射、黑体、镜体、透热体和灰体等基本概念及斯蒂芬－玻耳兹曼定律。

(2) 理解灰体的辐射能力、两固体的辐射传热。

(3) 了解辐射、对流联合传热。

15.1　热辐射的基本概念

(1) 热辐射。物体受热后可以电磁波的形式发射辐射能。凡是温度在绝对零度以上的物体都能发射辐射能。需要指出，只有物体发射的辐射能被另一物体吸收且又重新转变为热能的过程，才称为工业上有意义的热辐射。这些可以转变为热能的射线称为热射线，其波长介于可见光线与红外线之间，如可见光线波长范围为0.4～0.8 μm，热辐射线为0.8～40 μm，红外线为0.7～500 μm（1 μm = 10^{-3} mm）。由于热射线与可见光的物理性质基本相同，所以可见光线的传播、反射、折射的规律同样适用于热辐射。

(2) 黑体、镜体、透热体和灰体。当辐射体发射的辐射能投到另一物体的表面上时，投射的总能量 Q 中有三种可能情况：一部分被物体吸收（Q_A），一部分被反射回去（Q_R），一部分透过物体（Q_D），如图15-1所示。只有被吸收的那部分（Q_A）可能转化为热能。根据能量衡算式，有 $Q = Q_A + Q_R + Q_D$，或写成：

$$\frac{Q_A}{Q}+\frac{Q_R}{Q}+\frac{Q_D}{Q}=1 \qquad (15-1)$$

式中　$\frac{Q_A}{Q}$——物体吸收辐射能的本领，称作吸收率 A；

$\frac{Q_R}{Q}$——物体反射辐射能的本领，称作反射率 R；

$\frac{Q_D}{Q}$——物体透过辐射能的本领，称作透过率 D。

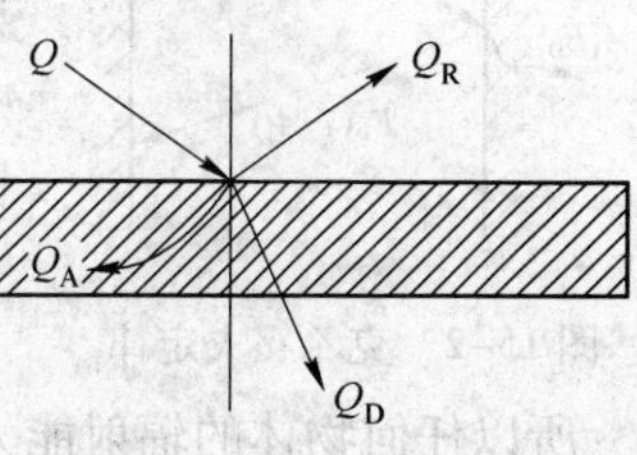

图15-1　辐射能的吸收、反射及透过

即

$$A + R + D = 1 \qquad (15-2)$$

当 $A = 1$，即 $R = D = 0$ 时，此类物体能吸收全部的辐射能，称为绝对黑体（或简称黑体）。必须指出，所谓黑体，并非是指光学上颜色的黑白，如霜，在光学上是白色，但它对热辐射的吸收率却达 $A = 0.985$。生产上遇到的大部分固体和液体称作“灰体”。所谓灰体是指它只能部分吸收发射来的热射线，其余部分要反射回去，即 $A + R = 1$。如果 $R = 1$，$A = D = 0$，这就表明所有投射到物体上的辐射能被全部反射出去，这类物体称为白体或镜体。如果 $D = 1$，$A = R = 0$，就是投射到物体上的辐射能全部穿透过去，这类物体称为透热体，如绝对干燥空气，对称双原子气体 O_2、N_2、H_2 等。

15.2　物体的辐射能力

物体的辐射能力与温度有关,单位面积、单位时间内所发射的总辐射能(包括 $0 \sim \infty$ 的一切波长范围)称为物体的辐射能力,以 E 表示,单位 W/m^2。

15.2.1　黑体的辐射能力与斯蒂芬－玻耳兹曼定律

斯蒂芬－玻耳兹曼定律是指:黑体的辐射能力与其表面的热力学温度 T 的四次方成正比,即 $E_0 \propto T^4$,在工程计算上常写成下列形式:

$$E_0 = C_0\left(\frac{T}{100}\right)^4 \tag{15-3}$$

式中　E_0——黑体的辐射能力,W/m^2;

C_0——黑体的辐射系数,C_0 为 $5.67\ W/(m^2 \cdot K^4)$;

T——黑体表面的热力学温度,K。

15.2.2　灰体的辐射能力及克希霍夫定律

计算灰体的辐射能力必须先确定辐射能力与吸收率之间的关系。设有两个平行面,其中一个是黑体,另一个是实际物体(灰体),它们的温度、辐射能力和吸收率分别为 T_0、E_0、A $(A=1)$ 和 T_1、E_1、A_1,而且 $T_1 > T_0$(见图 15-2)。

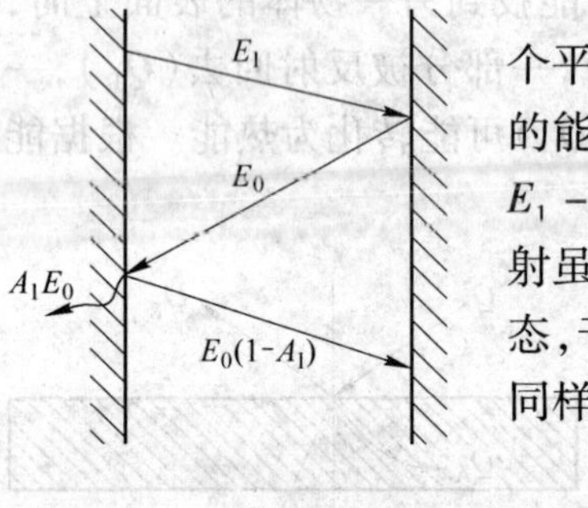

图 15-2　克希霍夫定律

在这两个平面之间没有任何能吸收辐射能的物质存在,一个平面所发射的能量完全落在另一个平面上。因此物体得到的能量为 E_0A_1,失去的能量为 E_1,则辐射换热的差为 $Q_{差} = E_1 - A_1E_0$。当过程进行到两个物体的温度相等即 $T_1 = T_0$ 时,辐射虽同样进行,但已显示不出能量交换,即达到热的动平衡状态,于是 $Q_{差}=0$。这时 $E_1 = A_1E_0$,如果用物体2、3、…代替1时,同样可得:

$$\frac{E_1}{A_1} = \frac{E_2}{A_2} = \frac{E_3}{A_3} = \cdots = E_0 \tag{15-4}$$

所以任何物体的辐射能力和吸收率之比与物体的性质无关,恒等于同温度下黑体的辐射能力。将式(15-4)代入式(15-3),得:

$$\frac{E_1}{A_1} = \frac{E_2}{A_2} = \frac{E_3}{A_3} = \cdots = C_0\left(\frac{T}{100}\right)^4 \tag{15-5}$$

或

$$E = AC_0\left(\frac{T}{100}\right)^4 = C\left(\frac{T}{100}\right)^4 \tag{15-6}$$

式中　C——物体(灰体)的辐射系数。

在衡量辐射能力时,可以将黑体作为比较的标准。实际物体的辐射能力与同温度黑体的辐射能力之比称为黑度,以 ε 表示。

$$\varepsilon = \frac{E}{E_0} \tag{15-7}$$

比较式(15-5)和式(15-6)有:

$$\varepsilon = \frac{AC_0\left(\frac{T}{100}\right)^4}{C_0\left(\frac{T}{100}\right)^4} - A \tag{15-8}$$

在计算上可用黑度代替吸收率,则式(15-6)可表示为:

$$E = \varepsilon C_0\left(\frac{T}{100}\right)^4 = C\left(\frac{T}{100}\right)^4 \tag{15-9}$$

式(15-9)为物体的辐射能方程。各种物质的黑度可查阅有关手册。

15.3　两固体的辐射传热

工业上通常见到两固体间的相互辐射传热,一般可视为两灰体间的辐射传热。两灰体间当通过辐射进行传热时,从一个物体发射出来的能量还要反射出一部分,即不能被另一物体全部吸收。

15.3.1　两固体间的相互传热

工业中常遇到两固体壁面之间的辐射传热:当两物体的温度分别为 T_1 和 T_2,而且 $T_1 > T_2$,则物体 1 发射 E_1 到另一物体 2 表面时,其中部分被吸收,其余部分被反射,而且物体 2 反射回物体 1 的辐射能,也只有一部分回到原物面,其中部分被吸收、部分再被反射,两者之间形成一个反复发射和反射的过程,如图 15-3 所示。图 15-3(a)表示高温灰体向低温灰体辐射传热,图 15-3(b)表示低温灰体向高温灰体辐射传热。

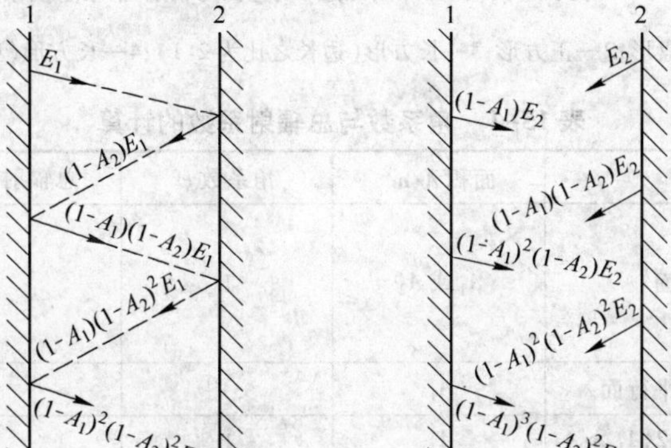

图 15-3　两平行灰体间的相互辐射传热

两固体间的辐射传热总的结果是热量从高温物体传到低温物体。其传热速率与两固体的吸收率、反射率、形状及大小有关,而且还和两固体间的距离与相对位置有关,可用式(15-10)表示。

$$Q_{1-2} = C_{1-2}\varphi_{1-2}A\left[\left(\frac{T_1}{100}\right)^4 - \left(\frac{T_2}{100}\right)^4\right] \tag{15-10}$$

式中　C_{1-2}——总辐射系数;

A——辐射面积,m^2;

φ_{1-2}——几何因素(角系数)。

工业中常用到的固体间的相互辐射有以下几种情况：

(1) 两平行平面间的辐射,一般又可以分为极大的两平行平面间的辐射和面积有限的两相等平行平面间的辐射两种情况。两平行平面间的辐射角系数如图 15-4 所示。

(2) 一物体被另一物体包围时的辐射,一般可以分为很大物体包住小物体和大物体刚好包住小物体两种情况。

在上述较简单的情况下,辐射面积 A 的确定及总辐射系数 C_{1-2}、角系数 φ_{1-2} 的求取可参考图 15-4 和表 15-1。

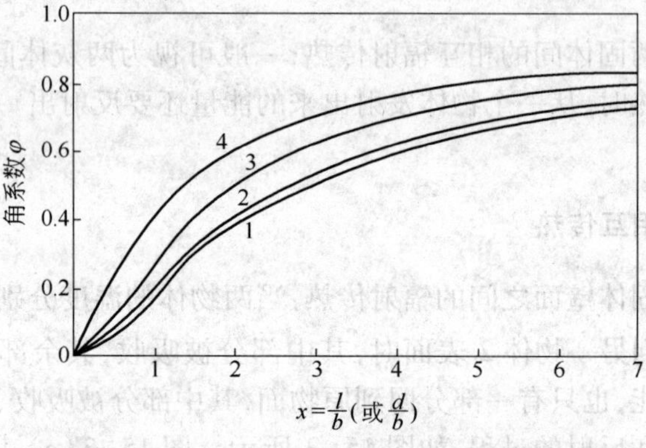

图 15-4　平行平面间辐射传热的角系数 φ 值

($\frac{l}{b}$(或$\frac{d}{b}$)表示边长(长方形用短边)或直径与辐射面间的距离之比)

1—圆盘形;2—正方形;3—长方形(边长之比为 2∶1);4—长方形(狭长)

表 15-1　角系数与总辐射系数的计算

序号	辐 射 情 况	面积 A/m^2	角系数 φ	总辐射系数 $C_{1-2}/\mathrm{W\cdot m^{-2}\cdot K^{-4}}$
1	极大的两平行面	A_1 或 A_2	1	$\dfrac{C_0}{\frac{1}{\varepsilon_1}+\frac{1}{\varepsilon_2}-1}$
2	面积有限的两相等平行面	A_1	<1①	$\varepsilon_1\varepsilon_2 C_0$
3	很大的物体 1 包住物体 2,$A_1 \gg A_2$	A_1	1	$\varepsilon_1 C_0$
4	物体 1 恰好包住物体 2,$A_1 \approx A_2$	A_1	1	$\dfrac{C_0}{\frac{1}{\varepsilon_1}+\frac{1}{\varepsilon_2}-1}$
5	在 3、4 两种情况之间,$A_1 > A_2$	A_1	1	$\dfrac{C_0}{\frac{1}{\varepsilon_1}+\frac{A_1}{A_2}\left(\frac{1}{\varepsilon_2}-1\right)}$

① 此时 φ 值由图 15-4 查得。

15.3.2　辐射、对流联合传热

生产设备或管路的外壁温度常高于周围环境的温度,此时,热量将以自然对流和辐射两

种形式同时自壁面向周围环境传递，从而引起热损失。

$$Q = Q_C + Q_R \tag{15-11}$$

在大气中，列管换热器（或其他设备）以对流方式损失的热量为：

$$Q_C = \alpha_C S_W (t_W - t) \tag{15-12}$$

以热辐射方式损失的热量为：

$$Q_{1-2} = C_{1-2}\varphi_{1-2}S\left[\left(\frac{T_W}{100}\right)^4 - \left(\frac{T}{100}\right)^4\right] \tag{15-13}$$

令 $\varphi_{1-2}=1$，式(15-13)可以用式(15-14)表示：

$$Q_R = C_{1-2}S\left[\left(\frac{T_W}{100}\right)^4 - \left(\frac{T}{100}\right)^4\right]\frac{t_W - t}{t_W - t} = \alpha_R S(t_W - t) \tag{15-14}$$

得

$$\alpha_R = \frac{C_{1-2}\left[\left(\frac{T_W}{100}\right)^4 - \left(\frac{T}{100}\right)^4\right]}{t_W - t} \tag{15-15}$$

式中　Q_R——辐射换热量，W；

α_C——空气的对流传热系数，$W/(m^2 \cdot K)$；

α_R——辐射传热系数，$W/(m^2 \cdot K)$；

T_W——设备或管路外壁温度，K；

t_W——设备或管路外壁温度，℃；

T——周围环境温度，K；

t——周围环境温度，℃；

S_W——设备或管路外壁面积，即散热的表面积，m^2。

将式(15-12)与式(15-14)代入式(15-11)得设备或管路的总热损失：

$$Q = Q_C + Q_R = (\alpha_C + \alpha_R)S_W(t_W - t) = \alpha_T S_W (t_W - t)$$

式中　α_T——对流－辐射联合传热系数，$\alpha_T = \alpha_C + \alpha_R$，$W/(m^2 \cdot K)$。

对于有保温层的设备、管路等外壁对周围环境散热的联合传热系数，可用下面的公式近似计算。

(1) 空气自然对流。

平壁保温层外：　$\alpha_T = 9.8 + 0.07(t_W - t)$　(15-16)

管路及圆筒壁保温层外：　$\alpha_T = 9.4 + 0.052(t_W - t)$　(15-17)

式(15-16)和式(15-17)适用于 $t_W < 150$℃的情况。

(2) 空气沿粗糙壁面强制对流。

空气速度 $u \leqslant 5$ m/s 时：　$\alpha_T = 6.2 + 4.2u$　(15-18)

空气速度 $u > 5$ m/s 时：　$\alpha_T = 7.8u^{0.78}$　(15-19)

【例 15-1】　有一垂直蒸汽管道直径为 $\phi108$ mm × 4 mm，长为 4 m，未加保温层，外壁温度为 120℃，若周围空气温度为 20℃，试计算单位管长的热损失。

解：因为空气为自然对流，由式(15-17)计算对流－辐射联合传热系数，得：

$$\alpha_T = 9.4 + 0.052(t_W - t) = 9.4 + 0.052 \times (120 - 20) = 14.6\ W/(m \cdot ℃)$$

则单位管长的热损失为：

$$\frac{Q}{l}=\alpha_{\mathrm{T}}\pi d(t_{\mathrm{W}}-t)=14.6\times3.14\times0.1\times(120-20)=458.4\ \mathrm{W/m}$$

思 考 题

15-1　如何理解热辐射传热中黑体和灰体的概念？

15-2　试区别黑体和透体、镜面反射。

15-3　何谓黑度？它与哪些因素有关？

15-4　从改善散热角度，户外变压器外壳的颜色应涂成深色还是浅色？

15-5　在有些场合，可用水幕或水雾形成的流动屏障来隔辐射热，试解释原因。

15-6　大气层中 CO_2 和水蒸气增加后，对太阳投射到地球表面的总辐射能有什么影响？

习　题

15-1　保温瓶内存放温度 $t_1=100$℃的开水，周围环境温度为 $t_2=20$℃。保温瓶胆由涂有水银的真空夹层结构组成。水银层的发射率为 0.04。设瓶胆内、外层的温度分别与开水和周围环境温度相同。求瓶胆的散热量。如果用导热系数 $\lambda=0.04\ \mathrm{W/(m\cdot K)}$ 的软木代替瓶胆保温层，问需要多厚的软木才能达到相同的保温效果？该软木按无限长圆筒壁导热计算，保温层内径取 0.1 m。

15-2　在一温度为 15℃ 的大房间内，安放了两块面积为 90 cm² 、间距为 60 cm 的平行平板，一块板的温度为 600℃ ，黑度为 0.7，另一块板是绝热的，试求 600℃ 平板的热损失和绝热平板的温度。

单元16　换　热　器

学习目标

了解换热器的分类;间壁式换热器分类用途及结构;列管换热器的设计和选用。

换热器是化工、石油、动力等许多工业部门的通用设备。由于生产中物料的性质、传热的要求等各不相同,因此换热器的种类很多,它们的特点也不一,设计和使用时可根据生产工艺要求进行选择。

16.1　换热器的分类

生产中所用的换热器种类很多,通常可按其用途分类,亦可按其传热原理及换热方法分类。

(1) 按用途分类。根据用途不同,换热器可分为加热器、冷却器、蒸发器、再沸器、冷凝器和分凝器等。

(2) 按传热原理和实现热交换方法分类。

1) 间壁式换热器。间壁式换热器是将冷、热流体用固体壁面隔开,使它们不相互混合,通过壁面进行热量的交换。这类换热器的种类很多,其中以列管换热器应用最广。

2) 混合式换热器。混合式换热器主要用于气体的冷却及蒸气的冷凝,故它又称为混合式冷却器或冷凝器。其特点是被冷凝(或冷却)的蒸气直接与水(或冷流体)接触进行换热,因此传热效果好。此外这种设备结构简单,易于防腐蚀。但是,仅在工艺上允许冷、热流体互相混合时,才可应用混合式换热器。

16.2　间壁式换热器

在很多情况下,工艺上不允许冷、热流体直接接触,故工业上遇到的直接接触式传热和蓄热式传热并不很多,应用最多的是间壁式换热器。

(1) 夹套式换热器。夹套式换热器主要用于反应器的加热或冷却。如图16-1所示,夹套安装在容器外部,通常用钢或铸铁制成,可以焊在器壁上或者用螺钉固定在反应器的法兰盘或者器盖上。在用蒸汽进行加热时,蒸汽由上部连接管进入夹壁,冷凝水由下部连接管流出。在进行冷却时,冷却水则由下部进入,由上部流出。

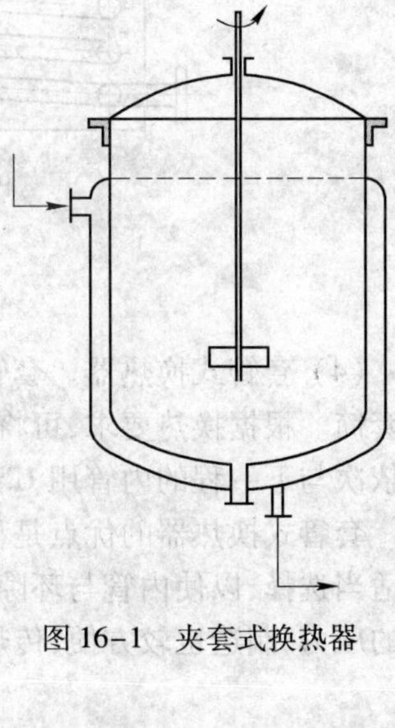

图16-1　夹套式换热器

因夹套式换热器的传热面积受到一定限制,传热系数不高,因此当需要及时移走较大热量时,可在釜内加设蛇管(或列管),管内通入冷却介质,及时取走热量以控制釜内温度。当环内通冷却水时,为提高其对流传热系数可在夹套内加设挡板,这样既可使冷却水流向一定,又可提高流速,从而提高总传热系数。

(2) 喷淋式蛇管换热器。喷淋式换热器(见图 16-2)是将换热蛇管成排固定在钢架上,冷却水由上方向下方喷淋,流到底部的冷却水可收集回收再利用。热流体由下部管子流入,与冷流体逆流换热。喷淋式换热器结构简单,且管外便于检修、清洗,特别适合于高压流体的冷却;其缺点是占地面积大,冷却水喷淋不易均匀而影响传热效果,且只能安装在室外。

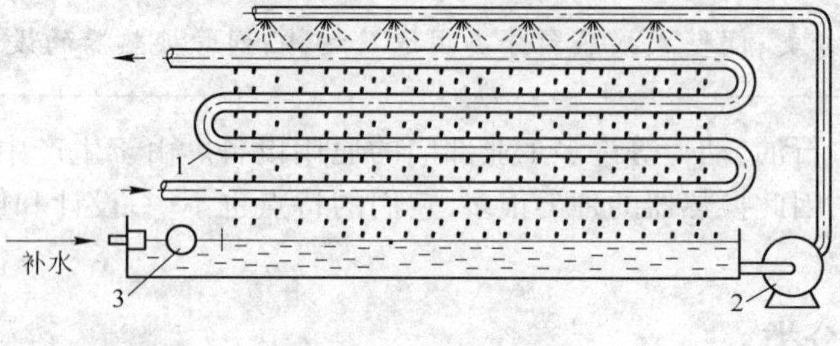

图 16-2　喷淋式换热器

1—管;2—循环泵;3—控制阀

(3) 蛇形管式换热器。蛇形管式换热器(见图 16-3)是将金属管子绕成各种与容器相适应的形状,沉浸在容器中的流体内。冷、热流体通过管壁进行换热。蛇形管式换热器的优点是结构简单,制造方便,管内能承受高压并可选择不同的材料以利于防腐,便于管外清洗。其缺点是传热面积不大,蛇管外容器中的流动情况较差,对流传热系数小。蛇形管式换热器适用于反应器内的传热、高压下的传热以及强腐蚀性介质的传热。为了强化传热,容器内可加搅拌。

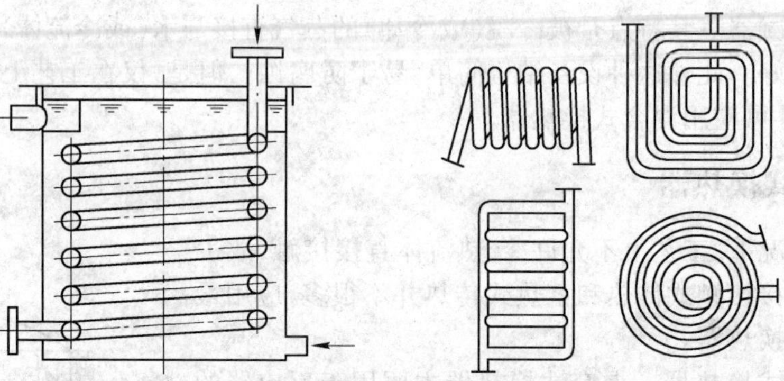

(a)　　(b)

图 16-3　蛇管式换热器

(a) 沉浸式;(b) 蛇管的形状

(4) 套管式换热器。套管式换热器是由两种大小不同的标准管连接或焊接而成的同心圆套筒。根据换热要求,可将几段套筒连接起来组成换热器。每一段简称为一程,每程的内管依次与下一程的内管用 U 形肘管连接,而外管之间也由管子连接,如图 16-4 所示。

套管式换热器的优点是程数可以按照传热面大小随意增减;由于套管的两个管径都可以适当选择,以使内管与环隙间的流体呈湍流状态,因此一般具有较高的传热系数;能耐较高的压力,制造也较方便,传热面易于增减。其缺点是单位传热面的金属消耗量很大,难以构成很大的传热面，占地又较大。

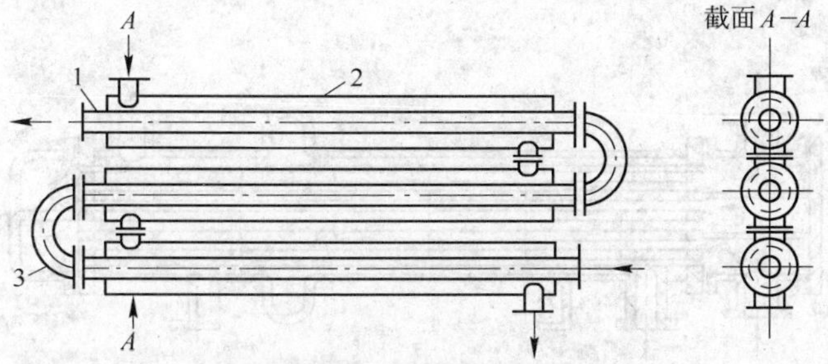

图16-4　套管式换热器

1—内管；2—外管；3—U形肘管

（5）列管式换热器。列管式换热器是目前生产中应用最广的一种换热器。其主要优点是单位体积所具有的传热面积大且传热效果好，且结构简单，操作弹性较大，可用多种材料制造，适用性较强等，尤其在高温、高压和大型装置上多采用列管式换热器。其缺点是在传热效率、设备的紧凑性、单位传热面积的金属消耗等方面不及各种板式换热器。

在列管式换热器中，由于管内、外流体温度不同，管束和壳体的温度也不相同，因此它们的热膨胀程度也有差别。若两流体温度差较大，则热应力可能引起设备的变形、管子弯曲，甚至破裂。因此通常当两流体的温差超过50℃时，就应采取热补偿的措施。根据热补偿方法的不同，列管式换热器的主要形式有以下几种：

1）固定管板式换热器。图16-5所示为固定管板式换热器。管束连接在管板上，管板分别焊在外壳的两端，并在其上连接有顶盖。顶盖和壳体上装有流体进、出口接管。沿着管长方向，常常装置一系列垂直于管束的挡板。这种换热器的结构简单、紧凑、造价便宜，但管外不能机械清洗。同时，管子、管板和外壳的连接都是刚性的，而管内、管外是两种不同温度的流体，因此，当管壁与壳壁温度相差较大时，由于两者的热膨胀不同，会产生很大的温度差应力，以致将管子扭弯或使管子从管板上松脱，甚至毁坏整个换热器。

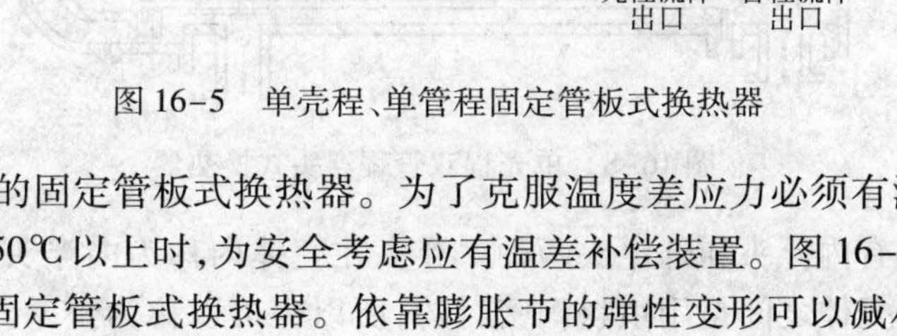

图16-5　单壳程、单管程固定管板式换热器

2）带有补偿圈的固定管板式换热器。为了克服温度差应力必须有温差补偿装置。一般在管壁温度相差50℃以上时，为安全考虑应有温差补偿装置。图16-6所示为具有补偿圈（或称膨胀节）的固定管板式换热器。依靠膨胀节的弹性变形可以减小温差应力。但这种装置只能用在壳壁与管壁温差低于60～70℃和壳程流体压强不高的情况。一般当壳程

压强超过 0.6 MPa 时，补偿圈由于过厚，难以伸缩，失去温差补偿的作用，此时就应考虑其他结构。

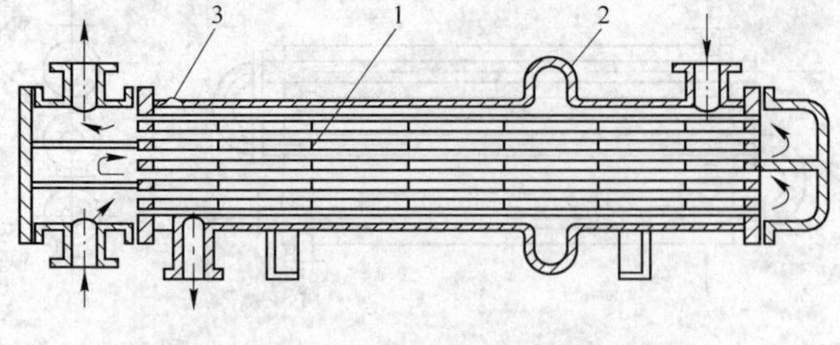

图 16-6　具有补偿圈固定管板式换热器

1—折流挡板；2—补偿圈；3—放气口

3）U 形管式换热器。图 16-7 所示为 U 形管式换热器，管子弯成 U 形，两头部固定在同一块管板上，当管子受热或受冷时可以自由伸缩。这种换热器的优点是结构也比较简单，重量轻。但其缺点是弯管加工量较大，为了满足管子有一定的弯曲半径，管板利用率就差；管内很难机械清洗，因此管内流体必须清洁；管束虽可以拉出，但中心处的管子仍不便调换。这种换热器在高温、高压下很适用。

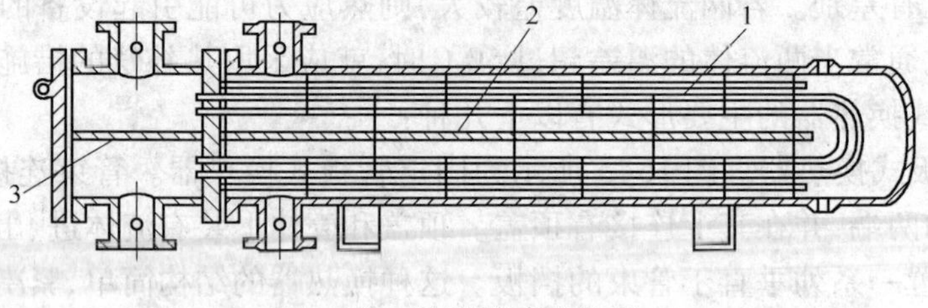

图 16-7　U 形管式换热器

1—U 形管束；2—壳程隔板；3—管程隔板

4）浮头式换热器。将换热器的一块管板与外壳焊死，另一块管板不与外壳相连，以便管子受热或受冷时可以自由伸缩，但在这块板上连接一个顶盖，称之为“浮头”，所以这种换热器称作浮头式换热器，如图 16-8 所示。

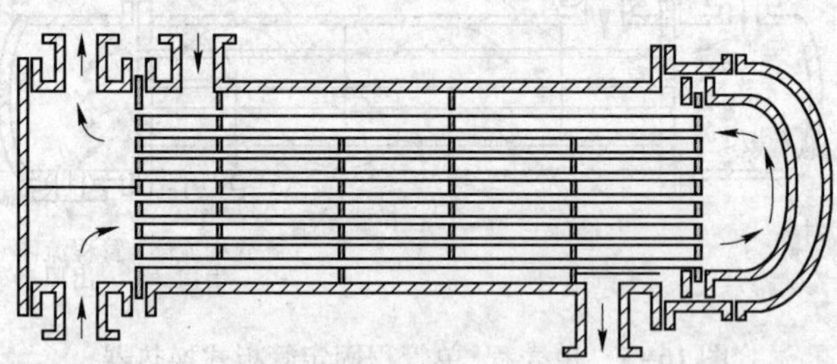

图 16-8　单壳程双管程浮头式换热器

浮头式换热器有内浮头和外浮头两种。浮头在壳体内称为内浮头，浮头在壳体外称为外浮头。外浮头与壳体之间是用填料函密封的，所以也可以称为垫塞式浮头。由于填料函易坏，故垫塞式一般只用于压强在 2.1 MPa 以下以及温度在 350℃ 以下的情况，且壳程不能用于易燃、易爆、有毒、易挥发的流体。浮头式换热器有良好的热补偿性能，同时可以将管束从壳体中拉出清洗，但是结构较为复杂，造价比固定管板式约高20%。

16.3　其他高效换热器

在传统的间壁式换热器中，除夹套换热器外，其他都为管式换热器。管式换热器的共同缺点是结构不紧凑、单位设备体积所提供的传热面积小、总传热系数不大、金属消耗量大等。随着工业的发展，相继出现了不少高效新型的换热器，并逐渐趋于完善。这些换热器主要通过增加传热面积或通过增加间壁两侧流体的湍动程度以提高对流传热系数。

（1）平板式换热器。板式换热器主要由一组长方形的薄金属板平行排列、夹紧组装于支架上而构成。两相邻板片的边缘衬有垫片，压紧后可达到密封的目的，且可用垫片的厚度调节两板间流体通道的大小。每块板的四个角上，各开一个圆孔，其中有两个圆孔和板面上的流道相通，另外两个圆孔则不相通，它们的位置在相邻板上是错开的，以分别形成两流体的通道。冷、热流体交替地在板片两侧流过，通过金属板片进行换热。每块金属板面冲压成凹凸规则的波纹，以使流体均匀流过板面，增加传热面积，并促使流体湍动，有利于传热。板式换热器的示意图如图16-9所示。

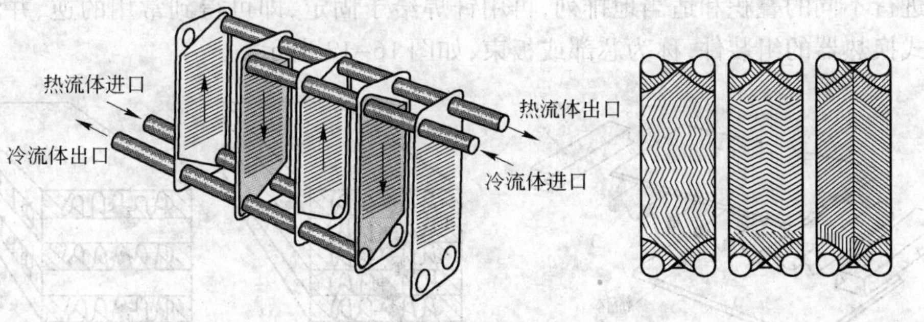

图16-9　板式换热器

板式换热器的优点是结构紧凑，单位体积设备所提供的传热面积大；总传热系数高，如对低黏度液体的传热，K 值可高达7000 W/(m^2·℃)；可根据需要增减板数以调节传热面积；检修和清洗都较方便。其缺点是处理量不太大；操作压强较低，一般低于1.5 MPa，最高也不超过2.0 MPa；因受垫片耐热性能的限制，操作温度不能过高，一般对合成橡胶垫圈不超过130℃，压缩石棉垫圈低于250℃。

（2）螺旋板式换热器。如图16-10所示，螺旋板式换热器由两张平行的薄板卷制而成，在其内部构成一对互相隔开的螺旋形流道。冷热流体以螺旋板为传热面相间流动，两板之间焊有定距柱以维持流道间距，同时也可增加螺旋板的刚度。在换热器中心设有中心隔板，使两个螺旋通道隔开。在顶、底部分别焊有盖板或封头，以及两流体的出入接管。

螺旋板式换热器的优点是结构紧凑，单位体积的传热面约为列管换热器的3倍；总传热系数大，水对水换热时 K 值可达2000～3000 W/(m^2·K)；冷热流体间为纯逆流流动，传热平均推动力大，传热效率高；不易堵塞，成本较低。其主要缺点是操作压力、温度不能太高，而且螺旋板式换热器难以维修，流动阻力较大。

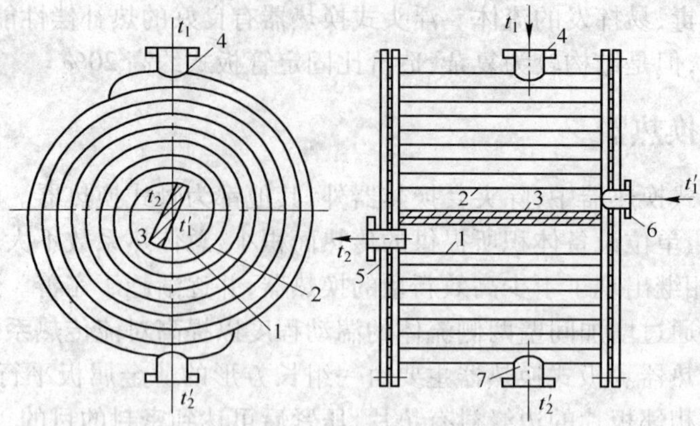

图 16-10　螺旋板式换热器

1,2—金属板;3—隔板;4,5—冷流体连接管;6,7—热流体连接管

(3) 板翅式换热器。将带有流体进、出口的集流箱焊到板束上,就成为板翅式换热器。板翅式换热器的结构形式很多,但其基本结构元件相同,即在两块平行的薄金属板(平隔板)间,夹入波纹状的金属翅片,两边以侧条密封,组成一个单元体,如图 16-11 所示。将各单元体进行不同的叠积和适当地排列,再用钎焊给予固定,即可得到常用的逆、并流和错流的板翅式换热器的组装件,称为芯部或板束,如图 16-12 所示。

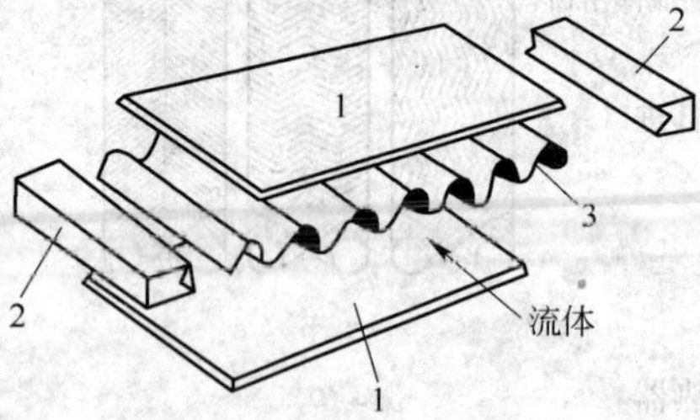

图 16-11　单元体分解

1—平隔板;2—侧封条;3—翅片(二次表面)

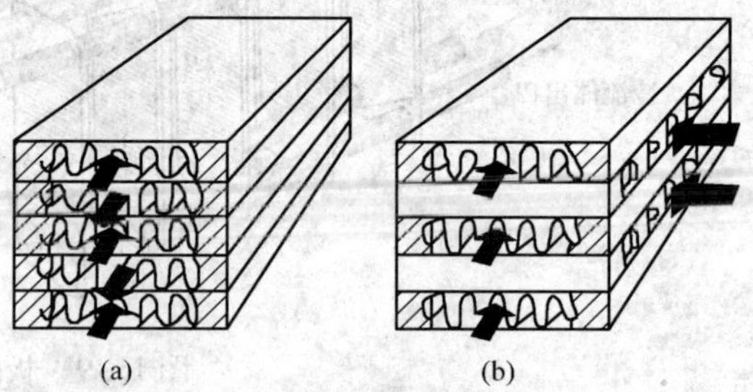

图 16-12　板翅式换热器的板束

(a) 逆流;(b) 错流

目前常用的翅片形式有光直形翅片、锯齿形翅片和多孔形翅片,如图 16-13 所示。

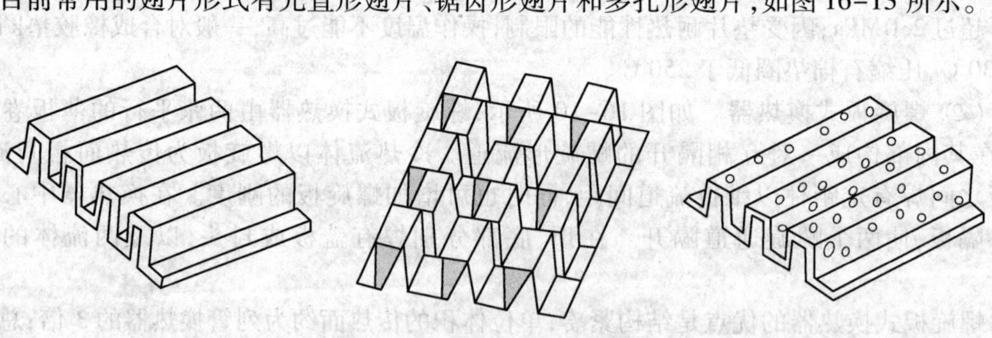

图 16-13　翅片形式

(a) 光直形翅片;(b) 锯齿形翅片;(c) 多孔形翅片

板翅式换热器的主要优点有:

1)总传热系数高,传热效果好。由于翅片在不同程度上促进了湍流并破坏了传热边界层的发展,故总传热系数高。而且大部分热量通过翅片传递,因此提高了传热效果。

2)结构紧凑。板翅式换热器单位体积设备提供的传热面积一般能达到2500 m^2,最高可达4300 m^2,而列管式换热器一般仅有160 m^2。

3)轻巧牢固。板翅式换热器因结构紧凑,一般用铝合金制造,故重量轻。在相同的传热面积下,其质量约为列管式换热器的1/10。波形翅片不仅是传热面,而且是两板间的支撑,强度很高。

4)操作范围广,适应性强。由于铝合金的导热系数高,且在0℃以下操作时,延展性和抗拉强度都可提高,故操作范围广,可在热力学0~200℃的范围内使用,适用于低温和超低温的场合。板翅式换热器适应性也较强,既可用于各种情况下的热交换,也可用于蒸发或冷凝。

板翅式换热器的缺点有:

1)由于设备流道很小,故易堵塞,而且增大压力降;换热器一旦结垢,清洗和检修很困难。

2)由于隔板和翅片都由薄铝片制成,故要求介质对铝不发生腐蚀。

16.4 列管式换热器的设计

(1)流体流程的选择。选择流体流经换热器的管程或流经壳程时,可参考以下各点(以固定管板式换热器为例):

1)不洁净和易结垢的流体宜走管内,因为管内清洗比较方便;

2)腐蚀性的流体宜走管内,以免壳体和管子同时受腐蚀,而且管子也便于清洗和检修;

3)压强高的流体宜走管内,以免壳体受压,可节省壳程金属消耗量;

4)饱和蒸气宜走管间,以便于及时排除冷凝液,且蒸气较洁净,它对清洗无要求;

5)有毒流体宜走管内,使泄漏机会较少;

6)被冷却的流体宜走管间,可利用外壳向外的散热作用,以增强冷却效果;

7)黏度大的液体或流量较小的流体宜走管间,在低 Re 值下达到湍流,以提高对流传热系数;

8)对于刚性结构的换热器,若两流体温度差较大,对流传热系数大者宜走管间,减小应力。

(2)流体流速的选择。增加流体在换热器中的流速,将增大对流传热系数,并减少污垢在管子表面上沉积,使总传热系数增大。但是流速增加将使流动阻力增大。所以适宜的流速要通过经济衡算才能确定。

此外,在选择流速时,还需考虑结构上的要求。

表16-1~表16-3列出了常用的流速范围,可供设计时参考。

(3)流体两端温度的确定。若换热器中的冷、热流体的温度都由工艺条件所规定,就不存在确定两端温度的问题。若其中一种流体仅已知进口温度,则出口温度应由设计者来确定。例如用冷水冷却某热流体,冷水的进口温度可以根据当地的气温条件做出估计。而换热器出口的冷水温度,需要根据经济衡算来决定。为了节省水量,可让水的出口温度提高些，但这样传热面积就需要增大；反之，为了减小传热面积，则要增加水量。两者是相互矛盾的。一般来说，设计时换热器两端冷、热流体温度差可取为5～20℃。缺水地区选用较大的温度差，水源丰富地区选用较小的温度差。

表16-1　列管换热器中易燃、易爆流体的安全允许流速

流体种类		一般流体	易结垢液体	气　体
流速/$m \cdot s^{-1}$	管　程	0.5～3	>1	5～30
	壳　程	0.2～1.5	>0.5	3～15

表16-2　列管换热器中常用的流速范围

流体名称	乙醚、二硫化碳、苯	甲醇、乙醇、汽油	丙　酮
允许安全速率/$m \cdot s^{-1}$	<1	<2～3	<10

表16-3　列管换热器中不同黏度流体的常用流速

流体黏度/$MPa \cdot s^{-1}$	>1500	1500～500	500～100	100～35	35～1	1
最大流速/$m \cdot s^{-1}$	0.6	0.75	1.1	1.5	1.8	2.4

(4) 管子的规格和排列方法。我国目前使用的列管式换热器系列标准中仅有$\phi 25$ mm×2.5 mm及$\phi 19$ mm×2 mm两种规格的管子。

管长的选择以清洗方便及合理使用管材为原则。长管不便于清洗，且易弯曲。一般出厂的标准管长为6 m，合理的换热器管长应为1.5 m、2 m、3 m和6 m。一般取L/D为4～6。

管子在管板上的排列方法有等边三角形、正方形直列和正方形错列等，如图16-14所示。

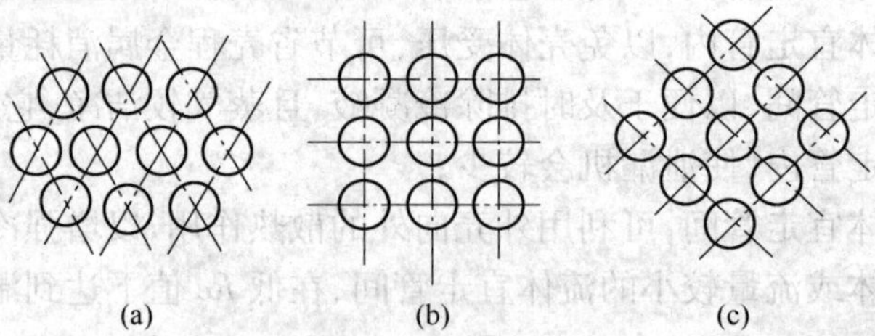

图16-14　管子在管板上排列

(a) 正三角形排列；(b) 正方形直列；(c) 正方形错列

等边三角形排列的优点有：管板的强度高；流体走短路的机会少，且管外流体扰动较大，因而对流传热系数较高；相同壳程内可排列更多的管子。

正方形直列排列的优点是便于清洗列管的外壁，适用于壳程流体易产生污垢的场合。但其对流传热系数较正三角形排列时为低。

正方形错列排列则介于上述两者之间，与直列排列相比，对流传热系数可适当提高。

管子在管板上排列的间距t（指相邻两根管子的中心距），随管子与管板的连接方法不同而异。通常，胀管法取$t=(1.3 \sim 1.5)d_0$，且相邻两管外壁间距不应小于6 mm，即$t>d_0+6$ mm。焊接法取$t=1.25d_0$。

(5) 管程和壳程数的确定。当流体的流量较小或传热面积较大而需管数很多时，有时会使管内流速较低,因而对流传热系数较小。为了提高管内流速,可采用多管程。采用多管程时,通常应使每程的管子数大致相等。

管程数 m 可按式(16-1)计算,即

$$m = u/u' \tag{16-1}$$

式中　u——管程内流体的适宜速度,m/s;

u'——管程内流体的实际速度,m/s。

当温度差校正系数 $\phi_{\Delta t}$ 低于 0.8 时,可以采用壳方多程。但由于壳程隔板在制造、安装和检修等方面都有困难,故一般不采用壳方多程的换热器,而是将几个换热器串联使用,以代替壳方多程。

(6) 折流挡板。安装折流挡板的目的是为了加大壳程流体的速度,使湍动程度加剧,以提高壳程对流传热系数。最常用的折流挡板为圆缺形挡板,其切去的弓形高度约为外壳内径的 10% ~40%,一般取 20% ~25%,过高或过低都不利于传热,如图 16-15 所示。两相邻挡板的距离(板间距)h 为外壳内径 D 的 0.2 ~1 倍。系列标准中采用的 h 值为:固定管板式的有 150 mm、300 mm 和 600 mm 三种;浮头式的有 150 mm、200 mm、300 mm、480 mm 和600 mm 五种。板间距过小,不便于制造和检修,阻力也较大。板间距过大,流体就难以垂直地流过管束,使对流传热系数下降。

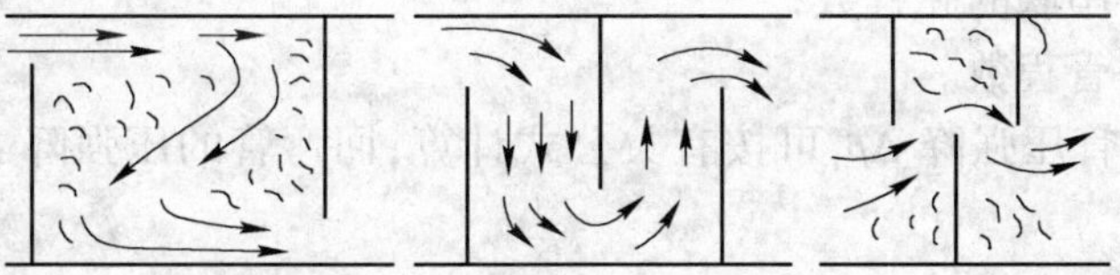

图 16-15　挡板切口高度及板间距的影响

(a) 切除过少;(b) 切除适当;(c) 切除过多

(7) 外壳直径的确定。换热器壳体的内径应等于或稍大于(对浮头式换热器而言)管板的直径。根据计算出的实际管数、管径、管中心距及管子的排列方法等,可用作图法确定壳体的内径。一般在初步设计中,可先分别选定两流体的流速,然后计算所需的管程和壳程的流通截面积,于系列标准中查出外壳的直径。待全部设计完成后,仍应用作图法画出管子排列图。初步设计中也可用式(16-2)计算壳体的内径,即

$$D = t(n_c - 1) + 2b' \tag{16-2}$$

式中　D——壳体内径,m;

t——管中心距,m;

n_c——横过管束中心线的管数;

b'——管束中心线上最外层管的中心至壳体内壁的距离,一般取 $b' = (10 \sim 1.5)d_0$,m。

n_c 值可由式(16-3)或式(16-4)估算:

管子按正三角形排列　$n_c = 1.1\sqrt{n}$　(16-3)

管子按正方形排列　$n_c = 1.19\sqrt{n}$　(16-4)

式中,n 为换热器的总管数。

按上述方法计算得到的壳内径应圆整，标准尺寸见表 16-4。

表 16-4　壳体标准尺寸

壳体外径/mm	325	400,500,600,700	800,900,1000	1100,1200
最小壁厚/mm	8	10	12	14

（8）主要附件。列管式换热器的主要附件有：封头、缓冲挡板、导流筒、放气孔、排液孔、接管等。

（9）材料选用。列管式换热器的材料应根据操作压强、温度及流体的腐蚀性等来选用。在高温下一般材料的力学性能及耐腐蚀性能要下降，同时具有耐热性、高强度及耐腐蚀性的材料是很少有的。列管式换热器各部件的常用材料可参考有关手册。

（10）流体流动阻力（压强降）的计算。

1）管程流动阻力。管程阻力可按一般摩擦阻力公式求得。故管程总阻力的计算式为：

$$\sum \Delta p_1 = (\Delta p_1 + \Delta p_2) F_t N_s N_p \tag{16-5}$$

式中　$\Delta p_1, \Delta p_2$——分别为直管及回弯中摩擦阻力引起的压强降，Pa；

F_t——结垢校正系数，量纲为 1，对 $\phi 25\ \text{mm} \times 2.5\ \text{mm}$ 的管子取 1.4，对 $\phi 25\ \text{mm} \times 2.5\ \text{mm}$ 的管子取 1.5；

N_s——串联的壳程数；

N_p——管程数。

式（16-5）中直管压强降 Δp_1 可按有关公式计算；回弯管的压强降 Δp_2 由下面的经验公式（16-6）估算，即

$$\Delta p_2 = 3\left(\frac{\rho u^2}{2}\right) \tag{16-6}$$

2）壳程流动阻力。用埃索法计算壳程压强降 Δp_0 的公式，即

$$\sum \Delta p_0 = (\Delta p_1' + \Delta p_2') F_s N_s \tag{16-7}$$

式中　$\Delta p_1'$——流体横过管束的压强降，Pa；

$\Delta p_2'$——流体通过折流板缺口的压强降，Pa；

F_s——壳程压强降的结垢校正系数，量纲为 1，液体可取 1.15，气体可取 1.0。

$$\Delta p_1' = F f_0 n_c (N_B + 1) \frac{\rho u_0^2}{2} \tag{16-8}$$

$$\Delta p_2' = N_B \left(3.5 - \frac{2h}{D}\right) \frac{\rho u_0^2}{2} \tag{16-9}$$

式中　F——管子排列方法对压强降的校正系数，对正三角形排列 $F = 0.5$，对正方形斜转 45°排列 $F = 0.4$，正方形排列 $F = 0.3$；

f_0——壳程流体的摩擦系数，当 $Re > 500$ 时，$f_0 = 5.0\ Re^{-0.228}$；

n_c——横过管束中心线的管子数；

N_B——折流挡板数；

h——折流挡板间距，m；

u_0——按壳程流通截面积 A_0 计算的流速，m/s，而 $A_0 = D - n_c d_0$，其中 D 为外壳直径；d_0 为管子外径。

一般来说，液体流经换热器的压强降为10～100 kPa。

16.5　列管式换热器的选用和设计计算步骤

（1）试算并初选设备规格。

1）确定流体在换热器中的流动途径；

2）根据传热任务计算热负荷 Q；

3）确定流体在换热器两端的温度，选择列管式换热器的形式；计算定性温度，并确定在定性温度下的流体物性；

4）计算平均温度差，并根据温度差校正系数不应小于0.8的原则，决定壳程数；

5）依据总传热系数的经验值范围，或按生产实际情况，选定总传热系数 K 值；

6）由总传热速率方程 $Q=KS\Delta t_m$，初步算出传热面积 S，并确定换热器的基本尺寸（如 d、L、n 及管子在管板上的排列等），或按系列标准选择设备规格。

（2）计算管程、壳程压强降。根据初定的设备规格，计算管程、壳程流体的流速和压力降，检查计算结果是否合理或满足工艺要求。若压力降不符合要求，要调整流速，再确定管程数或折流板间距，或选择另一规格的换热器，重新计算压力降直至满足要求为止。

（3）核算总传热系数。计算管程、壳程对流传热系数，确定污垢热阻 R_{Si} 和 R_{So}，再计算总传热系数的初设值 K 和计算值 K'，若 $K'/K=1.15\sim1.25$，则初选的换热器合适，否则需另设 K 值，并重复以上计算步骤。

上述计算步骤仅为一般原则，设计换热器时，可以根据具体情况灵活变动。

【例16-1】　欲用井水将15000 kg/h的煤油从140℃冷却到40℃，冷水进、出口温度分别为30℃和40℃。若要求换热器的管程和壳程压力降不大于30 kPa，试选择合适型号的列管式换热器。假设管壁热阻和热损失可以忽略。定性温度下流体物性列于表16-5中。

表16-5　流体物性

流　体	密度/kg·m^{-3}	比定压热容/kJ·(kg·℃)$^{-1}$	黏度/Pa·s^{-1}	导热系数/kJ·(m·℃)$^{-1}$
煤油	810	2.3	0.9×10^{-3}	0.13
水	994	4.187	0.727×10^{-3}	0.626

解：本题为两流体均不发生相变的传热过程。根据两流体的情况，因水的对流传热系数一般较大，且易结垢，故选择冷却水走换热器的管程，煤油走壳程。

（1）试算和初选换热器的规格。

1）计算热负荷和冷却水流量。

$$Q=W_h c_{ph}(T_1-T_2)=15000\times2.3^{-3}(140-40)/3600=958300\ \text{W}$$

$$W_c=\frac{Q}{c_{pc}(t_2-t_1)}=\frac{985300\times3600}{4.187\times10^3\times(40-30)}=82400\ \text{kg/h}$$

2）计算两流体的平均温度差。暂按单壳程、多管程进行计算。逆流时平均温度差为：

$$\Delta t'_m=\frac{\Delta t_2-\Delta t_1}{\ln\dfrac{\Delta t_2}{\Delta t_1}}=\frac{(140-40)-(40-30)}{\ln\dfrac{140-40}{40-30}}=39.1$$

$$P=\frac{t_2-t_1}{T_1-t_1}=\frac{40-30}{140-30}=0.09$$

$$R=\frac{T_1-T_2}{t_2-t_1}=\frac{140-40}{40-30}=10$$

由图 14-5 查得：$\phi_{\Delta t}=0.85$

所以：$\Delta t_m=\phi_{\Delta t}\Delta t'_m=0.85\times 39.1=33.24℃$

3）初选换热器规格。根据两流体的情况，假设 $K=300\ W/(m^2\cdot ℃)$。故有：

$$S=\frac{Q}{K\Delta t_m}=\frac{958300}{300\times 33.24}=96\ m^2$$

由于 $T_m-t_m=\frac{140+40}{2}-\frac{40+30}{2}=55℃>50℃$，因此需考虑热补偿。据此，由换热器系列标准（参见附录 12 选定 F_n 600－95 16－2 型换热器），有关参数见表 16-6。

表 16-6　换热器参数

壳径/m	600	管子尺寸/mm	$\phi 25\times 2.5$
公称压强/atm	16	管长/m	6
公称面积/m^2	95	管子总数	208
管程数	2	管子排列方法	正方形斜转 45°

实际传热面积：

$$S_0=n\pi d_0L=208\times 3.14\times 0.025(6-0.1)=96\ m^2$$

若采用此传热面积的换热器，则要求过程的总传热系数为 $300\ W/(m^2\cdot ℃)$。

（2）核算压强降。

1）管程压强降。

$$\sum\Delta p_1=(\Delta p_1+\Delta p_2)F_tN_p$$

式中，$F_t=1.4$，$N_p=2$。

管程流通面积：

$$A_1=\frac{\pi}{4}d_1^2\frac{n}{N_p}=\frac{\pi}{4}\times 0.02^2\times\frac{208}{2}=0.0327\ m^2$$

$$u_1=\frac{V}{A_1}=\frac{82400}{3600\times 994\times 0.0327}=0.704\ m/s$$

$$Re_1=\frac{d_1\rho u_1}{\mu}=\frac{0.02\times 0.704\times 994}{0.727\times 10^{-3}}=19250（湍流）$$

设管壁粗糙度 $\varepsilon=0.1\ mm$，$\frac{\varepsilon}{d}=\frac{0.1}{20}=0.005$，由 λ-Re 关系图中查得：$\lambda=0.035$，所以

$$\Delta p_1=\lambda\frac{l}{d}\frac{\rho u^2}{2}=0.035\times\frac{6}{0.02}\times\frac{994\times 0.704^2}{2}=2600\ Pa$$

$$\Delta p_2=3\frac{\rho u^2}{2}=3\times\frac{994\times 0.704^2}{2}=740\ Pa$$

则　$$\sum\Delta p_1=(2600+740)\times 1.4\times 2=9350\ Pa$$

2）壳程压强降 $\sum\Delta p_0=(\Delta p_1'+\Delta p_2')F_sN_s$，其中 $F_s=1.15$，$N_s=1$，$\Delta p_1'=Ff_0n_c(N_B+1)$

$\frac{\rho u_0^2}{2}$。管子为正方形斜转45°排列，$F=0.4$。

$$n_c = 1.19\sqrt{n} = 1.19\sqrt{208} = 17$$

取折流挡板间距 $h=0.15\,\text{m}$，则有：

$$N_B = \frac{L}{h} - 1 = \frac{6}{0.15} - 1 = 39$$

壳程流通面积为：

$$A_0 = h(D - n_c d_0) = 0.15 \times (0.6 - 17 \times 0.025) = 0.0263\,\text{m}^2$$

$$u_0 = \frac{15000}{3600 \times 810 \times 0.0263} = 0.2\,\text{m/s}$$

$$Re_0 = \frac{d_0 \rho u_0}{\mu} = \frac{0.025 \times 0.2 \times 810}{0.91 \times 10^{-3}} = 4450 > 500$$

$$f_0 = 5.0 Re_0^{-0.228} = 5.0 \times 4450^{-0.228} = 0.74$$

$$\Delta p_1' = 0.4 \times 0.74 \times 17 \times (39+1) \times \frac{810 \times 0.2^2}{2} = 3260\,\text{Pa}$$

$$\Delta p_2' = N_B\left(3.5 - \frac{2h}{D}\right)\frac{\rho u^2}{2} = 39 \times \left(3.5 - \frac{2 \times 0.15}{0.6}\right) \times \frac{810 \times 0.2^2}{2} = 1900\,\text{Pa}$$

$$\sum \Delta p_0 = (3260 + 1900) \times 1.15 = 5930\,\text{Pa}$$

计算结果表明，管程和壳程压强降都能满足要求。

（3）核算总传热系数。

1）管程对流传热系数 α_1。

$$Re = 19250\text{（湍流）}$$

$$Pr_1 = \frac{c_p \mu}{\lambda} = \frac{4.187 \times 10^3 \times 0.727 \times 10^{-3}}{0.626} = 4.86$$

$$\alpha_1 = 0.023\frac{\lambda}{d_1} Re^{0.5} Pr^{0.4} = 0.023 \times \frac{0.626}{0.02} \times 19250^{0.5} \times 4.86^{0.4} = 3630\,\text{W/(m}^2 \cdot ℃)$$

2）壳程对流传热系数 α_0 计算，即

$$\alpha_0 = 0.36\frac{\lambda}{d_1} Re^{0.55} Pr^{\frac{1}{3}} \left(\frac{\mu}{\mu_W}\right)^{0.14}$$

取换热器列管中心距 $t=32\,\text{mm}$，流体通过管间的最大截面积为：

$$A = hD\left(1 - \frac{d_0}{t}\right) = 0.15 \times 0.6 \times \left(1 - \frac{0.025}{0.032}\right) = 0.0197\,\text{m}^2$$

$$u_0 = \frac{V_0}{A} = \frac{15000}{3600 \times 810 \times 0.0197} = 0.26\,\text{m/s}$$

$$d_e = \frac{4\left(t^2 - \frac{\pi}{4}d_0^2\right)}{\pi d_0} = \frac{4 \times \left(0.032^2 - \frac{\pi}{4} \times 0.025^2\right)}{\pi \times 0.025} = 0.027\,\text{m}$$

$$Re = \frac{d_0 u_0 \rho}{\mu} = \frac{0.027 \times 0.26 \times 810}{0.91 \times 10^{-3}} = 6250$$

$$Pr = \frac{c_p \mu}{\lambda} = \frac{2.3 \times 10^3 \times 0.91 \times 10^{-3}}{0.13} = 16.1$$

壳程中煤油被冷却，取$\left(\frac{\mu}{\mu_W}\right)^{0.14}=0.95$

所以 $$\alpha_0=0.36\times\frac{0.13}{0.027}\times6250^{0.55}\times16.1^{\frac{1}{3}}\times0.95=510\,W/(m^2\cdot℃)$$

3）污垢热阻。参考表14-2，管内、外侧污垢热阻分别取为：

$$R_{si}=0.00034\,m^2\cdot℃/W$$

$$R_{s0}=0.00017\,m^2\cdot℃/W$$

4）总传热系数K_0，管壁热阻可以忽略时，总传热系数K_0为：

$$\frac{1}{K_0}=\frac{d_0}{\alpha_i d_i}+R_{si}\frac{d_0}{d_i}+R_{s0}+\frac{1}{\alpha_0}=\left(\frac{25}{3630\times20}+0.00034\frac{25}{20}+0.00017+\frac{1}{500}\right)m^2\cdot℃/W$$

$$K_0=345\,W/(m^2\cdot℃)$$

由前面的计算可知，选用该型号换热器时要求的总传热系数为300 W /(m² · ℃)，在规定的流动条件下，计算出的K_0为345 W /(m² · ℃)，故所选择的换热器是合适的，安全系数为

$$\frac{345-300}{300}\times100\%=15\%$$

思 考 题

16-1 列管式换热器中温度差应力是怎样产生的？为了克服其影响，可采取哪些措施？

16-2 列管式换热器为何常采用多管程？在壳程中设置折流挡板的作用是什么？

16-3 在列管式换热器中，确定流体的流动空间时需要考虑哪些问题？

单元17　过程强化与展望

学习目标

了解强化传热的方法。

换热器的强化,就是力求使换热设备在单位时间内单位传热面积传递的热量尽可能增加,用较小的传热面积或较少的设备来完成同样的换热任务。换热器的强化主要从传热过程的研究和传热设备的改进着手。提高现有换热设备的生产能力,创造新型的高效换热器,也就成为生产上一个重要的课题。

从传热基本方程式 $Q=KS\Delta t_m$ 可见,增大传热系数 K、传热面积 S 或者平均温度差 Δt_m 均可使传热量 Q 提高。因此,工业设计和生产实践中大都从这三方面来考虑强化措施。

(1) 传热面积 S。设法提高单位容积内设备的传热面积来实现设备的强化。采用各种异形管,例如用螺纹管、波纹管代替光滑管,或者采用翅片管换热器、板翅式换热器以及各种板式换热器等,都可以增大单位容积内设备传热面积,同时还常能起到增加流体湍动程度的效果。采用以上方法的目的就是制造一些高效的紧凑换热器,以达到强化传热的目的。

如果进行换热的两种流体,在工艺上允许直接接触,那么,设法增强两流体的相互接触,以增大其接触面积,也就是增加了传热面积。

(2) 平均温度差 Δt_m。平均温度差 Δt_m 主要决定于冷热两种流体的温度条件,一般生产条件已确定,因此可能变动的范围是有限的。当两边流体均为变温的情况,采用逆流可得较大的 Δt_m 值。

(3) 传热系数 K。传热系数 K 值主要决定于两流体的对流传热系数,并与管壁热阻以及污垢层的热阻有关。由于

$$\frac{1}{K_0}=\frac{d_0}{\alpha_i d_i}+R_{si}\frac{d_0}{d_i}+\frac{bd_0}{\lambda d_m}+R_{s0}+\frac{1}{\alpha_0}$$

要有效地增大 K 值,就应设法减小对 K 影响较大的因素。如污垢层热阻较大时,如何防止污垢层形成、减小污垢层厚度或及时清除污垢,就成为主要考虑方面。当 α_i 和 α_0 的数值比较接近时,最好能同时提高两流体的对流传热系数。而当其差别较大时,例如 $\alpha_i \ll \alpha_0$,此时 K 值基本上和 α_i 差不多,这时只有设法增大 α_i 才可能有效地提高 K 值,才能达到强化的目的。

加大流速,增强湍流程度,以减小层流底层的厚度,可以有效地提高无相变流体的膜传热系数,达到增大 K 值的目的。例如增加列管式换热器的管程数或壳程中的挡板数,均可使流速增大。在管内装入麻花铁、螺旋圈或金属丝片等添加物,同样可使湍流程度增大,且有破坏层流底层的作用。使流体以旋涡流方式进入管内也是增强湍流的一种办法。另外将板式换热器的板片表面压制成各种凹凸不平的沟槽面,流体在螺旋板换热器中由于离心力的作用和定距柱的存在,都可使湍流程度增加。在流体中加入固体颗粒,同样可以起到增加湍流程度的作用。总之,提高流体湍流程度的办法和措施是多方面的。在提高流体湍流程

度的同时，应该考虑到由于流速增大而引起流体阻力的增加以及由于设备结构复杂而使清洗、检修困难等问题。

在有相变流体的换热中，如对于蒸气或水蒸气的冷凝过程，可使其为滴状冷凝，尽量使冷凝膜及时从壁面排除，保证传热面得以经常与蒸气直接接触。例如，蒸气中加入微量油酸等滴状冷凝促进剂，可使其容易形成而滴状冷凝。在垂直管外挂设若干条金属线或长条形翅片，据研究可限制凝液增厚或使其迅速流下，从而显著地提高冷凝传热膜系数。此外，在管子表面开多条纵槽的办法也是比较有效的，表面张力作用使凝液被吸入沟槽排走，从而使大部分传热壁面经常与蒸气接触，对流传热系数可提高几倍。

从上面所讨论的提高传热系数 K 值的各种办法可见，提高传热系数的途径比较广阔，影响也较显著，是强化传热过程的一个关键因素。当然，传热过程强化的途径和方法是多方面的，凡是可以利用的因素都应充分利用和发挥，在具体实施中，要结合生产实际情况，从设备结构、动力消耗、清洗检修难易及其实际效果等方面进行全面的经济核算，加以综合考虑来采取适当的措施。

附　　录

附录 1　计量单位换算

附表 1　质量单位换算

kg	t(吨)	lb(磅)
1	0.001	2.20462
1000	1	2204.62
0.4536	4.536×10^{-4}	1

附表 2　长度单位换算

m	in(英寸)	ft(英尺)	yd(码)
1	39.3701	3.2808	1.09361
0.025400	1	0.073333	0.02778
0.30480	12	1	0.33333
0.9144	36	3	1

附表 3　力的单位换算

N	kgf	lbf	dyn
1	0.102	0.2248	1×10^{5}
9.80665	1	2.2046	9.80665×10^{5}
4.448	0.4536	1	4.448×10^{5}
1×10^{-5}	1.02×10^{-6}	$2.248\times{}^{-6}$	1

附表 4　流量单位换算

L/s	m^3/s	gal(美)/min	ft^3/s
1	0.001	15.850	0.03531
0.2778	2.778×10^{-4}	4.403	9.810×10^{-3}
1000	1	1.5850×10^{-4}	35.31
0.06309	6.309×10^{-5}	1	0.002228
7.866×10^{-3}	7.866×10^{-6}	0.12468	2.778×10^{-4}
28.32	0.02832	448.8	1

附表 5　压力单位换算

Pa	bar	kgf/cm^2	atm	mmH_2O	mmHg	lb/in^2
1	1×10^{-5}	1.02×10^{-5}	0.99×10^{-5}	0.102	0.0075	14.5×10^{-5}
1×10^{5}	1	1.02	0.9869	10197	750.1	14.5
98.07×10^{3}	0.9807	1	0.9678	1×10^{4}	735.56	14.2
1.01325×10^{5}	1.013	1.0332	1	1.0332×10^{4}	760	14.697
9.807	9.807×10^{-5}	0.0001	0.9678×10^{-4}	1	0.0736	1.423×10^{-3}
133.32	1.333×10^{-3}	0.136×10^{-2}	0.00132	13.6	1	0.01934
6894.8	0.06895	0.703	0.068	703	51.71	1

附表 6 功、能和热的单位换算

J(N·m)	kgf·m	kW·h	英制马力·时	kcal	英热单位	英尺·磅(力)
1	0.102	2.778×10^{-7}	3.725×10^{-7}	2.39×10^{-4}	9.485×10^{-4}	0.7377
9.8067	1	2.724×10^{-6}	3.653×10^{-6}	2.342×10^{-3}	9.296×10^{-3}	7.233
3.6×10^{6}	3.671×10^{5}	1	1.3410	860.0	3413	2655×10^{3}
2.685×10^{6}	273.8×10^{3}	0.7457	1	641.33	2544	1980×10^{3}
4.1868×10^{3}	426.9	1.1622×10^{-3}	1.5576×10^{-3}	1	3.963	3087
1.055×10^{3}	107.58	2.930×10^{-4}	3.926×10^{-4}	0.2520	1	778.1
1.3558	0.1383	0.3766×10^{-6}	0.5051×10^{-6}	3.239×10^{-4}	1.285×10^{-3}	1

附表 7 动力黏度单位换算

Pa·s	P	cP	lb/(ft·s)	kgf·s/m^2
1	10	1×10^{3}	0.672	0.102
1×10^{-1}	1	1×10^{2}	0.6720	0.0102
1×10^{-3}	0.01	4	6.720×10^{-4}	0.102×10^{-3}
1.4881	14.881	1488.1	1	0.1519
9.81	98.1	9810	6.59	1

附表 8 运动黏度单位换算

m^2/s	cm^2/s	ft^2/s
1	1×10^{4}	10.76
10^{-4}	1	1.076×10^{-3}
92.9×10^{-3}	929	1

附表 9 功率单位换算

W	kgf·m/s	英尺·磅(力)/秒	英制马力	kcal/s	英热单位(秒)
1	0.10197	0.7376	1.341×10^{-3}	0.2389×10^{-3}	0.9486×10^{-3}
9.8067	1	7.23314	0.01315	0.2342×10^{-2}	0.9293×10^{-2}
1.3558	0.13825	1	0.0018182	0.3238×10^{-3}	0.12851×10^{-2}
745.69	76.0375	550	1	0.17803	0.70675
4186.8	426.85	3087.44	5.6135	1	3.9683
1055	107.58	778.168	1.4148	0.251996	1

附表 10 比热容单位换算

kJ/(kg·K)	kcal/(kg·℃)	英热单位/(磅·℉)
1	0.2389	0.2389
4.1868	1	1

附表 11 热导率单位换算

W/(m·℃)	J/(cm·s·℃)	cal/(cm·s·℃)	kcal/(m·h·℃)	英热单位/(英尺·时·℉)
1	1×10^{-3}	2.389×10^{-3}	0.8598	0.578
1×10^{2}	1	0.2389	86.0	57.79
418.6	4.186	1	360	241.9
1.163	0.0116	0.2778×10^{-2}	1	0.6720
1.73	0.01730	0.4134×10^{-2}	1.488	1

附表 12 传热系数单位换算

W/(m·℃)	kcal/(m·h·℃)	cal/(cm³·s·℃)	英热单位/(英尺²·时·℉)
1	0.86	2.389×10^{-5}	0.176
1.163	1	2.778×10^{-5}	0.2048
4.186×10^{4}	3.6×10^{4}	1	7374
5.678	4.882	1.356×10^{-4}	1

附录2 物理性质

附表 13 某些气体的重要物理性质

名称	化学式	摩尔质量 /kg·kmol⁻¹	密度 (0℃,101.3kPa)/kg·m⁻³	比定压热容/ kJ·(kg·K)⁻¹	黏度 /μPa·s
空气	—	28.95	1.293	1.009	17.3
氧	O_2	32	1.429	0.653	20.3
氮	N_2	28.02	1.251	0.745	17.0
氢	H_2	2.016	0.0899	10.13	8.42
氦	He	4.00	0.1786	3.18	18.8
氩	Ar	39.94	1.7820	0.322	20.9
氯	Cl_2	70.91	3.217	0.355	12.9(15℃)
氨	NH_3	17.03	0.771	0.67	9.18
一氧化碳	CO	28.01	1.250	0.754	16.6
二氧化碳	CO_2	44.01	1.976	0.653	13.7
二氧化硫	SO_2	64.07	2.927	0.502	11.7
二氧化氮	NO_2	46.01	—	0.615	—
硫化氢	H_2S	34.08	1.539	0.804	11.66
甲烷	CH_4	16.04	0.717	1.70	10.3
乙烷	C_2H_6	30.07	1.357	1.44	8.50
丙烷	C_3H_8	44.1	2.020	1.65	7.95(18℃)
丁烷(正)	C_4H_{10}	58.12	2.673	1.73	8.10
戊烷(正)	C_5H_{12}	72.15	—	1.57	8.74
乙烯	C_2H_4	28.05	1.261	1.222	9.85
丙烯	C_3H_6	42.08	1.914	1.436	8.35(20℃)
乙炔	C_2H_2	28.04	1.171	1.352	9.35
氯甲烷	CH_3Cl	50.49	2.308	0.582	9.89
苯	C_6H_6	78.11	—	1.139	7.2

名称	沸点 (101.3kPa) /℃	气化潜热 (101.3kPa) /kJ·kg⁻¹	临界点 温度/℃	临界点 压力/kPa	导热系数 (0℃,101.3kPa) /W·(m·K)⁻¹
空气	-195	197	-140.7	3768.4	0.0244
氧	-132.98	213	-118.82	5036.6	0.0240
氮	-195.78	199.2	-147.13	3392.5	0.0228
氢	-252.75	454.2	-239.9	1296.6	0.163
氦	-258.95	19.5	-267.96	228.94	0.144
氩	-185.87	163	-122.44	4862.4	0.0173
氯	-33.8	305	+144.0	7708.9	0.0072
氨	-33.4	1373	+132.4	11295.0	0.0215
一氧化碳	-191.48	211	-140.2	3497.9	0.0226
二氧化碳	-78.2	574	+31.1	7384.8	0.0137
二氧化硫	-10.8	394	+157.5	7879.1	0.0077
二氧化氮	+21.2	712	+158.2	10130	0.0400
硫化氢	-60.2	548	+100.4	19136	0.0131
甲烷	-161.58	511	-82.15	4619.3	0.0300

续附表 13

名　称	沸　点 (101.3 kPa) /℃	气化潜热 (101.3 kPa) /kJ · kg^{-1}	临界点 温度/℃	临界点 压力/kPa	导热系数 (0℃,101.3 kPa) /W · (m · K)$^{-1}$
乙　烷	-88.50	486	+32.1	4948.5	0.0180
丙　烷	-42.1	427	+95.6	4355.0	0.0148
丁烷(正)	-0.5	385	+152	3798.8	0.0135
戊烷(正)	-36.08	151	+197.1	3342.9	0.0128
乙　烯	+103.7	481	+9.7	5135.9	0.0164
丙　烯	-47.7	440	+91.4	4599.0	—
乙炔	-83.66(升华)	829	+35.7	6240.0	0.0184
氯甲烷	-24.1	406	+148	6685.8	0.0085
苯	+80.2	394	+288.5	4832.0	0.0088

附表 14　某些液体的重要物理性质

名　称	化学式	摩尔质量 /kg · kmol^{-1}	密度(20℃) /kg · m^{-3}	沸　点 (101.3 kPa)/℃	汽化热(101.3 kPa) /kJ · kg^{-1}
水	H_2O	18.02	998	100	2258
盐水(25% NaCl)	—	—	1185(25℃)	107	—
盐水(25% $CaCl_2$)	—	—	1228	107	—
硫酸(98%)	H_2SO_4	98.08	1831	340(分解)	—
硝　酸	HNO_3	63.02	1513	86	481.1
盐酸(30%)	HCl	36.47	1149		
二硫化碳	CS_2	76.13	1262	46.3	352
戊　烷	C_5H_{12}	72.15	626	36.07	357.4
己　烷	C_6H_{14}	86.17	659	68.74	335.1
庚　烷	C_7H_{16}	100.20	684	98.43	316.5
辛　烷	C_8H_{18}	114.22	703	125.67	306.4
三氯甲烷	$CHCl_3$	119.38	1489	61.2	253.7
四氯化碳	CCl_4	153.82	1594	76.8	195
二氯乙烷-1,2	$C_2H_4Cl_2$	98.96	1253	83.6	324
苯	C_6H_6	78.11	879	80.10	393.9
甲　苯	C_7H_8	92.13	867	110.63	363
邻二甲苯	C_8H_{10}	106.16	880	144.42	347
间二甲苯	C_8H_{10}	106.16	864	139.10	343
对二甲苯	C_8H_{10}	106.16	861	138.35	340
苯乙烯	C_8H_8	104.1	911(15.6℃)	145.2	(352)
氯　苯	C_6H_5Cl	112.56	1106	131.8	325

名　称	比热容(20℃) /kJ · (kg · K)$^{-1}$	黏度(20℃) /mPa · s	导热系数(20℃) /W · (m · K)$^{-1}$	体积膨胀系数 (20℃) $\beta \times 10^4$/℃$^{-1}$	表面张力(20℃) $\sigma \times 10^3$/N · m^{-1}
水	4.183	1.005	0.599	1.82	72.8
盐水(25% NaCl)	3.39	2.3	0.57(30℃)	(4.4)	
盐水(25% $CaCl_2$)	2.89	2.5	0.57	(3.4)	
硫酸(98%)	1.47(98%)	23	0.38	(5.7)	
硝　酸		1.17(10℃)			
盐酸(30%)	2.25	2(31.5%)	0.42		
二硫化碳	1.005	0.38	0.16	12.1	32
戊　烷	2.24 (15.6℃)	0.229	0.113	15.9	16.2
己　烷	2.31 (15.6℃)	0.313	0.119		18.2
庚　烷	2.21 (15.6℃)	0.411	0.123		20.1
辛　烷	2.19 (15.6℃)	0.540	0.131		21.8

续附表14

名称	比热容(20℃) /kJ·(kg·K)$^{-1}$	黏度(20℃) /mPa·s	导热系数(20℃) /W·(m·K)$^{-1}$	体积膨胀系数(20℃) $\beta\times10^4$/℃$^{-1}$	表面张力(20℃) $\sigma\times10^3$/N·m^{-1}
三氯甲烷	0.992	0.58	0.138(30℃)	12.6	28.5(10℃)
四氯化碳	0.850	1.0	0.12		26.8
二氯乙烷1.2	1.260	0.83	0.14(50℃)		30.8
苯	1.704	0.737	0.148	12.4	28.6
甲苯	1.70	0.675	0.138	10.9	27.9
邻二甲苯	1.74	0.811	0.142		30.2
间二甲苯	1.70	0.611	0.167	10.1	29.0
对二甲苯	1.704	0.643	0.129		28.0
苯乙烯	1.733	0.72			
氯苯	1.298	0.85	0.14(30℃)		32

附表15 某些固体材料的重要物理性质

名称		密度 /kg·m^{-3}	导热系数 /W·(m·K)$^{-1}$	比热容 /kJ·(kg·K)$^{-1}$
金属	钢	7850	45.3	0.48
	不锈钢	7900	17	0.50
	铸铁	7220	62.8	0.50
	铜	8800	383.8	0.41
	青铜	8000	64.0	0.38
	黄铜	8600	85.5	0.38
	铝	2670	203.5	0.92
	镍	9000	68.2	0.46
	铅	11400	34.9	0.13
塑料	聚氯乙烯	1380~1400	0.16	1.8
	聚苯乙烯	1050~1070	0.08	1.3
	低压聚乙烯	940	0.29	2.6
	高压聚乙烯	920	0.26	2.2
	有机玻璃	1180~1190	0.14~0.20	
建筑材料、绝热材料、耐酸材料及其他	干砂	1500~1700	0.45~0.48	0.8
	黏土	1600~1800	0.47~0.53	0.75(-20~20℃)
	黏土砖	1600~1900	0.47~0.60	0.92
	耐火砖	1840	1.05(800~1100℃)	0.88~1.0
	混凝土	2000~2400	1.3~1.55	0.84
	松木	500~600	0.07~0.10	2.7(0~100℃)
	软木	100~300	0.041~0.064	0.96
	石棉板	770	0.11	0.816
	玻璃	2500	0.74	0.67
	橡胶	1200	0.16	1.38
	冰	900	2.3	2.11

附表 16　空气的重要物理性质($p=101.3$ kPa)

温度 /℃	密　度 /kg·m^{-3}	定压比热容 /kJ·(kg·K)$^{-1}$	导热系数 /W·(m·K)$^{-1}$	黏　度 /μPa·s	运动黏度(×10^{-3}) /m^2·s^{-1}
-50	1.548	1.013	0.0204	14.6	9.23
-40	1.515	1.013	0.0212	15.2	10.04
-30	1.453	1.013	0.0220	15.7	10.80
-20	1.395	1.009	0.0228	16.2	12.79
-10	1.342	1.009	0.0236	16.7	12.43
0	1.293	1.005	0.0244	17.2	13.28
10	1.247	1.005	0.0251	17.7	14.16
20	1.205	1.005	0.0259	18.1	15.06
30	1.165	1.005	0.0267	18.6	16.00
40	1.128	1.005	0.0276	19.1	16.96
50	1.093	1.005	0.0283	19.6	17.95
60	1.060	1.005	0.0290	20.1	18.97
70	1.029	1.009	0.0297	20.6	20.02
80	1.000	1.009	0.0305	21.1	21.09
90	0.972	1.009	0.0313	21.5	22.10
100	0.946	1.009	0.0321	21.9	23.13
120	0.898	1.009	0.0334	22.9	25.45
140	0.854	1.013	0.0349	23.7	27.80
160	0.815	1.017	0.0364	24.5	30.09
180	0.779	1.022	0.0378	25.3	32.49
200	0.746	1.026	0.0393	26.0	34.85
250	0.674	1.038	0.0429	27.4	40.61
300	0.615	1.048	0.0461	29.7	48.33
350	0.566	1.059	0.0491	31.4	55.46
400	0.524	1.068	0.0521	33.0	63.09
500	0.456	1.093	0.0576	36.2	79.38
600	0.404	1.114	0.0622	39.1	96.89
700	0.362	1.135	0.0671	41.8	115.4
800	0.329	1.156	0.0718	44.3	134.8
900	0.301	1.173	0.0763	46.7	155.1
1000	0.277	1.185	0.0804	49.0	177.1

附表17 水的重要物理性质

温度 /℃	外压 /100 kPa	密度 /kg·m^{-3}	焓 /kJ·kg^{-1}	比热容 /kJ·(kg·K)$^{-1}$	导热系数 /W·(m·K)$^{-1}$	黏度 /mPa·s	运动黏度 (×10^{-2}) /m^2·s^{-1}	体积膨胀系数 (×10^{-2})/℃$^{-1}$	表面张力 /mN·m^{-1}
0	1.013	999.9	0	4.212	0.551	1.789	0.1789	-0.063	75.6
10	1.013	999.7	42.04	4.191	0.575	1.305	0.1306	0.070	74.1
20	1.013	998.2	83.90	4.183	0.599	1.005	0.1006	0.182	72.7
30	1.013	995.7	125.8	4.174	0.618	0.801	0.0805	0.321	71.2
40	1.013	992.2	167.5	4.174	0.634	0.653	0.659	0.387	69.6
50	1.013	988.1	209.3	4.174	0.648	0.549	0.0556	0.449	67.7
60	1.013	983.2	251.1	4.178	0.669	0.470	0.0478	0.511	66.2
70	1.013	977.8	293.0	4.187	0.668	0.406	0.0415	0.570	64.3
80	1.013	971.3	334.9	4.195	0.675	0.355	0.0365	0.632	62.6
90	1.013	965.3	377.0	4.208	0.680	0.315	0.0326	0.695	60.7
100	1.013	958.4	419.1	4.220	0.683	0.283	0.0295	0.752	58.8
110	1.433	951.0	461.3	4.223	0.685	0.259	0.0272	0.808	56.9
120	1.986	943.1	503.7	4.250	0.686	0.237	0.0252	0.864	54.8
130	2.702	934.8	546.4	4.266	0.686	0.218	0.0233	0.919	52.8
140	3.624	926.1	589.1	4.287	0.685	0.201	0.0217	0.972	50.7
150	4.761	917.0	632.2	4.312	0.684	0.186	0.0203	1.03	48.5
160	6.181	907.4	675.3	4.346	0.683	0.173	0.0191	1.07	46.6
170	7.924	897.3	719.3	4.385	0.679	0.163	0.0181	1.13	45.3
180	10.03	886.9	763.3	4.417	0.675	0.153	0.0173	1.19	42.3
190	12.55	876.0	807.6	4.459	0.670	0.144	0.0165	1.26	40.0
200	15.54	863.0	852.4	4.505	0.663	0.136	0.0158	1.33	37.7
210	19.07	852.8	897.6	4.555	0.655	0.139	0.0153	1.41	35.4
220	23.20	840.3	943.7	4.614	0.645	0.124	0.0148	1.48	33.1
230	27.98	827.3	900.2	4.681	0.637	0.120	0.0145	1.59	31.0
240	33.47	813.6	1038	4.756	0.628	0.115	0.0141	1.68	28.5
250	39.77	799.0	1086	4.844	0.618	0.110	0.0137	1.81	26.2
260	46.93	784.0	1135	4.949	0.604	0.106	0.0135	1.97	23.8
270	55.03	767.9	1185	5.070	0.590	0.102	0.0133	2.16	21.5
280	64.15	750.7	1237	5.229	0.575	0.098	0.0131	2.37	19.1
290	74.42	732.3	1290	5.485	0.558	0.094	0.0129	2.62	16.9
300	85.81	712.6	1345	5.736	0.540	0.091	0.0128	2.92	14.4
310	98.76	691.1	1402	6.071	0.523	0.088	0.0128	3.29	12.1
320	113.0	667.1	1462	6.573	0.506	0.085	0.0128	3.82	9.81
330	128.7	640.2	1526	7.24	0.484	0.081	0.0127	4.33	7.57
340	146.1	610.1	1595	8.16	0.457	0.077	0.0127	5.34	5.67
350	165.3	674.4	1671	9.50	0.43	0.073	0.0126	6.68	3.81

附录 3　水的饱和蒸气压

附表 18　水的饱和蒸气压（-20～100℃）

温度/℃	压力		温度/℃	压力	
	mmHg	Pa		mmHg	Pa
-20	0.772	102.93	41	58.34	7778.41
-19	0.850	113.33	42	61.50	8199.73
-18	0.935	124.66	43	64.80	8639.71
-17	1.027	136.93	44	68.26	9101.03
-16	1.128	150.40	45	71.88	9583.68
-15	1.238	165.06	46	75.65	10086.33
-14	1.357	180.93	47	79.60	10612.98
-13	1.486	198.13	48	83.71	11160.96
-12	1.627	216.93	49	88.02	11735.61
-11	1.780	237.33	50	92.51	12333.43
-10	1.946	259.46	51	97.20	12959.57
-9	2.125	283.32	52	102.12	13612.88
-8	2.321	309.46	53	107.2	14292.86
-7	2.532	337.59	54	112.5	14999.50
-6	2.761	368.12	55	118.0	15732.81
-5	3.008	401.05	56	123.8	16505.12
-4	3.276	436.79	57	129.8	17306.09
-3	3.566	475.45	58	136.1	18146.06
-2	3.876	516.78	59	142.6	19012.70
-1	4.216	562.11	60	149.4	19919.34
0	4.579	610.51	61	156.4	20852.64
1	4.93	657.31	62	163.8	21839.27
2	5.29	705.31	63	171.4	22852.57
3	5.69	758.64	64	179.3	23905.87
4	6.10	813.31	65	187.5	24999.17
5	6.54	871.97	66	196.1	26414.58
6	7.01	934.64	67	205.0	27332.42
7	70.51	1001.30	68	214.2	28559.05
8	8.05	1073.30	69	223.7	29825.67
9	8.61	1147.96	70	233.7	31158.96
10	9.21	1227.96	71	243.9	32518.92
11	9.84	1311.96	72	254.6	33945.54
12	10.52	1402.62	73	265.7	35425.49
13	11.23	1497.28	74	277.2	36958.77
14	11.99	1598.61	75	289.1	38545.38
15	12.79	1705.27	76	301.4	40185.33
16	13.63	1817.27	77	314.1	41878.61
17	14.53	1937.27	78	327.3	43638.55
18	15.48	2063.93	79	341.0	45465.15
19	16.48	2197.26	80	355.1	47345.09
20	17.54	2338.59	81	369.3	49235.08
21	18.65	2486.58	82	384.9	51318.29
22	19.83	2643.7	83	400.6	53411.56
23	21.07	2809.24	84	416.8	55571.49
24	22.38	2983.90	85	433.6	57811.41
25	23.76	3167.89	86	450.9	60118.00
26	25.21	3361.22	87	466.1	62140.45
27	26.74	3565.21	88	487.1	64944.50
28	28.35	3779.87	89	506.1	67477.76
29	30.04	4005.20	90	525.8	70104.33
30	31.82	4242.53	91	546.1	72810.91
31	33.70	4493.18	92	567.0	75597.49
32	35.66	4754.51	93	588.6	78477.39
33	37.73	5030.50	94	610.9	81450.63
34	39.90	5319.82	95	633.9	84517.89
35	42.18	5623.81	96	657.6	87677.08
36	44.56	5941.14	97	682.1	90943.64
37	47.07	6275.79	98	707.3	94303.53
38	49.65	6619.78	99	733.2	97756.75
39	52.44	6991.77	100	760.0	101330.0
40	55.32	7375.75			

附录4　饱和水蒸气性质

附表19　饱和水蒸气性质(以温度排列)

温度 /℃	绝对压力 /Pa	蒸汽比体积 /$m^3 \cdot kg^{-1}$	蒸汽密度 /$kg \cdot m^{-3}$	液体焓 /$kJ \cdot kg^{-1}$	蒸汽焓 /$kJ \cdot kg^{-1}$	汽化热 /$kJ \cdot kg^{-1}$
0	0.61	206.5	0.00484	0	2491.3	2491.3
5	0.87	147.1	0.00680	20.94	2500.9	2480.0
10	1.23	106.4	0.00940	41.87	2510.5	2468.6
15	1.71	77.9	0.01283	62.81	2520.6	2457.8
20	2.33	57.8	0.1719	83.74	2530.1	2446.3
25	3.17	43.40	0.02304	104.68	2538.5	2433.9
30	4.25	32.93	0.03036	125.60	2549.5	2423.7
35	5.62	25.25	0.03960	146.55	2559.1	2412.6
40	7.37	19.55	0.06114	167.47	2568.7	2401.1
45	9.68	15.28	0.06643	188.42	2577.9	2389.5
50	14.98	12.054	0.0830	209.34	2587.6	2378.1
55	15.74	9.589	0.1043	230.29	2596.8	2368.5
60	19.92	7.687	0.1301	251.21	2606.3	2355.1
65	25.01	5.209	0.1611	272.16	2615.6	2343.4
70	31.16	6.052	0.1979	293.08	2624.4	2331.2
75	38.5	4.139	0.2416	314.03	2629.7	2315.7
80	47.4	3.414	0.2928	334.94	2642.4	2307.3
85	57.9	2.832	0.3531	356.90	2651.2	2295.2
90	70.1	2.365	0.4229	376.81	2650.0	2283.1
95	84.5	1.985	0.5039	397.77	2688.8	2271.0
100	101.3	1.675	0.5970	418.68	2677.2	2258.4
105	120.8	1.421	0.7036	439.64	2685.1	2245.5
110	143.3	1.212	0.8254	450.97	2693.5	2232.4
115	120.0	1.038	0.9635	481.51	2702.5	2221.0
120	198.6	0.893	1.1199	503.67	2708.9	2205.2
125	232.1	0.7715	1.296	523.38	2716.5	2193.1
130	270.2	0.6693	1.494	546.38	2725.9	2177.6
135	313.0	0.5831	1.715	565.25	2731.2	2166.0
140	361.4	0.5098	1.962	589.08	2737.8	2148.7
145	415.6	0.4469	2.238	507.12	2744.6	2137.5
150	476.1	0.3933	2.543	632.21	2750.7	2118.5
160	618.1	0.3075	3.262	675.75	2762.9	2087.1
170	792.4	0.2431	4.113	719.29	2773.3	2054.0
180	1003	0.1944	5.145	763.25	2782.8	2019.5
190	1255	0.1568	6.378	807.63	2790.1	1982.5
200	1564	0.1276	7.840	852.01	2795.6	1948.5
210	1917	0.1045	9.568	897.23	2799.3	1902.1
220	2320	0.0862	11.600	942.45	2801.0	1858.5
230	2797	0.07155	13.98	988.50	2800.1	1811.6
240	3347	0.05967	16.76	1034.56	2796.8	1762.2
250	3976	0.04998	20.01	1081.46	2790.1	1708.6
260	4693	0.04199	23.82	1128.76	2780.9	1652.1
270	5503	0.03538	28.27	1176.91	2760.3	1591.4
280	6220	0.02988	33.47	1225.48	2752.0	1526.5

续附表 19

温度/℃	绝对压力/Pa	蒸汽比体积/$m^3 \cdot kg^{-1}$	蒸汽密度/$kg \cdot m^{-3}$	液体焓/$kJ \cdot kg^{-1}$	蒸汽焓/$kJ \cdot kg^{-1}$	汽化热/$kJ \cdot kg^{-1}$
290	7442	0.02525	39.60	1274.46	2732.3	1467.8
300	8591	0.02131	46.93	1325.54	2708.0	1382.5
310	9876	0.01799	55.59	1378.71	2680.0	1301.3
320	11300	0.01516	65.85	1436.07	2648.2	1212.1
330	12880	0.01273	78.53	1446.78	2610.5	1113.7
340	14510	0.01064	93.98	1562.93	2588.8	1005.7
550	16530	0.00884	113.2	1632.20	2516.7	330.5

附表 20 饱和水蒸气表(以压力排列)

绝对压力		温度/℃	蒸汽的比体积/$m^3 \cdot kg^{-1}$	蒸汽的密度/$kg \cdot m^{-3}$	焓/$kJ \cdot kg^{-1}$		汽化热/$kJ \cdot kg^{-1}$
Pa	kgf/m^2				液体	蒸汽	
1.0	0.00987	6.3	129.37	0.00773	26.48	2503.1	2476.8
1.5	0.0148	12.5	88.26	0.01133	52.26	2515.3	2463.0
2.0	0.0197	17.0	67.29	0.01486	71.31	2524.2	2452.9
2.5	0.0247	20.9	54.47	0.01835	87.45	2531.8	2444.3
3.0	0.0295	23.6	45.52	0.02179	98.38	2536.8	2438.4
3.5	0.0345	26.1	39.45	0.02523	109.30	2541.8	2432.5
4.0	0.0395	28.7	34.88	0.02867	120.23	2546.8	2426.6
4.5	0.0444	30.8	33.06	0.03205	129.00	2550.9	2421.9
5.0	0.0493	32.4	28.27	0.03537	135.69	2554.0	2418.3
6.0	0.0592	35.6	23.81	0.04200	149.06	2560.1	2411.0
7.0	0.0691	38.8	20.56	0.04864	162.44	2565.3	2403.8
8.0	0.0790	41.3	18.13	0.05514	172.73	2571.0	2398.2
9.0	0.0888	43.3	16.24	0.06156	181.16	2574.8	2393.6
10	0.0987	45.3	14.71	0.06798	189.59	2578.6	2388.9
15	0.148	53.5	10.04	0.09956	224.03	2594.0	2370.0
20	0.197	60.1	7.65	0.13068	251.51	2606.4	2354.9
30	0.296	66.5	5.24	0.19093	288.77	2622.4	2333.7
40	0.395	75.0	4.00	0.24975	315.93	2634.1	2312.2
50	0.493	81.2	3.25	0.30799	339.80	2644.3	2304.5
60	0.592	85.6	2.74	0.36514	358.21	2852.1	2395.9
70	0.691	89.9	2.37	0.42229	376.61	2659.8	2283.2
80	0.799	93.2	2.09	0.47807	390.08	2665.3	2275.3
90	0.888	96.4	1.87	0.53384	403.49	2670.8	2267.4
100	0.987	99.6	1.70	0.58961	416.90	2670.3	2259.6
120	1.184	104.5	1.43	0.69869	437.61	2684.3	2246.8
140	1.382	109.2	1.24	0.80758	457.67	2692.1	2234.4
160	1.579	113.0	1.21	0.82981	473.88	2698.1	2224.2
180	1.776	116.6	0.988	1.0209	489.32	2703.7	2214.3
200	1.974	120.2	0.887	1.1273	493.71	2709.2	2204.6
250	2.467	127.2	0.719	1.3904	534.39	2719.7	2185.4
300	2.961	133.3	0.606	1.5501	560.38	2728.5	2168.1
350	3.454	138.8	0.524	1.9074	583.76	2736.1	2152.3
400	3.948	143.4	0.463	2.1618	603.61	2742.1	2138.5
450	4.44	147.7	0.414	2.4152	622.42	2747.8	2126.4
500	4.93	151.7	0.375	2.6673	639.59	2752.8	2113.2
600	5.92	158.7	0.316	3.1688	670.22	2761.4	2091.1
700	6.91	164.7	0.273	3.6657	696.27	2767.8	2071.5
800	7.90	170.4	0.240	4.1614	720.96	2773.7	2052.7
900	8.88	175.1	0.215	4.6626	741.82	2778.1	2036.2
1×10^2	9.87	179.9	0.194	5.1432	762.68	2782.5	2019.7

续附表20

绝对压力 Pa	绝对压力 kgf/m²	温度/℃	蒸汽的比体积/$m^3 \cdot kg^{-1}$	蒸汽的密度/$kg \cdot m^{-3}$	焓/$kJ \cdot kg^{-1}$ 液体	焓/$kJ \cdot kg^{-1}$ 蒸汽	汽化热/$kJ \cdot kg^{-1}$
1.1×10^2	10.86	180.2	0.177	5.6339	780.34	2785.5	2005.1
1.2×10^2	11.84	187.8	0.166	5.1241	797.92	2788.5	1990.6
1.3×10^2	12.83	191.5	0.151	6.6141	814.25	2790.9	1976.7
1.4×10^2	13.82	194.8	0.141	7.1038	829.06	2792.4	1963.7
1.5×10^2	14.80	198.2	0.132	7.5935	843.86	2794.5	1950.7
1.6×10^2	15.79	201.3	0.124	8.0814	857.77	2796.0	1938.2
1.7×10^2	16.78	204.1	0.117	8.5674	870.58	2797.1	1926.5
1.8×10^2	17.76	206.9	0.110	9.0533	883.39	2798.1	1914.8
1.9×10^2	18.75	209.8	0.105	9.5392	896.21	2799.2	1903.0
2×10^2	19.74	212.2	0.0997	10.0338	907.32	2799.7	1892.4
3×10^2	29.61	233.7	0.0655	15.0075	1005.4	2798.9	1793.5
4×10^2	39.48	250.3	0.0498	20.0969	1082.9	2789.8	1706.8
5×10^2	49.35	263.8	0.0394	25.3653	1146.9	2776.2	1629.2
6×10^2	59.21	275.4	0.0324	30.8494	1203.2	2759.5	1556.3
7×10^2	69.08	285.7	0.0273	36.5744	1253.2	2740.8	1487.6
8×10^2	79.95	294.8	0.0236	42.5768	1299.2	2720.5	1403.7
9×10^2	88.82	303.2	0.0205	48.8949	1343.5	2699.1	1356.6
10×10^2	98.69	310.9	0.0180	55.5407	1384.0	2677.1	1293.1
12×10^2	118.43	324.5	0.0142	70.3075	1463.4	2631.2	1167.7
14×10^2	138.17	336.5	0.0115	87.3020	1567.9	2583.2	1043.4
16×10^2	167.90	347.2	0.00927	107.8010	1615.8	2531.1	915.4
18×10^2	177.64	356.9	0.00744	134.4813	1699.8	2466.0	766.1
20×10^2	197.38	365.6	0.00565	176.5961	1817.8	2364.2	544.9

附录5 黏度

附表21 水的黏度(0~100℃)

温度/℃	黏度/Pa·s	温度/℃	黏度/Pa·s	温度/℃	黏度/Pa·s	温度/℃	黏度/Pa·s
0	1.7921	25	0.8937	51	0.5404	77	0.3702
1	1.7313	26	0.8737	52	0.5315	78	0.3655
2	1.6728	27	0.8545	53	0.5229	79	0.3610
3	1.6191	28	0.8360	54	0.5146	80	0.3565
4	1.5674	29	0.8180	55	0.5064	81	0.3521
5	1.5188	30	0.8007	56	0.4985	82	0.3478
6	1.4728	31	0.7840	57	0.4907	83	0.3436
7	1.4284	32	0.7679	58	0.4832	84	0.3395
8	1.3860	33	0.7523	59	0.4759	85	0.3355
9	1.3462	34	0.7371	60	0.4688	86	0.3315
10	1.3077	35	0.7225	61	0.4618	87	0.3276
11	1.2713	36	0.7085	62	0.4550	88	0.3239
12	1.2363	37	0.6947	63	0.4483	89	0.3202
13	1.2028	38	0.6814	64	0.4418	90	0.3165
14	1.1709	39	0.6685	65	0.4355	91	0.3130
15	1.1404	40	0.6560	66	0.4293	92	0.3095
16	1.1111	41	0.6439	67	0.4233	93	0.3060
17	1.0828	42	0.6321	68	0.4174	94	0.3027
18	1.0559	43	0.6207	69	0.4117	95	0.2994
19	1.0299	44	0.6097	70	0.4061	96	0.2962
20	1.0050	45	0.5988	71	0.4006	97	0.2930
20.2	1.0000	46	0.5883	72	0.3952	98	0.2899
21	0.9810	47	0.5782	73	0.3900	99	0.2868
22	0.9579	48	0.5683	74	0.3849	100	0.2838
23	0.9359	49	0.5588	75	0.3799		
24	0.9142	50	0.5494	76	0.3750		

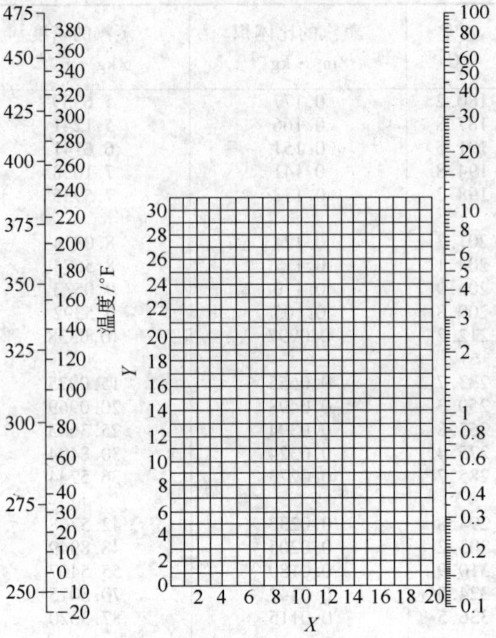

附图 1　液体黏度共线图

液体黏度共线图的坐标及液体的密度列于附表 22 中。

附表 22　液体黏度共线图的坐标及液体的密度

序号	液　体	X	Y	密度(293 K)/kg·m⁻³	序号	液　体	X	Y	密度(293 K)/kg·m⁻³
1	醋酸 100%	12.1	14.2	1049	26	氟利昂-11 (CCl_3F)	14.4	9.0	1494(290K)
2	醋酸 70%	9.5	17.0	1069					
3	丙酮 100%	14.5	7.2	792	27	氟利昂-21 ($CHCl_2F$)	15.7	7.5	1426(273K)
4	氨 100%	12.6	2.0	817(194K)					
5	氨 26%	10.1	13.9	904	28	甘油 100%	2.0	30.0	1261
6	苯	12.5	10.9	880	29	盐酸 31.5%	13.0	16.6	1157
7	氯化钠盐水 25%	10.2	16.6	1186(298K)	30	异丙醇	8.2	16.0	789
8	溴	14.2	13.2	3119	31	煤　油	10.2	16.9	780～820
9	丁　醇	8.6	17.2	810	32	水　银	18.4	16.4	13546
10	二氧化碳	11.6	0.3	1101(236K)	33	萘	7.8	18.1	1145
11	二硫化碳	16.1	7.5	1263	34	硝酸 95%	12.8	13.8	1493
12	四氯化碳	12.7	13.1	1595	35	硝酸 80%	10.8	17.0	1367
13	甲酚(间位)	2.5	20.8	1034	36	硝基苯	10.5	16.2	1205(288K)
14	二溴乙烷	12.7	15.8	2495	37	酚	6.9	20.8	1071(298K)
15	二氯乙烷	13.2	12.2	1258	38	钠	16.4	13.9	970
16	二氯甲烷	14.6	8.9	1336	39	氢氧化钠 50%	3.2	26.8	1525
17	乙酸乙酯	13.7	9.1	901	40	二氧化硫	15.2	7.1	1434(273K)
18	乙醇 100%	10.5	13.8	789	41	硫酸 110%	7.2	27.4	1980
19	乙醇 95%	9.8	14.3	804	42	硫酸 98%	7.0	24.8	1836
20	乙醇 40%	6.5	16.6	935	43	硫酸 60%	10.2	21.3	1498
21	乙　苯	13.2	11.5	867	44	甲　苯	13.7	10.4	866
22	氯乙烷	14.8	6.0	917(279K)	45	醋酸乙烯	14.0	8.8	932
23	乙　醚	14.6	5.3	708(298K)	46	水	10.2	13.0	998.2
24	乙二醇	6.0	23.6	1113	47	二甲苯(对位)	13.9	10.9	861
25	甲　酸	10.7	15.8	220					

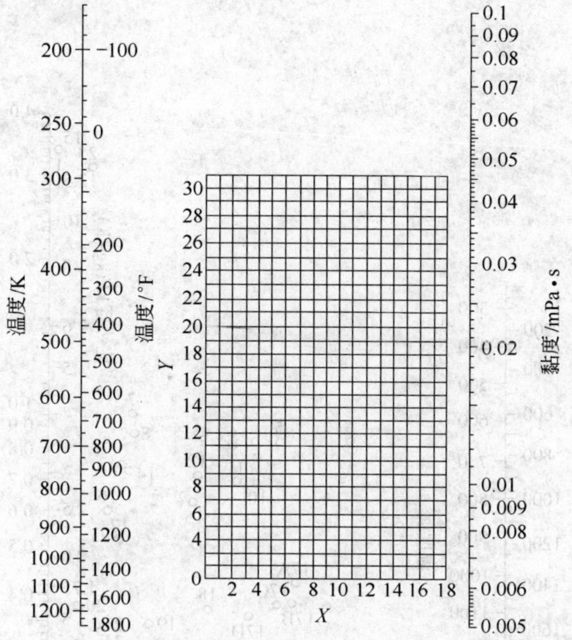

附图2 气体黏度共线图

气体黏度共线图的坐标值列于附表23中。

附表23 气体黏度共线图的坐标值

序 号	气 体	X	Y	序 号	气 体	X	Y
1	醋 酸	7.7	14.3	21	氦	10.9	20.5
2	丙 酮	8.9	13.0	22	己 烷	8.6	11.8
3	乙 炔	9.8	14.9	23	氢	11.2	12.4
4	空 气	11.0	20.0	24	$3H_2+N_2$	11.2	17.2
5	氨	8.4	16.0	25	溴化氢	8.8	20.9
6	苯	8.5	13.2	26	氯化氢	8.8	18.7
7	溴	8.9	19.2	27	硫化氢	8.0	18.0
8	丁 烯	9.2	13.7	28	碘	9.0	18.4
9	二氧化碳	9.5	18.7	29	水 银	5.3	22.9
10	一氧化碳	11.0	20.0	30	甲 烷	9.9	15.5
11	氯	9.0	18.4	31	甲 醇	8.5	15.6
12	乙 烷	9.1	14.5	32	一氧化氮	10.9	20.5
13	乙酸乙酯	8.5	13.2	33	氮	10.6	20.0
14	乙 醇	9.2	14.2	34	氧	11.0	21.3
15	氯乙烷	8.5	15.6	35	丙 烷	9.7	12.9
16	乙 醚	8.9	13.0	36	丙 烯	9.0	13.8
17	乙 烯	9.5	16.1	37	二氧化硫	9.6	17.0
18	氟	7.3	23.8	38	甲 苯	8.6	12.4
19	氟利昂-11	10.6	15.1	39	水	8.0	16.0
20	氟利昂-21	10.8	15.3				

附录 6　比热容

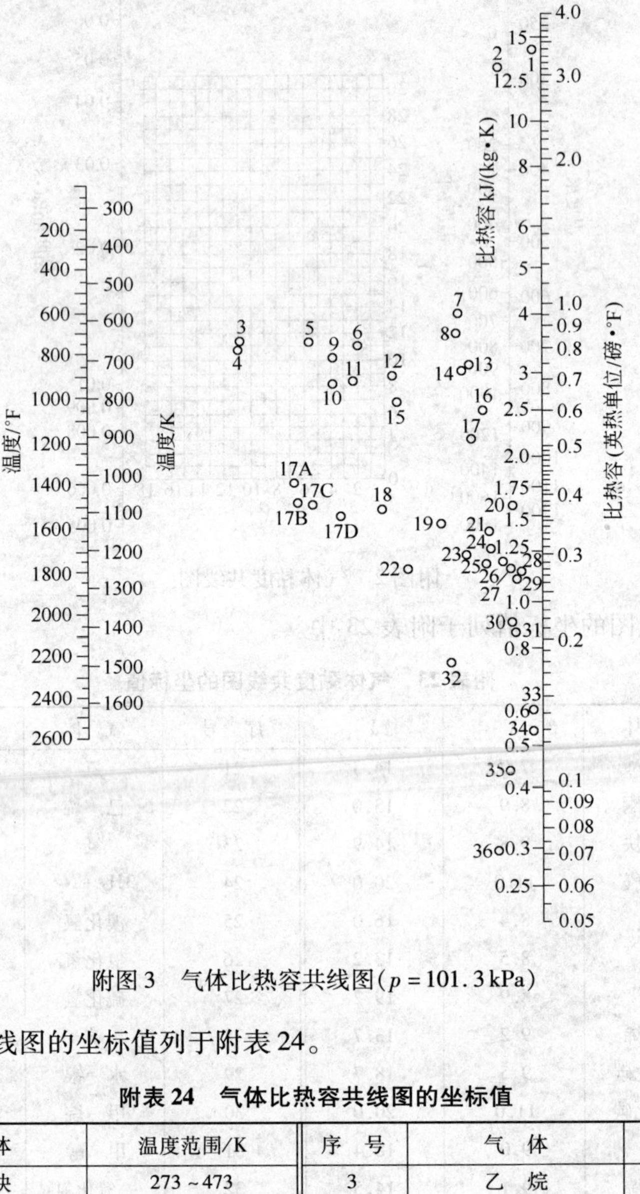

附图 3　气体比热容共线图（$p = 101.3\,kPa$）

气体比热容共线图的坐标值列于附表 24。

附表 24　气体比热容共线图的坐标值

序　号	气　体	温度范围/K	序　号	气　体	温度范围/K
10	乙　炔	273～473	3	乙　烷	273～473
15	乙　炔	473～673	9	乙　烷	473～873
16	乙　炔	673～1673	8	乙　烷	873～1673
27	空　气	273～1673	4	乙　烯	273～473
12	氨	273～873	11	乙　烯	473～873
14	氨	873～1673	18	乙　烯	873～1673
18	二氧化碳	273～673	17B	氟利昂－11	273～423
24	二氧化碳	673～1673	17C	氟利昂－21	273～423
26	一氧化碳	273～1673	17A	氟利昂－22	273～423
32	氯	273～473	17D	氟利昂－11,3	273～423
34	氯	473～1673	1	氢	273～873

续附表24

序 号	气 体	温度范围/K	序 号	气 体	温度范围/K
2	氢	873 ~ 1673	25	一氧化氮	273 ~ 973
35	溴化氢	273 ~ 1673	28	一氧化氮	973 ~ 1673
30	氧化氢	273 ~ 1673	26	氮	273 ~ 1673
20	氟化氢	273 ~ 1673	23	氧	273 ~ 773
36	碘化氢	273 ~ 1673	29	氧	773 ~ 1673
19	硫化氢	273 ~ 973	33	硫	573 ~ 1673
21	硫化氢	973 ~ 1673	22	二氧化硫	273 ~ 673
5	甲 烷	273 ~ 573	31	二氧化硫	673 ~ 1673
6	甲 烷	573 ~ 973	17	水	273 ~ 1673
7	甲 烷	273 ~ 1673			

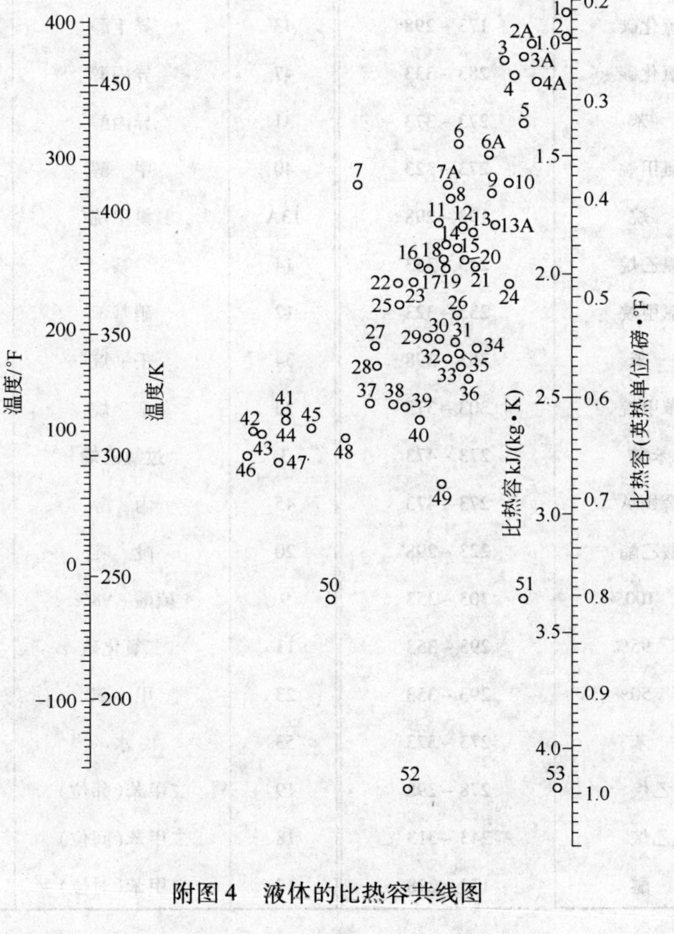

附图4 液体的比热容共线图

液体的比热容共线图坐标值列于附表25。

附表25 液体的比热容共线图坐标值

序 号	液 体	温度范围/K	序 号	液 体	温度范围/K
29	醋酸100%	273~353	7	碘乙烷	273~373
32	丙 酮	293~323	39	乙二醇	233~473
52	氨	203~323	2A	氟利昂-11	253~343
37	戊 醇	223~298	6	氟利昂-12	233~288
26	乙酸戊酮	273~373	4A	氟利昂-21	253~343
30	苯 胺	273~403	7A	氟利昂-22	253~333
23	苯	283~353	3A	氟利昂-113	253~343
27	苯甲醇	253~303	38	三元醇	233~293
10	卞基氧	243~303	28	庚 烷	273~333
49	$CaCl_2$ 盐水25%	233~293	35	已 烷	193~293
51	NaCl盐水25%	233~293	48	盐 酸	293~373
44	丁 醇	273~373	41	异戊醇	283~373
2	二硫化碳	173~298	43	异丁醇	273~373
3	四氯化碳	283~333	47	异丙醇	253~323
8	氯 苯	273~373	31	异丙醇	193~293
4	二氯甲烷	273~323	40	甲 醇	233~293
21	癸 烷	193~298	13A	氯甲烷	193~293
6A	二氯乙烷	243~333	14	萘	363~473
5	二氯甲烷	233~323	12	硝基苯	273~373
15	联 苯	353~398	34	壬 烷	223~398
22	二苯甲烷	303~373	33	辛 烷	223~298
16	二苯醚	273~473	3	过氯乙烯	432~413
16	道舍姆A	273~473	45	丙 醇	253~373
24	乙酸乙酯	223~298	20	吡 啶	222~298
42	乙醇 100%	303~353	9	硫酸 98%	253~318
46	乙醇 95%	293~353	11	二氧化硫	253~373
50	乙醇 50%	293~353	23	甲 苯	273~333
25	乙 苯	273~373	53	水	283~473
1	溴乙烷	278~298	19	二甲苯(邻位)	273~373
13	氯乙烷	243~313	18	二甲苯(间位)	273~373
36	乙 醚	173~298	17	二甲苯(对位)	273~373

附录7　液体汽化潜热

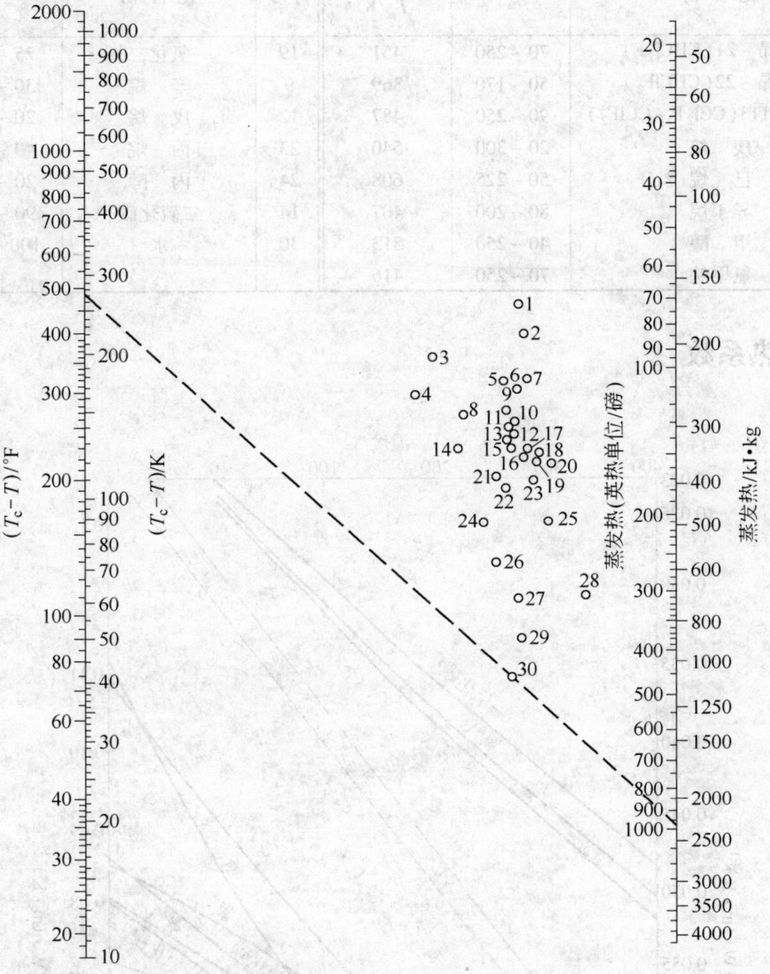

附图5　液体汽化潜热共线图

液体汽化潜热共线图坐标列于附表26。

附表26　液体汽化潜热共线图坐标值

序号	化合物	(T_c-T)/K	临界温度 T_g/K	序号	化合物	(T_c-T)/K	临界温度 T_g/K
18	醋　酸	100～225	594	8	二氯甲烷	150～250	489
22	丙　酮	120～210	508	3	联　苯	175～400	800
29	氨	50～200	406	25	乙　烷	25～160	305
13	苯	10～400	562	26	乙　醇	20～140	516
16	丁　烷	80～200	426	28	乙　醇	140～300	516
21	二氧化碳	10～100	304	17	氯乙烷	100～250	460
4	二硫化碳	140～275	646	13	乙　醚	10～400	467
2	四氯化碳	90～250	656	2	氟利昂-11(CCl_3F)	70～250	471
7	三氯甲烷	140～275	536	2	氟利昂-12($CHCl_2F_2$)	40～200	384

续附表 26

序号	化合物	(T_c-T)/K	临界温度 T_g/K	序号	化合物	(T_c-T)/K	临界温度 T_g/K
5	氟利昂－21($CHCl_2F$)	70～250	451	19	一氧化二氮	25～150	309
6	氟利昂－22($CHClF_2$)	50～170	369	9	辛烷	30～300	569
1	氟利昂－113($CCl_2F-CClF_2$)	90～250	487	12	戊烷	20～200	470
10	庚烷	20～300	540	23	丙烷	40～200	369
11	己烷	50～225	608	24	丙醇	20～200	537
15	异丁烷	80～200	407	14	二硫化碳	90～160	430
27	甲醇	40～250	513	30	水	100～500	647
20	氯甲烷	70～250	416				

附录 8 导热系数

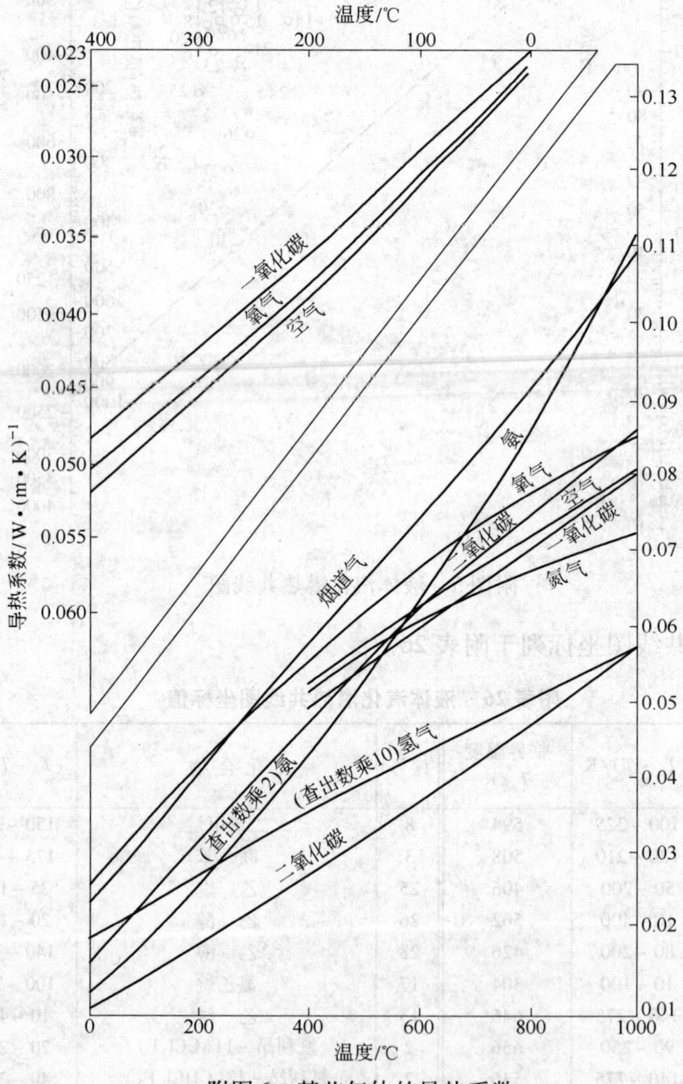

附图 6 某些气体的导热系数

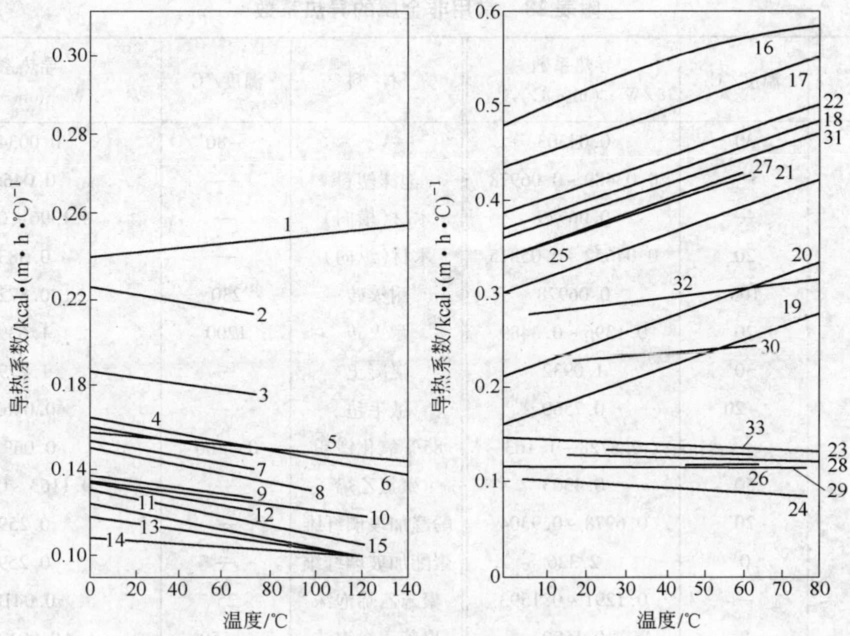

附图 7　某些液体的导热系数

1—无水甘油；2—蚁酸；3—甲醇，100%；4—乙醇，100%；5—蓖麻油；6—苯胺；7—醋酸；8—丙酮；9—丁醇；10—硝基苯；11—异丙烷；12—苯；13—甲苯；14—二甲苯；15—凡士林油；16—水；17—$CaCl_2$，25%；18—NaCl，25%；19—乙醇，80%；20—乙醇，60%；21—乙醇，40%；22—乙醇，20%；23—CS_2；24—CCl_4；25—甘油，50%；26—戊烷；27—HCl，30%；28—煤油；29—乙醚；30—硫酸，98%；31—氨，26%；32—甲醇，40%；33—辛烷

附表 27　常用金属的导热系数

材料 ＼ 温度/℃ ＼ 导热系数/W·(m·℃)$^{-1}$	0	100	200	300	400
铝	227.95	227.95	227.95	227.95	227.95
铜	383.79	379.14	372.16	367.61	362.86
铁	73.27	67.45	61.64	54.66	48.85
铅	35.12	33.38	31.40	29.77	—
镁	172.12	167.47	162.82	158.17	—
镍	93.04	82.57	73.27	63.97	59.31
银	414.03	409.38	373.32	361.69	359.37
锌	112.81	109.90	105.83	101.18	93.04
碳钢	52.34	48.85	44.19	41.87	34.89
不锈钢	16.28	17.45	17.45	18.49	—

附表 28 常用非金属的导热系数

材 料	温度/℃	导热系数 /W·(m·℃)$^{-1}$	材 料	温度/℃	导热系数 /W·(m·℃)$^{-1}$
软 木	30	0.04303		-80	0.003485
玻璃棉	—	0.03489~0.06978	泡沫塑料	—	0.04662
保温灰	—	0.06979	木材(横向)	—	0.1396~0.1745
锯 屑	20	0.04652~0.05815	木材(纵向)	—	0.3833
棉 花	100	0.06978	耐火砖	230	0.8723
厚 纸	20	0.1396~0.3489	耐火砖	1200	1.6398
玻 璃	30	1.0932	混凝土	—	1.2793
玻 璃	-20	0.7560	绒毛毡	—	0.04652
搪 瓷	—	0.8728~1.163	85%氧化镁粉	0~100	0.06978
云 母	50	0.4303	聚氯乙烯	—	0.1163~0.1745
泥 土	20	0.6978~0.9304	酚醛加玻璃纤维	—	0.2593
冰	0	2.326	聚酯加玻璃纤维	—	0.2594
软橡胶	—	0.1291~0.1593	聚苯乙烯泡沫	25	0.04187
硬橡胶	0	0.1500	聚苯乙烯泡沫	-150	0.001745
聚四氟乙烯	—	0.2419	聚乙烯	—	0.3291
泡沫玻璃	-15	0.004885	石 墨		139.56

附录 9 管子的规格

附表 29 无缝钢管规格简表

公称直径 *DG*/mm	实际外径 /mm	管壁厚度/mm						
		$p_g=15$	$p_g=25$	$p_g=40$	$p_g=64$	$p_g=100$	$p_g=160$	$p_g=200$
15	18	2.5	2.5	2.5	2.5	3	3	3
20	25	2.5	2.5	2.5	2.5	3	3	4
25	32	2.5	2.5	2.5	3	3.5	3.5	5
32	38	2.5	2.5	3	3	3.5	3.5	6
40	45	2.5	3	3	3.5	3.5	4.5	6
50	57	2.5	3	3.5	3.5	4.5	5	7
70	76	3	3.5	3.5	4.5	6	6	9
80	89	3.5	4	4	5	6	7	11
100	108	4	4	4	6	7	12	13
125	133	4	4	4.5	6	9	13	17
150	159	4.5	4.5	5	7	10	17	—
200	219	6	6	7	10	13	21	—
250	273	8	7	8	11	16	—	—
300	325	8	8	9	12	—	—	—
350	377	9	9	10	13	—	—	—
400	426	9	10	12	15	—	—	—

注:表中的 p_g 为公称压力,指管内可承受的流体表压力。

附表30　水、煤气输送钢管(即有缝钢管)规格

公称直径		外径/mm	壁厚/mm	
in(英寸)	mm		普通级	加强级
1/4	8	13.50	2.25	2.75
3/8	10	17.00	2.25	2.75
1/2	15	21.25	2.75	3.25
3/4	20	26.75	2.75	3.60
1	25	33.50	3.25	4.00
1¼	32	42.25	3.25	4.00
1½	40	48.00	3.50	4.25
2	50	60.00	3.50	4.50
2½	70	75.00	3.75	4.50
3	80	88.50	4.00	4.75
4	100	114.00	4.00	6.00
5	125	140.00	4.50	5.50
6	150	165.00	4.50	5.50

附表31　承插式铸铁管规格

公称直径/mm	内径/mm	壁厚/mm	公称直径/mm	内径/mm	壁厚/mm
低压管,工作压力≤0.44 MPa					
75	75	9	300	302.4	10.2
100	100	9	400	403.6	11
125	125	9	450	453.8	11.5
150	151	9	500	504	12
200	201.2	9.4	600	604.8	13
250	252	9.8	800	806.4	14.8
普通管,工作压力≤0.735 MPa					
75	75	9	500	500	14
100	100	9	600	600	15.4
125	125	9	700	700	16.5
150	150	9	800	800	18.0
200	200	10	900	900	19.5
250	250	10.8	1100	997	22
300	300	11.4	1100	1097	23.5
350	350	12	1200	1196	25
400	400	12.8	1350	1345	27.5
450	450	13.4	1500	1494	30

附录10　常用离心泵的规格

附表32　IS型单级单吸离心泵

型　号	流量 $/m^3 \cdot h^{-1}$	扬程 /m	转速 $/r \cdot min^{-1}$	气蚀余量 /m	泵效率 /%	功率/kW		泵口径/mm	
						轴功率	配带功率	吸入	排出
IS 50-32-125	7.5	20	2900	2.0	60	1.13	2.2	50	32
	12.5		2900				2.2		
	15		2900				2.2		

续附表32

型　号	流量 $/m^2 \cdot h^{-1}$	扬程 /m	转速 $/r \cdot min^{-1}$	气蚀余量 /m	泵效率 /%	功率/kW		泵口径/mm	
						轴功率	配带功率	吸入	排出
	7.5		2900				3		
IS 50-32-160	12.5	32	2900	2.0	54	2.02	3	50	32
	15		2900				3		
	7.5	52.5	2900	2.0	38	2.62	5.5		
IS 50-32-200	12.5	50	2900	2.0	48	3.54	5.5	50	32
	15	48	2900	2.5	51	3.84	5.5		
	7.5	82	2900	2.0	28.5	5.67	11		
IS 50-32-250	12.5	80	2900	2.0	38	7.16	11	50	32
	15	78.5	2900	2.5	41	7.83	11		
	15		2900				3		
IS 65-50-125	25	20	2900	2.0	69	1.97	3	65	50
	30		2900				3		
	15	35	2900	2.0	54	2.65	5.5		
IS 65-50-160	25	32	2900	2.0	65	3.35	5.5	65	50
	30	30	2900	2.5	66	3.71	5.5		
	15	53	2900	2.0	49	4.42	7.5		
IS 65-40-200	25	50	2900	2.0	60	5.67	7.5	65	40
	30	47	2900	2.5	61	6.29	7.5		
	15		2900				15		
IS 65-40-250	25	80	2900	2.0	53	10.3	15	65	40
	30		2900				15		
	30	22.5	2900	3.0	64	2.87	5.5		
IS 80-65-125	50	20	2900	3.0	75	3.63	5.5	80	65
	60	18	2900	3.5	74	3.93	5.5		
	30	36	2900	2.5	61	4.82	7.5		
IS 80-65-160	50	32	2900	2.5	73	5.97	7.5	80	65
	60	29	2900	3.0	72	6.59	7.5		
	30	53	2900	2.5	55	7.87	15		
IS 80-50-200	50	50	2900	2.5	69	9.87	15	80	50
	60	47	2900	3.0	71	10.8	15		
	30	84	2900	2.5	52	13.2	22		
IS 80-50-250	50	80	2900	2.5	63	17.3	22	80	50
	60	75	2900	3.0	64	19.2	22		
	60	24	2900	4.0	67	5.86	11		
IS 100-80-125	100	20	2900	4.5	78	7.00	11	100	80
	120	16.5	2900	5.0	74	7.28	11		
	60	36	2900	3.5	70	8.42	15		
IS 100-80-160	100	32	2900	4.0	78	11.2	15	100	80
	120	28	2900	5.0	75	12.2	15		
	60	54	2900	3.0	65	13.6	22		
IS 100-65-200	100	50	2900	3.6	76	17.9	22	100	65
	120	47	2900	4.8	77	19.9	22		

附表 33　Sh 型单级双吸离心泵

型　号	流量 /m³·h⁻¹	扬程 /m	转速 /r·min⁻¹	气蚀余量 /m	泵效率 /%	功率/kW		泵口径/mm	
						轴功率	配带功率	吸入	排出
100S90	60	95	2950	2.5	61	23.9	37	100	70
	80	90			65	28			
	95	82			63	31.2			
150S100	126	102	2950	3.5	70	48.8	75	150	100
	160	100			73	55.9			
	202	90			72	62.7			
150S78	126	84	2950	3.5	72	40	55	150	100
	160	78			75.5	46			
	198	70			72	52.4			
150S50	130	52	2950	3.9	72.0	25.4	37	150	100
	160	50			80	27.6			
	220	40			77	27.2			
200S95	216	103	2950	5.3	62	86	132	200	125
	280	95			79.2	94.4			
	324	85			72	96.6			
200S95A	198	94	2950	5.3	68	72.2	110	200	125
	270	87			75	82.4			
	310	80			74	88.1			
200S95B	245	72	2950	5	74	65.8	75	200	125
200S63	216	69	2950		74	55.1	75	200	150
	280	63		5.8	82.7	59.4			
	351	50			72	67.8			
200S63A	180	54.5	2950	5.8	70	41	55	200	150
	270	46			75	48.3			
	324	37.5			70	51			
200S42	216	48	2950	6	81	34.8	45	200	150
	280	42			84.2	37.8			
	342	35			81	40.2			
200S42A	198	43	2950	6	76	30.5	37	200	150
	270	36			80	33.1			
	310	31			76	34.4			
250S65	360	71	1450	3	75	92.8	160	250	200
	485	65			78.6	108.5			
	612	56			72	129.6			
250S65A	342	61	1450	3	74	76.8	132	250	200
	468	54			77	89.4			
	540	50			65	98			

附表34 D型节段式多级离心泵

型号	流量/$m^3 \cdot h^{-1}$	扬程/m	转速/$r \cdot min^{-1}$	气蚀余量/m	泵效率/%	功率/kW		泵口径/mm	
						轴功率	配带功率	吸入	排出
D6-25×3	3.75	76.5	2950	2	33	2.37	5.5	40	40
	6.3	75		2	45	2.86			
	7.5	73.5		2.5	47	3.19			
D6-25×4	3.75	102	2950	2	33	3.16	7.5	40	40
	6.3	100		2	45	3.81			
	7.5	98		2.5	47	4.26			
D6-25×5	3.75	127.5	2950	2	33	3.95	7.5	40	40
	6.3	12.5		2	45	4.77			
	7.5	122.5		2.5	47	5.32			
D12-25×2	12.5	50	2950	2.0	54	3.15	5.5	50	40
D12-25×3	7.5	84.6	2950	2.0	44	3.93	7.5	50	40
	12.5	75		2.0	54	4.73			
	15.0	69		2.5	53	5.32			
D12-25×4	7.5	112.8	2950	2.0	44	5.24	11	50	40
	12.5	100		2.0	54	6.30			
	15	92		2.5	53	7.09			
D12-25×5	7.5	141	2950	2.0	44	6.55	11	50	40
	12.5	125		2.0	54	7.88			
	15.0	115		2.5	53	8.86			
D12-50×2	12.5	100	2950	2.8	40	8.5	11	50	50
D12-50×3	12.5	150	2950	2.8	40	12.75	18.5	50	50
D12-50×4	12.5	200	2950	2.8	40	17	22	50	50
D12-50×5	12.5	250	2950	2.8	40	21.7	30	50	50
D12-50×6	12.5	300	2950	2.8	40	25.5	37	50	50
D16-60×3	10	186	2950	2.3	30	16.9	22	65	50
	16	183		2.8	40	19.9			
	20	177		3.4	44	21.9			
D16-60×4	10	248	2950	2.3	30	22.5	37	65	50
	16	244		2.8	40	26.6			
	20	236		3.4	44	29.2			
D16-60×5	10	310	2950	2.3	30	28.2	45	65	50
	16	305		2.8	40	33.3			
	20	295		3.4	44	36.5			
D16-60×6	10	372	2950	2.3	30	33.8	45	65	50
	16	366		2.8	40	39.9			
	20	354		3.4	44	43.8			
D16-60×7	10	434	2950	2.3	30	39.4	55	65	50
	16	427		2.8	40	46.6			
	20	413		3.4	44	51.1			

附表 35　F 型耐腐蚀离心泵

型　号	流量 /$m^3 \cdot h^{-1}$	扬程 /m	转速 /$r \cdot min^{-1}$	气蚀余量 /m	泵效率 /%	功率/kW		泵口径/mm	
						轴功率	配带功率	吸入	排出
25F－16	3.60	16.00	2960	4.30	30.00	0.523	0.75	25	25
25F－16A	3.27	12.50	2960	4.30	29.00	0.39	0.55	25	25
25F－25	3.60	25.00	2960	4.30	27.00	0.91	1.50	25	25
25F－25A	3.27	20.00	2960	4.30	26	0.69	1.10	25	25
25F－41	3.60	41.00	2960	4.30	20	2.01	3.00	25	25
25F－41A	3.27	33.50	2960	4.30	19	1.57	2.20	25	25
40F－16	7.20	15.70	2960	4.30	49	0.63	1.10	40	25
40F－16A	6.55	12.00	2960	4.30	47	0.46	0.75	40	25
40F－26	7.20	25.50	2960	4.30	44	1.14	1.50	40	25
40F－26A	6.55	20.00	2960	4.30	42	0.87	1.10	40	25
40F－40	7.20	39.50	2960	4.30	35	2.21	3.00	40	25
40F－40A	6.55	32.00	2960	4.30	34	1.68	2.20	40	25
40F－65	7.20	65.00	2960	4.30	24	5.92	7.50	40	25
40F－65A	6.72	56.00	2960	4.30	24	4.28	5.50	40	25
50F－103	14.4	103	2900	4	25	16.2	18.5	50	40
50F－103A	13.5	89.5	2900	4	25	13.2		50	40
50F－103B	12.7	70.5	2900	4	25	11		50	40
50F－63	14.4	63	2900	4	35	7.06		50	40
50F－63A	13.5	54.5	2900	4	35	5.71		50	40
50F－63B	12.7	48	2900	4	35	4.75		50	40
50F－40	14.4	40	2900	4	44	3.57	7.5	50	40
50F－40A	13.1	32.5	2900	4	44	2.64	7.5	50	40
50F－25	14.4	25	2900	4	52	1.89	5.5	50	40
50F－25A	13.1	20	2900	4	52	1.37	5.5	50	40
50F－16	14.4	15.7	2900	4	62	0.99		50	40
50F－16A	13.1	12	2900	4	62	0.69		50	40
65F－100	28.8	100	2900	4	40	19.6		65	50
65F－100A	26.9	89	2900	4	40	15.9		65	50
65F－100B	25.3	77	2900	4	40	13.3		65	50
65F－64	28.8	64	2900	4	57	9.65	15	65	50
65F－64A	26.9	55	2900	4	57	7.75	18.5	65	50
65F－64B	25.3	48.5	2900	4	57	6.43	18.5	65	50

附表 36　Y 型离心油泵

型　号	流量 /$m^3 \cdot h^{-1}$	扬程 /m	转速 /$r \cdot min^{-1}$	气蚀余量 /m	泵效率 /%	功率/kW		泵口径/mm	
						轴功率	配带功率	吸入	排出
	7.5	71	2950	2.7	29	5.00	75	50	40
50Y60	13.0	67		2.9	38	6.24			
	15.0	64		3.0	40	6.55			
	7.2	56	2950	2.9	28	3.92	75	50	40
50Y60A	11.2	53		3.0	35	4.68			
	14.4	49		3.0	37	5.20			
	15	67	2950	2.4	41	6.68	11	65	50
65Y60	25	60		3.05	50	8.18			
	30	55		3.5	57	8.90			
	13.5	55	2950	2.3	40	5.06	7.5	65	50
65Y60A	22.5	49		3.0	49	5.13			
	27	45		3.3	50	5.61			
	15	115	2950	3.0	32	14.7	22	65	50
65Y100	25	110		3.2	40	18.8			
	30	104		3.4	42	20.2			

续附表36

型　号	流量 /m³·h⁻¹	扬程 /m	转速 /r·min⁻¹	气蚀余量 /m	泵效率 /%	功率/kW		泵口径/mm	
						轴功率	配带功率	吸入	排出
65Y100A	14	96	2950	3.0	31	11.8	18.5	65	50
	23	92		3.1	39	14.75			
	28	87		3.3	41	16.4			
80Y100	30	110	2950	2.8	42.5	21.1	37	80	65
	50	100		3.1	51	26.6			
	60	90		3.2	52.5	28.0			
80Y100A	26	91	2950	2.8	42.5	15.2	30	80	65
	45	85		3.1	52.5	19.9			
	55	78		3.1	53	22.4			
80Y100B	25	78	2950	2.8	42	12.65	18.5	80	65
	40	73		2.9	52	15.3			
	55	62		3.1	55	16.85			
100Y60	60	67	2950	3.3	58	18.85	30	100	80
	100	63		4.1	70	24.5			
	120	59		4.8	71	27.7			
100Y60A	54	54	2950	3.4	54	14.7	22	100	80
	90	49		4.5	64	18.9			
	108	45		5.0	65	20.4			
100Y60B	48	42	2950	3.0	54	10.15	15	100	80
	79	38		3.5	65	12.55			
	95	34		4.2	66	13.3			

附录11　离心式通风机的规格

附表37　4-72-11型离心式通风机的规格

机 号	转速/r·min⁻¹	全风压		流量/m³·h⁻¹	效率 /%	所需功率/kW
		mmH₂O	Pa			
6C	2240	248	2432.1	15800	91	14.1
	2000	198	1941.8	12950	91	9.65
	1800	160	1569.1	12700	91	7.3
	1250	77	755.1	8800	91	2.53
	1000	49	480.5	7030	91	1.39
	800	30	294.2	5610	91	0.73
8C	1800	285	2795	29900	91	30.8
	1250	137	1343.6	20800	91	10.3
	1000	88	863.0	16600	91	5.52
	630	35	343.2	10480	91	1.5
10C	1250	227	2226.2	41300	94.3	32.7
	1000	145	1422.0	32700	94.3	16.5
	800	93	912.1	26130	94.3	8.5
	500	36	353.1	16390	94.3	2.34
6D	1450	104	1020	10200	91	4
	950	45	441.3	6720	91	1.32
8D	1450	200	1961.4	20130	89.5	14.2
	730	50	490.4	10150	89.5	2.06
16B	900	300	2942.1	121000	94.3	127
20B	710	290	2844.0	186300	94.3	190

附录 12　列管式换热器规格

附表 38　固定管板式

公称直径/mm	159			273					400				600		800			
公称压力/MPa	2.5			2.5					1.6				1.0,1.6,2.5		0.6,1.0,1.6,2.5			
公称面积/m²	1	2	3	3	4		5	7	10		20	40	60	120	100		200	230
管子排列方法	△	△	△	△	△		△	△	△		△	△	△	△	△		△	△
管长/m	1.5	2	3	1.5	1.5	2	2	3	1.5		3	6	3	6	3		6	6
管子外径/mm	25	25	25	25	25	25	25	25	25		25	25	25	25	25		25	25
管子总数	13	13	13	32	38	32	38	32	102	86	86	86	269	254	456	444	444	501
管程数	1	1	1	2	1	2	1	2	2	4	4	4	1	2	4	6	6	1
壳程数	1	1	1	1	1	1	1	1	1	1	1	1	1	1	1	1	1	1
管程流通截面积/m²	0.00408	0.00408	0.00408	0.00503	0.01196	0.00503	0.01196	0.00503	0.0160	0.00692	0.00692	0.00692	0.0845	0.0399	0.0358	0.02325	0.02325	0.1574
壳程流通截面积/m² 折流板间距/mm 150 a 型	—	—	—	0.0156	0.01435	0.017	0.0144	0.01705	0.0214	0.0231	0.0208	0.0196	—	—	—	—	—	—
150 b 型	—	—	—	0.0165	0.0161	0.0181	0.0176	0.0181	0.0286	0.0296	0.0267	0.0137	—	—	—	—	—	—
300 a 型	—	—	—	—	—	—	—	—	—	—	—	—	0.0377	0.0378	0.0662	0.0806	0.0724	0.0594
300 b 型	—	—	—	—	—	—	—	—	—	—	—	—	0.053	0.0534	0.097	0.0977	0.0898	0.08364
600 a 型	0.01024	0.01296	0.01223	0.0273	0.0232	0.0312	0.0266	0.0197	0.0308	0.0332	0.0363	0.036	0.0504	0.0553	0.0718	0.0875	0.094	0.0774
600 b 型	0.01325	0.015	0.0143	0.029	0.0282	0.0332	0.0323	0.0316	0.013	0.0427	0.0466	0.05	0.0707	0.0782	0.105	0.0344	0.14	0.01092
折流板切去的弓形缺口高度/mm a 型	50.5	50.5	50.5	85.5	80.5	85.5	80.5	85.5	93.5	104.5	104.5	104.5	132.5	138.5	166	188	188	177
b 型	46.5	46.5	46.5	71.5	71.5	71.5	71.5	71.5	86.5	86.5	86.5	86.5	122.5	122.6	168	152	162	158

注：1. 管子排列方法中，△表示管子正三角形排列。

2. 壳程流通截面积中，a 型为折流板缺口上、下排列；b 型为折流板缺口左、右排列。

附表 39 浮头式

公称直径/mm		325			400			500			600					
公称压力/MPa		4.0			4.0		2.5	1.6,2.5 4.0	1.6,2.5,4.0		1.6,2.5		1.6,2.5,4.0		1.6,2.5,4.0	
公称面积/m^2		10	10	20	15	25	32	32	65		50		95		130	
管子排列方法		△	◇	◇	◇	△	◇	◇	◇		◇		◇		△	
管长/m		3	3	6	3	3	6	3	6		3		6		6	
管子外径/mm		19	25	25	25	19	25	25	25		25		25		19	
管子总数		76	36	44	72	138	72	140	124	120	208		208	192	372	368
管程数		2	2	2	2	2	4	2	2	4	2	4	2	4	2	4
壳程数		1	1	1	1	1	1	1	1	1	1	1	1	1	1	1
管程流通截面积/m^2		0.0067	0.00566	0.00691	0.0113	0.01216	0.00566	0.022	0.01948	0.00942	0.03265	0.01634	0.03265	0.0151	0.0329	0.0162
壳程流通截面积/m^2	折流板间距/mm 150	0.0155	0.0198	0.01584	0.0269	0.01843	0.02575	0.0359	0.0315		0.0452	0.0456	0.0402	0.0398	0.03015	
	200	0.0177	0.0201	0.0174	0.0284	0.0207	0.0283	0.0380	0.0358		0.0487	0.0484	0.044	0.0438	0.0342	
	300	0.0224	0.02225	0.0201	0.0315	0.0246	0.0327	0.0420	0.0437		0.0538	0.0534	0.0510	0.0051	0.0414	
	450	—	—	—	0.0352	—	—	0.0475	—		0.0603	0.0599	—	—	—	
	480	0.027	—	0.0242	—	—	0.0394	—	0.0543		—	—	0.0614	0.0614	0.0518	
折流板切去的弓形缺口高度/mm		79	—	61	70	79	79	99	113.5		118	119	119		117.5	

注：管子排列方法中，△表示管子为正三角形排列，管子中心距为25 mm；◇表示管子为正方形斜转45°排列，管子中心距为32 mm。

参考文献

[1] 姚玉英. 化工原理[M]. 上册. 天津:天津大学出版社,1999.
[2] 陆美娟. 化工原理[M]. 上册. 北京:化学工业出版社,2000.
[3] 汤金石. 流体流动与传热[M]. 北京:化学工业出版社,2000.
[4] 陈敏恒. 化工原理[M]. 上册. 北京:化学工业出版社,2000.
[5] 安连锁. 泵与风机[M]. 北京:中国电力出版社,2001.
[6] 毛正孝. 泵与风机[M]. 北京:中国电力出版社,2002.
[7] 杨祖荣. 化工原理[M]. 北京:高等教育出版社,2006.